Ludwig Achim's von Arnim

sämmtliche Werke.

Herausgegeben

von

Wilhelm Grimm.

Siebenter Band.

Berlin,

bei Veit & Comp.

1840.

Armuth, Reichthum, Schuld und Buſze
der
Gräfin Dolores.

Eine wahre Geschichte
zur
lehrreichen Unterhaltung armer Fräulein
aufgeschrieben
von
Ludwig Achim von Arnim.

Herausgegeben
von
Wilhelm Grimm.

Erster Band.
Mit Melodien.

Berlin,
bei Veit & Comp.
1840.

Zueignung
an
des Fürsten Radzivil
Durchlaucht.

Dem Schutzgeist bleibt ein treuer Sinn ergeben,
Der ihn erhob aus einer dunklen Zeit,
Auf lichten Flügeln singend hinzuschweben
In hohem Frieden über leeren Streit;
So ward auch mir ein hochgesellig Leben,
Wo sich die Worte leicht zum Lied gereiht,
Mein Lied und ich, wir bleiben treu ergeben
Dem, der uns hat durch Melodie geweiht,
Die aus dem vollen Herzen einsam weinet
Und wie ein Nordlicht tief bedeutend scheinet.

Inhalt.

Erste Abtheilung.

Zweite Abtheilung.

Seite

Erste Abtheilung.

Armuth.

Erstes Kapitel.

Das fürstliche Schloß und der Pallast des Grafen P...

Vor einer kleineren Residenzstadt des südlichen Deutschlands erscheinen dem Reisenden, der die große Heerstraße vom Gebürge herabfährt, zwei große hervorragende Gebäude von ganz verschiedener Bauart und Umgebung. Einem alterthümlich gethürmten und geschwärzten, von Wassergräben umzogenen Schlosse gegenüber, schimmert ein freier, leichter, heiterer, flachgedeckter italienischer Pallast im schönsten Grün eines weiten Gartens, so auffallend vorleuchtend mit hellen Marmorfarben und großen glänzenden Fenstern als glücklicher Nebenbuhler, wie eine neue fröhliche Zeit neben einer verschlossenen ängstlichen alten, daß diese Bemerkung sehr wahrscheinlich jedem beim ersten Anblicke eingefallen sein mag. Der gleich nahe Wunsch mit den Bewohnern der fröhlichen Zeit näher bekannt zu werden, um mit ihnen in allem Überflusse der schönen Bergwildniß und des reichen mannigfaltig bebauten Thales sich zu erfreuen, verschwindet eben so schnell, wie die Furcht vor dem düster vergitterten Schlosse, sobald sich die Reisenden beiden Gebäuden hinlänglich genähret haben, um alles Einzelne daran zu unterscheiden. Das schwarze Schloß, wohlunterhalten und dauerhaft, mit seinen vorspringenden spitzen Thürmen, mit seinen kleinen spitzigen Doppelfenstern, mit dem großen steinernen Wappen über dem Thore, vor allem mit seinen kleinen bunten Gärtchen in den Thurmecken, wo vielleicht schöne Fürstentöchter unter selbst gezogenen Blumenlauben die vorüber wandernden Ritter belauschen, dies Ganze macht einem das wunderliche Gefühl, das die Leute romantisch zu nennen pflegen, es versetzt uns aus der sonnenklaren Deutlichkeit des guten täglichen Lebens in eine dämmernde Frühzeit, die auch uns erweckt hat und der wir heimlich noch immer mit erster Liebe anhangen und gedenken, ungeachtet es schon lange Mittag geworden und vielleicht bald wieder Nacht werden kann. Sind wir von diesem Gefühle durchdrungen, so scheint der kunstreiche Pallast auf seinen schlanken Marmorsäulen, mit seinen nackten Götterbildern, die bis zum Dache hinaufgestiegen in einem Reihentanze erstarrt zu sein scheinen, wie eine leere fremdartige Zauberei, die der Zauberer aufgegeben, nachdem sie Götter und Menschen bethört hatte. Auch scheint bei näherer Besichtigung alles an diesem Pallaste den zerstörenden Elementen überlassen; der Wohlstand, der darin lange einheimisch gewesen sein mag, hat sich durch viele gewaltsame Auswege Luft gemacht, um zu verschwinden; die Fenster des untern Geschosses sind meist eingeschlagen, oder mit innern Fensterladen nothdürftig geschlossen; das lückenvolle Dach hat große Stücken der Gesimse losweichen lassen; die Laden der Dachfenster schlagen im Winde nachlässig auf und zu; das zierliche eiserne Geländer, das den Vorhof schließt, ist des größten Theils seiner vergoldeten Blätter von muthwilliger Hand beraubt; die eisernen Thüren liegen ausgehoben daneben, vom hohen Grase überwachsen; die Wände sind von Kindern mit Soldaten und von Soldaten mit den Namen ihres Regiments bezeichnet. Der Reisende sieht ärgerlich davon weg nach dem Lustgarten, der den Pallast umschließt und hinter demselben zu einer prachtvollen Anhöhe sich erhebt. Alles grünt da, alles singt, alles ist wild verwachsen, das Auge unterscheidet nicht, ob das halb eingestürzte Haus auf dem Gipfel des Berges eine absichtliche oder zufällige Ruine; neben den amerikanischen Sträuchern stehen wenige amerikanische Kartoffeln, wahrscheinlich in kindischer Nachahmung des Feldbaus; in den öden großen Baumgängen springen wilde Kaninchen schnell verschwindend umher, sie treiben da ungestört ihren kleinen Bergbau, wie die Vögel ihren Luftbau der Nester auf allen dichteren Baumwipfeln. Arme halbnackte Kinder, wahrscheinlich aus den Nachbarhütten, jagen sich in dem ausgetrockneten Bette des Springbrunnens, nachdem sie ihre Ziegen an Pfählen zwischen den einzelnen Schnörkeln des Buxbaums angebunden haben, der auf dem großen Platze hinter dem Pallaste, wie eine von der Hand des Schicksals halbausgewischte bedeutende Schrift, den Reisenden lange vergeblich rathen läßt, bis eins der Kinder alles mit ein paar Worten erklärt, es heisse Hektor und Sophie, die Vornamen des Grafen und der Gräfin von P., die dieses Schloß erbaut. Diese Kinder, diese Ziegen und ein paar Lämmer, die sich menschenfreundlicher zu jenen halten, reinigen den Garten von Kraut und Unkraut, von Blumen und Dornen.

Uns beängstigen schon fürstliche Schlösser, die blos zum Sommeraufenthalte bestimmt, den größeren Theil des Jahres mit hellpolirten, aber verschlossenen Fenstern stille ohne Bewohner mit offenen Augen im Schlafe zu liegen scheinen, da alles Grün umher wacht und rauscht, alle Quellen rieseln, alle Gänge offen stehen; schon diese ungeheueren Anstalten zum Leben ohne Leben erfüllen uns mit der wehmüthigen Ahnung einer unbewust um uns her geschehenen Völkerwanderung, die uns allein unter Fremden zurückgelassen hat, — und was ist diese Wehmuth gegen den Schmerz, diese Völkerwanderung wirklich beendigt zu finden, was hoch gestanden tief gestürzt zu finden und die Kleinen wild und höhnend darüber herfallen zu sehen, ohne zu wagen, sich gleicher Höhe zu nahen; wenn sich gemeine rohe Armuth über die Trümmer fremder Pracht und Bildung triumphirend lustig macht, unwissend an den Kunstdenkmalen zerstört, weil die Besitzer nicht mehr die Kraft haben zu schützen und zu erhalten, was sie vom Überflusse geschaffen hatten — — und darum wendete ich mich schmerzlich von einem Kreise lumpiger Barbarenkinder fort, die dort im Lustgarten des gräflichen Pallastes an einem schönen Amor in Marmor, der schlafend unter einer Rosenlaube ruhte, die schändliche Art von Geisselung wiederholten, die ihnen in roher Erziehung zu einer scherzhaften Strafe geworden. Vergebens war mein Pochen an allen Thüren, ob denn keine einzige Seele in dem großen Hause, die diesen Frevel, den ich gestört, auch bestrafte, einsam und immer schneller und ungeduldiger hallte mein Schritt, wie von einer Schildwache, die abzulösen vergessen, unter den Säulen des Eingangs, daß die Schwalben aus ihren Nestern im Laube der corintischen Säulen ausflogen, vielleicht um zu schauen, ob es gewittere. Mir war so schwül zu muthe und ich dachte nicht, daß in den oberen Zimmern zwei junge Gräfinnen versteckt wären, bei denen mir alles üble Wetter so leicht übergegangen wäre; ich stieg wieder in meinen Wagen und dachte, besser daß ein Wetterstrahl alle Kunstwerke in einem Augenblicke vernichte, ein Feind sie entrisse, als daß sie in vielen Jahren vor den Augen der Völker, die sie nicht verstehen, nicht in heiliger Sitte bewahren, verderben und geschändet werden; denn wer das Schöne zerstört, oder dessen Zerstörung duldet, kann es nie heiligen und erzeugen, wohl aber selbst der, welcher es gar nicht anders, als aus sich und der freien Welt gekannt hat.

Zweites Kapitel.

Graf P... und die Seinen.

Dieser Pallast, dieser Garten mit Kunstwerken geschmückt, die jetzt niemand werth zu sein schienen und niemand nützten, das Werk vieljähriger Anstrengungen eines leidenschaftlichen Bauverständigen, des Grafen P..., begründeten den Ruhm seiner Einsicht und seines Geschmackes; sie galten für Weltwunder in der ganzen Gegend und wären auch in Italien ausgezeichnet worden. Der Graf hatte sich mit vielem Kunstsinne einen der schönsten Pläne Palladios angeeignet und zugerichtet, der Garten ging aus dem französischen zu dem Naturgeschmacke über. Nicht die Schönheit dieses Baues, aber seine Größe kränkte den Stolz der Fürstin, deren Neigung zum Grafen in eine Art Eifersucht übergegangen war auf seine Frau, der sie es schon allzu hoch anrechnete, daß sie den Grafen in Besitz genommen. Sie fand sich in ihrem alten Schlosse zum erstenmal wie im Gefängnisse, seit sie in die hellen Zimmer ihr gegenüber blicken konnte; der Fürst, ihr sonst so ganz ergeben, war nicht zu einem ähnlichen Schloßbaue zu bewegen; der Graf hatte zu viel Stolz auf sein Werk, um sich mäßigen zu können, als die Fürstin es ihm aus Verdruß tadeln wollte; er wurde beleidigend und der Hof wurde ihm verboten, nachdem er dreißig Jahre mit dem Fürsten ganz vertraulich von der Jugendzeit an zusammen gelebt, mit ihm auf Reisen manches Abentheuer bestanden, die Fürstin ihm zugeführt hatte. Er sagte kein Wort zu seiner Vertheidigung; doch ließ er über seine Gartenthüre die Worte eines Liedes eingraben:

Freund, hüte Dich vor Fürsten,
Denn Freunde werden sie nie
Magst Du auch hungern und dürsten
Für sie.

Wollen wir aber ruhiger sein Verhältniß überschauen, so entdecken wir, daß es nicht immer reine Freundschaft war, die ihn dem Fürsten verbunden; die Freundschaft war ihm nur ein Mittel den Unterschied auszugleichen, den die Geburt zwischen ihnen beiden unabänderlich festgesetzt hatte. Doch war sein Geist unabhängig genug, um sich über diese Ungunst leicht hinwegzusetzen, welche gleich die meisten Einwohner der Stadt und der Gegend von ihm entfernte. Sein Einzugsfest in das vollendete Haus war wenig glänzend, auch von unangenehmen Zeichen begleitet. Der Erbprinz, der mit kindischer Neigung an der jüngeren Tochter des Grafen, Dolores, hing, war heimlich hinübergeschlichen; Dolores sprang mit ihm die glatten Treppen hinunter, der Prinz fiel herab und wurde blutig halbtodt in das Haus seiner fürstlichen Ältern zurück gebracht, die den Bann ihrer Kinder, nicht zum Grafen zu gehen, darum noch schärften. Dieser Bann kränkte den Grafen sehr tief, insbesondre da eben dieser Älteste der fürstlichen Kinder, gegen die Familienart, schwarzes Haar, wie der Graf zeigte; er hatte ihn immer allen andern vorgezogen. Klelia, die ältere Tochter des Grafen wollte sich über diese Trennung todt grämen, sie erdachte die abentheuerlichsten Mittel ihre Verbindung zu erhalten, doch die Zeit und andre Gesellschaften ersetzten ihr allmälig, was Dolores in den ersten Tagen schon vergessen hatte.

Der große Bau, und noch mehr das Bemühen seinen Pallast mit Gesellschaften zu beleben, hatten das Vermögen des Grafen in einer Reihe von Jahren aufgezehrt, während denen Klelia ihr achtzehntes und Dolores ihr sechzehntes Jahr erreichte; weder die Seinen noch die Fremden merkten etwas davon in dem steten Wechsel der verschiedensten Zerstreuungen. Mit heimlichem Neide sahen die Prinzessinnen, als sie eines Abends mit ihrer Fürstin-Mutter in goldverschnörkeltem Wagen langsam daher fuhren, die Gräfin Dolores auf einem zierlichen englischen Pferde in rothem Reitkleide, von den artigsten Reisenden in mancherlei Uniform umgeben, zu einem Feste im Walde vorüberjagen, das sie aus der reichen Jagdmusik errathen hatten. Dolores machte dann wohl spielend die Herren auf den Kutscher mit dem großen Barte, auf die uralten schön geputzten Geschirre der sechs alten dicken Rappen aufmerksam. So etwas erzählte sich leicht wieder und erbitterte; aber was bedurften sie der Herrscher, die froh sein mußten, daß so viel Geld in ihrer Stadt verzehrt werde. Klelia war mildthätig gegen Arme, Dolores kannte die Armuth gar nicht, sie war ihr eine poetische Person, die sie einmal als Maske darstellte; sie erzählte den jungen Herren ganz ernsthaft, sie sehne sich nach einem einfacheren Leben und die jungen Herren bewunderten sie. Der Graf, ungeachtet er seine Umstände genau übersah, lebte in gleicher Sorglosigkeit und guter Gesundheit, den fröhlichen Tagen, die jede Altersschwäche noch lange von ihm abzuhalten schienen; mit verkehrter Zuversicht rechnete er auf Umstände, die nicht zu berechnen waren, auf den Tod einiger Lehnsverwandten, die statt zu sterben, sich verheiratheten und Söhne zeugten, zuletzt auf die Lotterie. Als ihm zuerst deutlich wurde, daß er nicht gut noch einen Monat seinen gewohnten Aufwand bestreiten könne, träumte ihm, nachdem er spät zu Bette gekommen, seiner Frau und Kinder Alter, als die Zahlen, in denen sein Glück begründet. Statt diesen Traum moralisch zu deuten, meinte er ihn unmittelbar zu bewähren und besetzte die drei Zahlen mit einer bedeutenden Summe in allen Lotterien;

er war seiner Sache so gewiß, meinte es sei eine so bestimmte, himmlische Offenbarung, damit er sein angenehmes Leben fortsetzen könne, daß er mehrere Gläubiger auf den Tag bestimmte, wo er alle Nachrichten von den Ziehungen erhalten. Der Tag kam schnell heran, er öffnete mit Zuversicht die Briefe, keine seiner Zahlen war heraus gekommen. Er war leichtsinnig genug über sich selbst zu lachen, und ohne den Seinen etwas von seinen Absichten zu vertrauen, nahm er Abschied, als wollte er eine kleine Reise machen um neue Gäste zu holen, da die letzten eben abgereist; und so fuhr er ohne Unterbrechung mit dem Reste seines baaren Geldes bis zu einem deutschen Seehafen, und schrieb erst in dem Augenblick den Seinen eine kurze Nachricht von seiner Lage und seinem Entschlusse in die weite Welt zu gehen, als eben ein günstiger Wind einen Ostindienfahrer, auf dem er sich eingeschifft, zum Absegeln anblies.

Drittes Kapitel.

Tod der Gräfin P... Armuth ihrer Töchter. Kriegsvorfälle.

Ehe dieser Brief anlangte, waren in seinem Schlosse manche ängstliche herzzerreissende Ereignisse Schlag auf Schlag über die armen Unschuldigen eingebrochen. Einige Kaufleute, die seinem Vermögen schon lange heimlich nachgespürt hatten, waren mit ihrer verzögerten Zahlung dringend geworden; die Gräfin hatte sie mit Lächeln erst abweisen lassen, aber die Leute kamen den andern Tag gleich wieder und wollten etwas bestimmtes über die Rückkehr des Grafen wissen. Die Gräfin wurde dabei von einer sonderbaren Angst ergriffen, insbesondre da ihr die längere Abwesenheit ihres Mannes befremdend schien; sie sandte ihm Stafetten nach an mehrere Orte, wo sie ihn vermuthete; die jungen Gräfinnen befürchteten, ihm sei ein Unglück begegnet, Klelia betete und Dolores blieb beinahe einen ganzen Tag im Bette liegen. Ein alter Bediente, der sie einst auf den Armen getragen und dem Hauswesen mit großer Treue vorstand, drückte ihnen die Hände und sagte bedeutend: sie möchten sich nur fassen, es sei nicht alles, wie es sein sollte, er habe schon seit einiger Zeit so was bemerkt, wenn er den Herrn rasirt; er habe zwar wohl ausgesehen, aber das Fleisch sei doch nicht fest gewesen, auch habe er wie im Traume gesessen; sicher sei er krank geworden. Der Brief des Grafen löste endlich alle bangen Zweifel und erhellte wie ein Wetterstrahl den Abgrund, vor dem sie standen. Die Gräfin hatte sich bis zu der Zeit bei dem fröhlichen Leben im Wetteifer frisch erhalten; der Graf hatte sie aus mehr als bloßer Gewohnheit unverändert wie in den ersten Jahren ihrer Ehe geliebt; seine Abwesenheit allein, die Sorge für ihn hätte sie unabhängig von den übrigen Sorgen elend gemacht; sie alterte schnell und starb zu ihrem Glücke sehr bald; die Demüthigung bei der Fürstin, der sie es sonst in allem zuvorthun wollte, um einen Indult vergebens nachzusuchen, gab ihr den Todesstoß. Die liebenswürdigen beiden Töchter blieben mit ihrer Trauer, die sie äußerlich aus Armuth nicht einmal anlegen konnten, einsam in dem weiten Schlosse zurück; ein Leid bekämpfte das andre und so viel sie geweint hatten, als sie ihre erste Kammerjungfern entlassen und die gewohnten Besuche abweisen mußten, so gleichgültig sahen sie die kostbaren Hausgeräthe, Betten, Silberzeug in öffentlicher Versteigerung den Meistbietenden zuschlagen. Ihr alter Bedienter wüthete gegen die hartherzige Schändlichkeit der Kaufleute, die durch des Grafen Unterstützung ihren Handel angefangen, durch unverschämten Betrug sich an ihm bereichert, und nun wegen einiger unbedeutender Schulden den Seinen das letzte entrissen; er schwor, es könne ihnen nie wohlgehen, aber was half das den Gräfinnen, denen es nun recht ernstlich übel ging. Die männlichen Lehen fielen in Administration, auch aus dem Hause wären die armen schönen Kinder vertrieben, trotz allen Schmeichelungen, die sie an die harten Schuldner verschwendeten, denen es zugesprochen, hätte nicht der Krieg das Städtlein durchzogen, der den fürstlichen Hof für immer aus dem Schlosse seiner Vorfahren entfernte und die Grundstücke im Werthe so rasch herabsetzte, daß ein Haus von dieser Größe viel mehr Last als Einkommen brachte; darum zögerten die Leute weislich mit der Besitznahme. Die Gräfinnen hatten zu dem Schlosse eine so natürliche Neigung, sie kannten jedes Winkelchen darin; statt dem Rathe des alten Bedienten zu folgen, in seinem Häuschen ein Zimmer anzunehmen, zogen sie sich auf ein kleines Stübchen ihrer Kammerjungfern zurück, und kamen nun fremde Soldaten zur Einquartirung, so schlossen sie drei- und vierfach alle Thüren rings. Mehrmals drangen die müden Soldaten mit Gewalt in das Haus, und liessen sich, da sie niemand fanden, ihr Essen von der Stadt dahin bringen, tranken die Nächte durch, lermten im Hause, und die armen geängsteten Mädchen horchten bange, wie sich der wilde Zug ihnen nahe.

Ein-

Einmal drang sogar ein raubgieriger Haufen durch alle Thüren bis zu ihnen ein, immer glaubt das Volk versteckte Kostbarkeiten zu entdecken, wo es verschlossene Thüren findet; endlich traten sie nach aufgehauenen Thüren in das Zimmer und fanden die Mädchen knieend vor einer Mutter Gottes, sie hatten einen ganzen Tag nichts gegessen, von Furcht gebleicht, sahen sie rührenden Steinbildern gleich; der Anblick erschütterte selbst das rohe Volk. Die Soldaten fragten, warum sie denn nicht zu ihnen gekommen wären, sie hätten ihnen schon etwas geben wollen, und somit warf ihnen jeder ein paar Geldstücke hin, die leichtsinnig erworben, und nahmen dafür ein paar Handküsse; auch sagte einer zu der Gräfin Dolores, sie sei das schönste Mädchen, das er je erblickt, er wolle sie heirathen, sie möchte mitkommen. Er gefiel ihr auch recht wohl, doch wie er so in sie drang, mußte er schnell aufsitzen und auf und davon; sie sah ihn nie wieder. — Der Krieg entfernte sich, der Mangel wurde um so fühlbarer aller Orten, je weniger er sich durch unbestimmte Hoffnung und gewaltsame Zerstreuungen vergessen machte! Manche der harten Schuldner waren eben so arm, wie die Gräfinnen, die sich jetzt ohne Scheu durch Bearbeitung ihres Gartens zu nähren suchten. Leider waren nur wenige Fruchtbäume, meist wilde Waldbäume und amerikanische Gesträuche darin gepflanzt; diese

Bäume, zum Schatten in der Hitze bestimmt, mußten ihnen Feuerung geben, in den Gängen zogen sie Kartoffeln; ein paar Ziegen, die sie sich für Handarbeiten der Klelia kauften, gaben ihnen Milch, einige wilde Kaninchen, die sie in Fallen fingen, eine geringe Fleischspeise. Der alte Bediente, der sie verlassen mußte, um ihnen nicht lästig zu fallen, brachte ihnen allerlei Mundvorrath; sie schämten sich nicht von ihm etwas anzunehmen, er hatte ihnen von Jugend auf manches Lekkere, das ihnen der Gesundheit wegen vorenthalten wurde, heimlich zugesteckt; er brachte auch die artigen Handarbeiten der Klelia ganz heimlich zum Verkauf. Dolores stand meist zu spät auf, um in diesen Arbeiten etwas zu leisten, auch hatte sie am Zeichnen und an der Musik so überwiegende Freude, daß sie außer den nothwendigen häuslichen Verrichtungen selten etwas anderes vornahm. Ihr Zeichenbuch waren aber die großen weißen Wände im obersten Stockwerke des Schlosses, die sie sehr wunderlich mit allen ihren bekannten Historien in Kohle und Ruß bemalte. Zu ihrer Belehrung und Unterhaltung blieb ihnen an Büchern nichts, als was die Gläubiger wegen der Alterthümlichkeit verschmäht hatten. Doch die Einsamkeit führte sie durch einen Quartanten nach dem andern; meist waren es alte historische Bücher, deren altadeliche Gesinnung sie immer mehr gegen die damals allgemein sich regende Ausgleichung aller Stände einnahm; und so entgingen sie der Art neuer frecher Geselligkeit, die mit kriegerischer Sittenlosigkeit gepaart das Leben ärmerer Mädchen des Städtchens erheiterte und verderbte. Der Adel der Gegend war theils entflohen, immer im Wahne dem unvermeidlichen Schicksale zu entgehen, theils zu sehr verarmt und in eigenen Angelegenheiten zuweit verloren, um auf ein paar junge Mädchen zu achten, die in Tagen des Glücks jeden Fremden ihnen vorgezogen; denn ein Vorzug scheint es oft selbst da, wo nur die Artigkeit obwaltet, einem ganz Fremden Gelegenheit zu geben, sich bekannt zu machen. Dolores, wenn sie Morgens spät aufgestanden war und zum Stickrahmen ihrer Schwester trat, hatte immer einen wunderbaren Traum im Kopfe, der ihr großes Glück versprochen und sie beide belustigte; bald war ein ritterlicher Fürst verwundet in ihr Haus gebracht worden und hatte sich ihr ehelich verbunden, zum Danke, wie sorgfältig sie seine Wunden verbunden; bald hatte ihr von einem Baum geträumt im Garten, unter welchem ein Schatz liege — und dann ging sie wohl hin, grub eifrig und ließ auch der Schwester keine Ruhe, bis sie ihr geholfen; und dann gruben sie, bis die Quellen, die durchdringend den Sand näßten, auch ihre Hoffnung zu Wasser machten. So lebten die beiden Mädchen, jede in ihrer Art in den Tag hinein; Klelia betete und arbeitete, Dolores träumte und erlustigte sich, ein Tag kam zum andern und endlich behauptete einer, er fange ein neues Jahr an, und so wieder und wieder, daß sie schon dreimal seit dem großen Unglücke die Nester aus ihren Gartenhecken ausgenommen, die Vögel groß gezogen und heimlich verkauft hatten, aber kein Fürst kam sich im öden Hause ein Lager zu erflehen; selbst die Bettler scheuten sich vor einem Hause zu singen, vor dem das Gras aus allen Steinritzen hoch aufgewachsen war. Dolores sah einmal mit einem wunderlichen Aufwallen die geputzten Stadtleute Sonntags vorüberziehen, und sagte zu ihrer Schwester: „Sieh einmal das Mädchen, welches dort geht, ich glaube, wenn man ihr ordentliche Kleider anzöge, sie sähe wie unser eins aus.“ „Wie unser einer ordentlich,“ seufzte die Schwester, „ich glaube wir könnten beide in den Röcken ordentlich gekleidet werden, die das Mädchen zum Überfluß trägt, ihre blanke Mütze schon gäbe ein paar Kleider.“ — „Sonderbar,“ meinte Dolores, „die Leute wissen nichts rechts zu ihrem Vergnügen mit dem Gelde anzufangen, da fallen sie auf so abentheuerlichen Putz; hör ich wollte, wir hätten Verwandte unter den Leuten, ich glaube doch, sie thäten mehr für uns, als unsre Lehnverwandten.“ — „Hör Dolores,“ erwiederte Klelia, „da habe ich neulich eine Geschichte in dem alten Buche vom Hugh Schapler gefunden, das du immer wegen der alten Sprache nicht leiden mochtest; ich habe mich ganz hinein gelesen und verstehe jetzt fast alles in den alten Büchern, die muß ich Dir doch wieder erzählen; es ist doch immer auf eigene Art gewesen, wie adliche Menschen der Noth begegnet sind und wir beweisens auch wieder." — „Aber sieh einmal den hübschen Bauerburschen mit der rothen Weste," unterbrach sie Dolores, „sieht der nicht unserm Erbprinzen ähnlich; hör, Klelia, das sage ich Dir, wenn ich denke, daß ich immerdar in so bäurischer, gemeiner Beschäftigung mein Leben zubringen sollte, wahrhaftig, ich möchte lieber solch einen Burschen zum Manne haben, als gar keinen. „Schäme Dich," sagte Klelia, „auch im Scherze muß man nicht so reden; ich hätte nichts dagegen, wenn Du Dich in einen armen Jüngling, den Du zufällig kennen lerntest, verliebt hättest; ich würde Dich bedauern, aber nicht verdammen, wenn Du dieser Leidenschaft die alte Sitte und Ehre unsres Hauses durch eine Mißheirath aufopfertest, aber so im Allgemeinen von den Männern, vom Heirathen reden, das geziemt keinem ehrlichen Mädchen." — „Ei," sagte Dolores, und sang lustig:

„Will ich mit schönen Knaben reden,
Die neigen sich in Demuth gleich,
Und merken nicht, wie gern ich jedem
Den rothen Mund zum Kusse reich'
Ach dacht ich oft bei mir so schwer
Ach wenn ich nur nicht Gräfin wär!"

„wo hast Du denn wieder diese Weisheit gelesen, Du

wirst Dich noch überstudieren; erzähle nur die alte Geschichte, ich hoffe, sie wird unterhaltender sein.“ — Wir müssen ihr kürzlich nacherzählen, theils weil die Geschichte uns erlustigt, theils weil sie zu den beiden Pflegetöchtern in naher Beziehung steht.

Viertes Kapitel.

Hugh Schapler und sein Vetter Simon.

Herr Gernier Schapler (Capet) von Geblüt und Stamm ein edler rittermäßiger Mann, hatte sich nicht geschämt, die Tochter eines reichen Metzgers zu Paris, eine fromme, tugendsame und überschöne Jungfrau zu einer ehelichen Gemahlin zu nehmen. Gott, der ihn reichlich mit Geld und Gut versehen, hat ihm auch einen jungen Sohn mit dieser seiner Gemahlin bescheert, an den er beider Kräfte so wunderbar gewendet, ein Kind von außerordentlicher Stärke und adlicher Gesinnung hervor zu bringen. Der Vater starb, noch ehe dieser Sohn geboren, die Mutter aber in der Geburt. Die Verwandten ließen ihn Hugh (Hugo) taufen, er wuchs in allen ritterlichen Tugenden auf, es war kein Turnier im Lande, wo er nicht Ehre eingelegt hätte, doch weil er ohne älterliche Zucht geblieben war, so schöpfte er mit dem großen Löffel auf, und weil er viel vertragen konnte, so verschlemmte er viel. Seine Wirthe, Schuster, Schneider, Harnischer, Sporer versahen es sich am wenigsten, als Hugh gar nichts mehr im Vermögen hatte, sie schlossen immer noch falsch, wer so viel verthäte, müsse so viel übrig haben, wie noch jetzt häufig der Fall ist. Dolores. „Auch bei unserm Vater, — es ist doch unrecht, daß er gar nicht für uns gesorgt hat, warum hat er uns in die Welt gesetzt." .... Als nun diese Schuldleute kamen, saß Hugh in großem Unmuthe einige Tage bei sich verschlossen und aß arme Ritter statt der reichen Braten, bis ihm endlich einfiel zu seinem Vetter Simon nach Paris zu reiten, der ein reicher Metzger daselbst und seiner Mutter nächster Blutsverwandter war. Also machte sich Hugh eines Morgens heimlich auf, ritt nach Paris, und da er vor seines Vetters Haus kam, das mit rothen ausgeschnitzten und aufgeblasenen Braten, wie mit einer köstlichen Tapete behangen war, da wurde er bald erkannt und ihm die Thüre geöffnet. Hugh aber wollte nicht also hineinreiten, sondern stieg ab von seinem Pferde, zog seinen Hut ab und grüßte seinen Vetter ganz demüthiglich, welcher ihn mit gleicher Demuth bewillkommte und sprach: „Lieber Herr und Vetter, wie soll ich das verstehen, daß Ihr Euch gegen mich so demüthig erzeiget, hab ich Euch doch all mein Tage nie so schlecht gerüstet gesehen, so hat auch Euer Vater Herr Gernier Euch solchem geringen Stande nie zugeführt; Ihr wißt wohl, wie er oft mit zwölf gerüsteten Pferden in meinem Hause zu Herberge gelegen, er hatte auch stets die auserlesensten

Knechte aus ganz Frankreich, deshalb ich mich über Euch entsetze und besorge, es gehe Euch nicht nach Eurem Sinne. Darum so kommt in mein Haus, Euer Pferd soll wohl versorgt werden, habt Ihr dann ein heimlich Anliegen, dadurch Ihr so betrübt seid, wollet mir solches nicht verhalten; kann ich Euch dann mit Leib und Gut behülflich sein, so sollt Ihr an mir keinen Zweifel haben, ich will mich hierin nicht sparen, noch verdrossen sein. —

Dolores. Ja, wenn unsre Vettern so gedacht hätten, und das war doch nur ein gemeiner Mann; ach Schwester, wenn wir doch den Stadtschlächter zu unserm Blutsverwandten hätten.

...... Auf dieses freundliche Erbiethen ging Hugh mit seinem Vetter Simon in sein Haus; sein Pferd wurde abgezäumt, er zog seinen Harnisch und Rüstung ab. Indem ließ sein Vetter Simon ein herrlich Nachtmahl auftragen, frische Würste in der Suppe, Rindermark auf geröstetem Brodt, Rippenstücke mit Rosinen gefüttert, Brustkern mit Mandeln gefilzt, und seine Hausfrau trat dabei vor, ganz roth, wie sie eben aus der Küche getreten vom großen Feuer, und sagte auch ihre Verwunderung, Herrn Hugh in so schlechter Rüstung zu finden, wie sie an seinem Vater nie gewöhnt gewesen. Aber Hugh schwieg darauf still und war fröhlich, bis das Nachtmahl geendet und der Tisch aufgehoben worden; da fing Hugh an und erzählte seinem Vetter alle seine Handlungen, wie er in den zwei Jahren, seit er sein Vermögen ohne Vormund verwaltet, Haus gehalten und all sein Hab und Gut verthan, auch mehr denn zweitausend Kronen schuldig geworden, und weil er von diesen Schuldnern Tag und Nacht keine Ruhe behalten, sei er außer Landes gereist, von ihm einen guten Rath zu holen. —

Dolores. Wo mag jetzt wohl unser Vater sein?

.... Da nun sein Vetter Simon dies alles mit großer Verwunderung und Mitleiden vernommen hatte, fing er an mit guten und lieblichen Worten den guten Hugh zu trösten, sprechend: „Lieber Herr und Vetter, dieser Euer Unfall ist mir von Herzen leid; Ihr solltet Euch aber anders in den Handel geschickt haben und das Eure nicht so unnütz verpraßt haben; denn gewonnenes Gut, wenn es verloren geht, ist gar schwerlich wieder zu überkommen; Ihr solltet auch nicht so milde im Ausgeben gewesen sein, nach den schönen Weibern und böser Gesellschaft müßig gestanden haben, denn jetzund werdet Ihr gewahr, daß deren keiner in Eurer Nöthen Euch behülflich sei, und könnte er Euer Leben, da Gott vor sei, mit einem Heller erretten.“

Dolores. Giebt uns wohl einer der reichen Engländer, oder der fremden Prinzen, die sich in unserm Hause belustigt, einen Heller?

.... „Zwar hat Euer lieber Vater auch einen großen Stand geführt, er hatte aber dennoch groß Gut und Geld dabei erspart, welches Ihr nun so unnütz verthan habt.“ — Ob dieser Strafrede Simons begann Hugh einen Verdruß zu schöpfen, hub an und sprach: „Lieber Vetter Simon, die Predigt will mir zu lange werden, denn ich bin daran nicht gewöhnt, sie thut mir weh im Bauche, wenn ich den Ostertag eine hör, so hab ich das ganze Jahr daran genug zu verdauen; es bedarf auch nicht viel Strafens, denn es ist geschehen, so bin ich auch der Predigt wegen nicht zu Euch gekommen, denn vergebens ist es den Stall erst zu beschließen, wenn die Rosse schon heraus sind. Aber das ist meine Bitte an Euch, daß ich durch Euren Rath aus dieser Schande käme.“ — Der fromme Simon, wiewohl ihn diese Rede ein wenig verdroß, ließ sich doch als ein guter Freund merken, und sprach ganz einfältig: „Mein herzlieber Vetter Hugh, was ich jetzt in strafweis geredet habe, meine ich von Herzen gut mit Euch; dieweil Ihr aber meines getreuen guten Rathes, wie Ihr sagt, leben wollt, so sage ich das bei meiner Treue, wenn Ihr mir folgen wollt, will ich Euch aus aller Gefahr und Nöthen erretten, auf daß noch ein reicher Mann aus Euch werde.“ — Auf diese Rede Simons antwortete Hugh: „Lieber Vetter Simon, diesen Rath begehr ich von Grund meines Herzens von Euch zu hören, und weiß Euch dafür großen Dank.“ — „Das will ich Euch meiner Treu nicht verhalten,“ sprach Simon, „denn ich gönne Euch von Herzen alles Gute, mein lieber Vetter Hugh; darum so wäre mein treuer Rath, Ihr bliebet diesen Winter bei mir, so wollte ich Euch mein Handwerk lehren und Euch Unterweisung geben, wie Ihr nachmals Eure Handthierung mit Kaufen und Verkaufen anschicken sollet, als mit Ochsen, Kälbern, Schaafen und Schweinen, sowohl beim Einkauf, wie beim Mästen und Schlachten; inzwischen möget Ihr eine hübsche reiche Jungfrau, so man sehen würde, daß Ihr Euch fein in den Handel schicken thätet, zu einem ehelichen Weibe erwerben, die Euch bei Euren gesunden Gliedmaßen wohl lieb gewinnen müßte. Dann möget Ihr zuletzt Handthierung mit allerlei Kaufmannschaft anstellen und treiben, so ich dann sehen würde, daß Ihr Euch recht und wohl zu solchen Dingen schicket, wollt ich Euch nach meinem Tode zu einem Erben machen aller meiner Hab und Güter, da ich keine Kinder oder nähere Anverwandten habe. Ihr dürft Euch des Handwerks nicht schämen, da Eure leibliche Mutter dabei erzogen und geboren worden.“ Hierauf zu antworten besann sich Hugh nicht lange, sondern sprach mit lachendem Munde: „Freundlicher lieber Vetter Simon, ich bedank mich höchlich gegen Euch, wegen Eures guten und getreuen Raths, bin aber nicht ganz willens, demselben nachzukommen, denn zum Metzigen und Schlachten oder zur Kaufmannschaft habe ich keine Lust, weil ich gedenke meines Vaters ritterlicher Tugend nicht zu vergessen, dieweil ich mich von Jugend auf darin geübt habe und will meinen jungen Leib daran setzen. Wie sollt ich allererst jetzt Ochsen und Schaaf schlachten lernen, da ich schon Menschen ritterlich darnieder gestreckt habe, womit ich manchem Fürsten dienen kann. Ja mir wäre lieber, ich hätte vier gute Hengste im Stalle, Sperber, Habicht, Falken oder Spürhunde, als tausend Ochsen; so wäre mir auch lieber, ich hörte Trommeln und Pfeifen, Lauten und Geigen, Tanzen und Singen, denn daß ich sollte die Ochsen, Schaafe, Schweine, Kälber hören brüllen und grunzen." — Auf solche Rede der gute Simon dem Hugh traurig antwortete: „Lieber Vetter Hugh, ich meine es gut mit Euch, wolltet Ihr meinen Rath annehmen, es wird Euch nicht gereuen. Jedoch so wollen wir jetzund solches bis Morgen beruhen lassen, vielleicht so möchtet Ihr Euch dann eines andern bedenken, wollet jetzund gutes Muths und fröhlich sein."

Also vertrieben sie ihre Zeit bis man schlafen ging, da ward Hugh herrlich und wohl gelegt, den seine jetzige Armuth im Schlafe nicht störte, vielmehr schlief er in den halben Tag hinein bis zur Mahlzeit. Simon sein Vetter aber lag die ganze Nacht ungeschlafen, denn er ward von seiner Hausfrau recht übel behandelt, die nichts andres besorgte, denn daß Hugh seines Vetters Rath folgen und bei ihr bleiben würde; darum sprach sie: „Ach, lieber Mann, was gedenkst Du, Du willst den Jüngling zu einem Handwerk verordnen, der alle seine Tage mit Fressen und Saufen, mit schönen Frauen zu kurzweilen hingebracht, in solchen Dingen sollte er uns bald um alles bringen, was wir ererbt und erspart haben, wie er mit seines Vaters Erbe gethan hat. Darum ist mein Rath, Du gebest ihm morgen eine ziemliche Zehrung und lässest ihn fahren, auf daß Du sein ledig werdest, denn es ist leidlicher, einen kleinen Schaden, als einen großen verschmerzen." — Darauf antwortete Simon: „Liebe Hausfrau sei zufrieden, denn wahrlich, dieses habe ich bei mir selbst vorhin schon überschlagen, ich besorg', er folgt meinem Rathe und bleibt bei uns, was mir sehr leid wäre, ich besorge, unser beider Gut würde kein Jahr ausdauern, wenn er in seiner Gewohnheit fortführe." — Darüber ängstete er sich so sehr, auch kamen allerlei Fliegen, die sich abwechselnd auf seine Nase setzten und vor seinen Ohren brummten, daß es ihm sehr früh zu tagen schien. Es wurde ihm im Bette so unruhig, er stieg vor Tage heraus, ging dann nach dem Stalle und fütterte Hughs Pferd so gut er konnte und wartete mit großem Verlangen, wann Hugh aufstehen und ihm Bescheid geben würde. Da es nun schier um Mittag war und man den Jnbiß nehmen wollte, erwachte Hugh, stand auf, pfiff sich ein lustig Liedchen, sah nach seinem Pferde, fand auch, daß es nach aller Nothdurft wohl versehen war, da trat er zu seinem Vetter Simon in Meinung, ihm dafür zu danken. Da erschrak der gute Simon so sehr, daß er fast in Ohnmacht gefallen wäre; denn seine Sorge war immer, Hugh würde bei ihm bleiben, woran doch Hugh keinesweges dachte. Aber ehe dieser noch etwas gesagt, fiel ihm Simon ins Wort und sprach: „Lieber Vetter Hugh, da Ihr mir gestern Abends auf meinen Rath wegen des Handwerks geantwortet, Euer Gemüth stände zu keinem andern Handwerk, als Fürsten zu dienen, so habe ich diese ganze Nacht nachgedacht; dieweil Ihr dasselbe so lange getrieben, so folget dem nach; kommt in meine Kammer, ich will Euch eine gute Zehrung mittheilen von wegen Eurer Mutter, die mir sehr lieb gewesen, und die sich noch im Grabe umdrehen würde, wenn sie Eure jetzige Noth wüßte." — Da Hugh das hörte, wehrte er sich nicht lange, ging behend mit seinem Vetter in die Kammer; da zog Simon einen seidenen Beutel aus dem Tischkasten, und sprach: „Nehmet hin, mein lieber Vetter, diese dreihundert Kronen, verzehret sie von meinetwegen." — Wer war aber fröhlicher als der gute Hugh, der seinem Vetter großen Dank sagte; desgleichen war auch Simon mit seiner Hausfrau sehr froh, es reute ihnen das Geld nicht, das sie ans Bein gebunden, da sie des Gastes los wurden. Also säumte sich Hugh nicht lange, wollte der Mahlzeit nicht warten, wie sehr ihn sein Vetter anflehete, weil er für ihn einen großen Rinderbraten an den Spieß stecken lassen. Hugh sattelte sein Pferd, zog Harnisch, Stiefel und Sporen an, dankte Vetter und Hausfrau für Geschenk und Herberge, setzte sich auf sein Pferd und ritt auf und davon. Der Vetter Simon stand noch lange mit der Mütze in der Hand in der Thüre, und sah ihm nach und schüttelte mit dem Kopfe, die Frau aber, mit beiden Händen unter ihren Röcken, gähnte und fror, und dachte wie ruhig sie die nächste Nacht schlafen wollte.

Dolores. Hör', wenn Du so ausführlich die Begebenheiten des Ritters verlesen willst, da werden wir heute nicht fertig.

.... Hugh ritt nach Hennegau, weil dort ein großes Turnier gehalten werden sollte, — nun kommt es gar zu garstig.

Dolores. Wir sind ja unter uns und wenn Du es weißt, so kann ichs auch wohl wissen, ich bin so groß wie Du, ob Du gleich zwei Jahre älter bist.

.... Aller Orten, wo Hugh in den Niederlanden turnierte, gewann er Preise und — gab sich mit den Mädchen ab — und dann mußte er flüchten, sich durchschlagen — zehn Söhne sind da von verschiedenen Frauen ihm geboren; er bekümmerte sich um

keine,

keine, sondern zog immer weiter auf Abentheuer; das mag noch so adlich sein, recht ist es nicht.

Dolores. Da hast Du wohl recht, aber die Kinder werden doch gesagt haben, es sei besser auf schlechte Art zur Welt kommen, als gar nicht.

.... Nein, gewiß nicht. Hugh kam nun mit großen Ehren und vieler Beute nach Paris zu seinem Vetter zurück, der sich nicht wenig über seine schönen Pferde und prächtigen vergoldeten Harnische freute. Hugh stieg ab, erzählte ihm alle seine Geschichten, worüber sich dessen Hausfrau recht erstaunte und ihn gar sehr lieb gewann. Als das Herr Simon merkte, rief er aus: „Sankt Dioniß, Ihr sollt fürder bei mir wohnen, ich will Euch zu Lieb einen ehrlich adlichen Staat führen und halten, denn ich hab' mein Vermögen, seit Ihr weg gewesen, ziemlich vermehrt, so daß ich Eure Güter einlösen kann. So habt Ihr auch viel gute Freunde in dem Lande, die Euch wohl helfen mögen um Eures Vaters willen, daß Ihr zu guter Heirath kommt."

Dolores. Den nähme ich schon zum Mann.

.... „Lieber Vetter," sprach Hugh, „ich habe Eure Rede wohl vernommen und danke Euch fast sehr, daß Ihr meines Nutzens wegen so getreue Nachgedanken habt, bin aber noch keineswegs gesinnt zu der Ehe zu greifen, bedünkt mir noch immer viel besser, einander heimlich lieb zu haben, will mein Glück noch erwarten.“ — Dem guten Simon war das nicht recht, auch nicht seiner Hausfrau, die gern Hughs Hochzeit mit einer reichen Base ausgerichtet hätte.

Dolores. Jetzt erzähle nur recht schnell, mir fällt ein, daß ich den Vögeln kein Futter gegeben.

.... Ja sieh, der Hugh kam gerade zur rechten Zeit nach Paris, wo die Königin von Frankreich von dem Herzoge von Burgund gar sehr mit Kriegesvolk bedrängt wurde, der sie durchaus heirathen wollte, aber sie mochte ihn nicht leiden. So tapfer sich nun Hugh auch hielt und die Stadt vertheidigte, so wäre er doch bald verloren gewesen, wenn sich nicht die zehn Söhne in Brabant, die schon herangewachsen waren, alle aufgemacht hätten nach Paris, als sie von ihres Vaters Bedrängnissen gehört hatten. Keiner der Söhne wußte aber vom andern, und so lief jeder seine Straße, bis sie endlich nicht weit von Paris alle zusammen kamen und sich erkannten; da verschworen sie sich mit einander und fielen wie eine Wetterwolke in das ruhige Lager des Herzogs, das noch im besten Schlafe lag. Als Hugh diese unerwartete Hülfe wahrgenommen, fiel er mit allen Seinen aus und sie machten eine große Niederlage unter den Burgundern und nahmen den Herzog gefangen. Da erkannte Hugh seine Söhne und küßte sie als Vater und die Königin gab dem Hugh ihre Hand; er war es (Hugo Capet), der das größte aller regierenden Häuser Frankreichs auf den Thron setzte. Sein Vetter Simon verwunderte sich über Hughs besonderes Glück nicht wenig, der war auf einmal reicher, als er sein lebelang mit allem Sparen werden konnte. Vetter Simon ließ es sich auch gefallen, von ihm zu einem Herzoge gemacht zu werden, doch mehr auf Anstiften seiner Frau, denn nach eigenem Begehren.

Dolores. Eine recht schöne Geschichte. Höre, Klelie, wenn es unser Vater heimlich auch so machte, hör', wenn er der Paswan Oglu wäre, von dem alle Zeitungen schreiben und von dem keiner weiß, ach, wenn das wahr wäre!

Und bei diesen Worten fielen sie einander mit süßer Freundlichkeit in die Arme und lachten und weinten zugleich und dachten ihres Vaters, und dachten ganz gewiß, der ihnen als Vorbild aller adlichen Schönheit und Anständigkeit vorschwebte, müsse irgendwo ein gleiches Glück sich verdienen, und da verloren sie sich in mancherlei Träumen, die wir mit einigen Betrachtungen ersetzen wollen. Wir haben den festen Glauben, daß die periodische Noth ganzer Völker, die unter mancherlei Namen meist unerwartet über sie einbricht, ganz nothwendig sei, alle eigenthümlichen Gesinnungen, Bildungen und Richtungen zu prüfen, die sich im Übermuthe des Glückes entwickelt hatten, die zufälligen, leeren und störenden Sonderbarkeiten gehen unter, die echte, reine, aus sich selbst lebende Eigenthümlichkeit wird bewährt, gestärkt und ihrer selbst gewiß. Die Auswanderungen aus Frankreich in den ersten Jahren der Staatsumwälzung zeigten uns einen großen Theil der gebildetsten Bewohner jenes reichen Landes in diesem Kampfe mit dem täglichen Bedürfnisse; die mannigfaltige Art, wie sie ihn bestanden, erregte allgemeine Theilnahme; viele ahneten auch lange voraus, daß die Zeit in ihrem festen Schritte auch über Deutschland hingehen und die alten Verhältnisse zu Glück und Beruhigung mühsam auferbaut, niedertreten könnte. Wir sehen hier dieses Bild schon in einer Familie von dem schuldigen auf den unschuldigen Theil einbrechen; die Schuld des Grafen konnte die Seinen des Überflusses berauben, aber das Nothwendige hätte ihnen doch nie gefehlt, hätte der Krieg nicht so zerstörend auf der Gegend gelagert. In solcher Zeit der Noth ist wenig davon die Rede, was das Beste für jeden zu thun sei ihr entgegen zu wirken, sondern hier zeigt sich, was jeder nicht lassen kann und erklärt sich bei jeder Veranlassung. Mit Sehnsucht brach Dolores auf Veranlassung jener Geschichte in Klagen aus, daß dem Adel die Heirathslust so ganz vergangen schiene; eine glänzende Heirath sei der höchste Preis einer Frau, alle turnierten darauf. „Nicht alle,“ sagte Klelia beleidigt, „lieber wollte ich bis zu meinem Lebensende von meiner Hände Arbeit leben, als eine Heirath suchen.“ „Die Arbeit macht Dir gemeine Gesinnungen,“ fuhr Dolores heraus.

Fünftes Kapitel.

Graf Karl.

Da trat der alte Bediente wie gewöhnlich in seinem Sonntagsrocke mit derselben Art zu ihnen ein, wie er in Zeiten des Glücks gekommen war, sie schmeichelten und ärgerten ihn nach alter Art. Aber statt wie gewöhnlich von ihrem Vater zu erzählen und von dem vielen Weine, den er bei Tische umhergesetzt und eingeschenkt, wie er dem Herrn den Schloßbau einst abgerathen, aber dafür beinahe aus dem Dienste gejagt worden wäre, begann er heute seine Reden ganz anders wohlgefällig geheimnißvoll. Erst nach langen Umschweifen von dem Glücke, das oft unverhofft käme, brachte er vor, daß ein junger Graf, wunderlich, halb soldatisch, halb abentheuerlich wie alle Studenten gekleidet, nicht groß, aber von recht feinen Zügen, von dunklen Augen und krausem Haar, auf einem Wege, den sonst jedermann, dem er nicht nothwendig, zu vermeiden pflegte, über alte Felsen und Schluchten sich dem gräflichen Lustgarten angeschlichen und über der Mauer, von der die Deckplatten und mancher Stein gestohlen, zu seiner großen Verwunderung vor dem Pallaste zwei schöne Mädchen gesehen, die er für Königinnen wegen des edlen Anstandes aller ihrer Bewegungen gehalten, hätte nicht ihre Beschäftigung, die Wäsche an der Sonne auszubreiten und zum Bleichen zu begießen, ihn an seiner Meinung und an seiner Anrede gehindert. Der junge Herr hätte sich ihnen möglichst genähert, und hinter einem Hauselstrauch versteckt, so lange zugesehen, als sie damit beschäftigt gewesen und nachher noch bemerkt, wie sie ihre zahme Dompfaffen aus dem Munde mit etwas Grünem gefüttert. Dann wären sie, mit den Vögeln auf der Hand, ins Haus getreten, und der Herr hätte sich gewünscht, nur eine Stunde so ein Vogel zu sein. — „Ei, der ist doch nicht thöricht," sagte Dolores ganz trocken. — „Nein", sagte der alte Bediente, „das ist so ein alter ehrlicher Wunsch von jedem Liebhaber, er möchte immer etwas andres sein, als er wirklich ist, um mehr zu gefallen, ich war in meiner Jugend eben so!" — Die Mädchen lachten und der Alte erzählte weiter, der Graf sei zum Wirthe der drei Weltkugeln gegangen, bei dem er eingekehrt, habe ihm mit großer Heimlichkeit sein Geschichtchen erzählt und besonders viel von einer gesprochen, die ihm so besonders in die Augen gefallen, und die er gern kennen möchte. Die Mädchen sahen einander an, und Klelia sagte ganz ruhig: „Das bist Du gewiß!" — „Nein, Schwester, antwortete Dolores, Dich hat er gemeint, Du hattest heute das schöne rothe Halstuch umgebunden;“ heimlich aber dachte sie: „gewiß bin ichs, die er aufsucht; ich hielt die Vögel viel öfter an meinen Mund, ich bin voller, meine Züge größer und meine Wangen röther, und meine Augen so viel beredter, als meine Locken krauser sind, obgleich unsre Haare von gleicher Farbe; auch nennen mich alle Leute schöner.“ Ihr wurde doch dabei so eifersüchtig, als stände der junge Mann zweifelnd zwischen ihnen, wie zwischen Tugend und Laster. Der alte Bediente fuhr darauf fort, wie der schlaue Wirth, der auch noch einige Anforderungen an das Haus hätte, gleich zu ihm geschickt, er möchte doch dem jungen Herrn, der sich Graf Karl nannte, unter dem Vorwande das schöne Haus zu besehen, zu den schönen Gräfinnen bringen, es könne immer was daraus werden, der Mensch denke, Gott lenke, und dann sei ihnen allen geholfen. — Klelia setzte diesem Vorschlag viele ernste Bedenklichkeiten entgegen; es sei ihren Gewohnheiten ganz unangemessen einem jungen Manne, der allen unbekannt, mitwissend seiner Absicht also entgegen zu kommen, sie wolle ihn nicht sehen. Dolores erklärte sich heftig gegen diese Hindernisse ihrer angeregten Eitelkeit, sie hätten so viele Männer gesehen, was ihnen die Bekanntschaft dieses einen schaden könnte; wenn er ihnen auch nur etwas Neues erzählte, so wäre das schon genug; dann fuhr sie auf: „Hör', Klelia, wenn Du nicht heirathen wolltest, warum zeigtest Du mir wohl neulich den Rand Deiner Hand am kleinen Finger, daß Du eine Falte dort trägest, wenn die Hand gebogen, also einen Mann bekämest, und sahst nach meiner Hand, und ich hatte anderthalb Falten; sieh, Du hast gerade recht viele Lust zum Heirathen, darum willst Du es nicht eingestehen." — Klelia stand, erzürnt über diese Mißdeutung eines kleinen spielenden Aberglaubens, von ihrem Stuhle auf und verließ das Zimmer; nichts kränkt tiefer als absichtliche Mißdeutung mit dummer Listigkeit vermischt. Der alte Bediente stand dabei wie ein einfältiger Beichtvater neben einem höher gebildeten Beichtkinde, das sich Sünden anrechnet, die ihm ganz gleichgültig sind; doch gab er der Klelia, weil sie so trotzig weggegangen, Unrecht, und eilte dann den Bitten der Dolores zu folgen, den Besuch nach einer Stunde herbei zu führen. Während sich nun Klelia auf ihre Kammer zum Gebetbuche gesetzt hatte, des Streites ganz zu vergessen, ging Dolores rechts und links in großer Eile, aus ihren beiderseitigen Kleidern einen guten Anzug sich zusammen zu stoppeln, der glänzend weiß und reinlich, aber freilich von mancher überflüssigen Nath durchkreuzt war, als dien. er gegen Behexung. Als sie damit fertig war, lauerte sie ungeduldig durch die angelegten Laden auf jeden, der die Straße herunter schritt, zwischen durch sah sie sich im Spiegel und sann auf guten Ausdruck des Gesichts und der Rede, und dann gedachte sie lachend, wie sie oft Fürsten und Herzöge, die ihr als Kind geschmeichelt, kaum eines Blicks gewürdigt. Endlich erblickte sie die grüne polnische Mütze auf den dunklen Haaren, die grüne leichte Husarenkleidung mit Kamaschen und Reiseschuhen, die nach dem Vorberichte des Bedienten, den bedeutenden Mann bezeichnen sollte, der Bediente begleitete ihn; sie wollte ihm wie durch Zufall auf der Treppe begegnen, damit er ihr elendes Stübchen nicht bemerke. —

Sechsstes Kapitel.

Die Studenten.

Wir wollen dieses junge Blut, das da so fröhlich die Straße herunterschreitet, ungeachtet vorbedeutend eine schwere dunkle Wolke in den zusammengewachsenen Augenbraunen seiner stark gehügelten Stirne lastet, uns im Allgemeinen bekannt machen, ehe wir es näher kennen lernen. Daß Graf Karl Student sei, haben wir schon von dem Bedienten erfahren; aber woran erkennen solche Leute gleich den Musensohn, die nichts von den Musen wissen? Das läßt sich schwer erklären. Die Tracht ist es nicht immer; viele andre Leute machen sie nach, auch ist sie verschieden in verschiedenen Zeiten; es ist mehr die Art, wie ihnen die Tracht steht, wie sie um sich schauen und singend ihre Straße wandern. Wer nicht selbst die fröhlichen Züge der Studenten aus dem nördlichen nach dem südlichen Deutschland bis in die Schweiz und weiter zu den schönen Inseln der italienischen Seen mitgemacht hat, wird doch sicher einmal einer solchen Schaar begegnet sein, die mit der frischen Röthe ihrer Wangen und der vollen Hoffnung ihres Herzens schon da ein seliges Land zu entdecken glauben, wo die Einwohner sich gleich gut oder gleich schlecht, wie auf der übrigen deutschen Erdfläche befinden. Es thut einem so wohl, von andern glücklich gepriesen zu werden um Güter, die im täglichen Gebrauche ihre Beachtung verloren haben, jeder macht gern seine beste Laune zum Gegengeschenke, daß der unschuldige Bewunderer selten ahnet, daß jedermann überall der Schuh irgendwo drückt, die Grillen irgendwann ansingen, ja daß die lustigste Aussicht von den Bergen den Rauch nicht wegführen kann, der immerdar aus der engen Behausung der Menschen sich mühsam zu erheben sucht und oft ganz auf sie hinuntergedrückt wird. Wie lieb ist die vielwissende Unwissenheit der lernenden Jahre, auch diese Betrachtung könnte ein Student über die Dinge machen, aber im nächsten Augenblicke hätte er sie wieder vergessen, und der Staub auf seinen Schuhen und der Staub der Früchte in ihrer Frische, sie sind einer Art und bezeichnen wie neu sie noch in der Welt sind — sie werden schon lernen in Kutschen zu fahren, viele Meilen an einem Tage; aber die Freude, wenige Meilen ganz durch eigene Kraft fußwandernd zurückgelegt zu haben, die kommt ihnen nicht wieder. Wegen dieser Fröhlichkeit haben auch die Gastwirthe sie gern, warten auf sie, wie auf die Schwalben. Die Studenten finden ihren schlechtesten Wein noch immer köstlich genug, um bei der Gelegenheit ihrer Begeisterung, ihren Liedchen, ihren Späßen freien Lauf zu gönnen, während sie ihre von allen beschauten Naturschönheiten wunden Füße an dem Tische ermüßigen. Selbst die alten Herren, die alle andern Tage mit ihrem bestimmten Schoppen sich stillschweigend begnügten, werden diesmal begehrlicher und fahren mit dem glatten Weine einmal wieder in das mondbeschienene Unterland, wo auch sie sich sehnten nach Unerreichtem, jubelten über ein Nichts und ihre Hüte durchlöcherten, als hätten sie den Erbfeind vor sich. Wahrlich, soll Deutschland Soldaten bekommen, so müssen sie unter einander leben wie die Studenten, wenn sie auch nicht lernen wie sie; frei von allem Zwange, nur der Ehre unterthan, gleich unter einander; sicher wird dann der Geschickteste und Muthigste, wie zum Senior, so zum Feldherrn sich durchdrängen. — Eine der ersten Welterfahrungen, die solche wandernden Schaaren zu machen Gelegenheit haben, betrifft das allgemeine Mißverhältniß des Geldes zu dem Bedürfnisse. So bleibt mancher lustige Bruder seine Zeche schuldig, verspricht zu senden, was er doch nicht hat, die kleine Noth ist recht gut, er lernt entbehren; welcher Wirth könnte aber so hart sein, die Jagdtasche, worin nichts als etwas Wäsche, ein Lieblingsbuch und einige Tagebücher zur angehenden Schriftstellerei, im Ernste zurückzubehalten; ein kleiner Schreck kann nicht schaden.

Gar mancher aber macht auch andere Erfahrungen auf solchen Zügen und kehrt nicht so fröhlich heim, wie er ausgegangen, er sieht heimschleichend nicht mehr weit vor sich hin, die Wälder rauschen ihm nicht mehr fröhlich, die Singvögel scheinen verschwunden und die Spitzen der Bäume hängen voll Krähen, die sich durch die Nebelwolken aufschwingen; alles tropft, Bäume und Kleider, und seine Augen, die immerdar suchen, wovon er sich immer weiter entfernt. Sein Leid vergrößert sich mit jeder Meile, wie der Strom, an dessen Ufer er herunter schreitet; jetzt trägt er schon manches schwarze Schiff, manchen Gedanken, den er schwarz auf weiß der verlassnen Liebe mittheilen muß. Und dann gehts an die Arbeit für Amt und Brod, die sonst nur leichte Gewohnheit gewesen, er mag nicht warten und sie will auch gern unter die Haube, die er auf der Reise kennen lernte, wie die Leute sich ausdrücken. Mit Lust erzählen wir diesen möglichen Fall, wie es mit unserm Grafen Karl einmal gehen könnte, der auch mit einer Schaar Studenten fußreisend ausgezogen war; aber ganz paßt es schon darum nicht, weil dem Grafen nicht nothwendig war, wenn er heirathen wollte, sich dem Joche fremder Dienste zu unterziehen. Er besaß ein artiges Vermögen, ungeachtet ihm die vormundschaftliche Verwaltung aus Klugheit nur sehr wenig für seine Studienzeit auswarf, die ihn nach ihren Absichten allein zum wissenschaftlichen

Landwirthe vorbilden sollte, da die Verwaltung seiner Landgüter seinem Vermögen und seiner Natur angemessener schien, als Dienste eines Fürsten. Er war mit einem Dutzend seiner Landsleute von der Universität ausgewandert, aber die Liebhaberei jedes Einzelnen hatte sie zerstreut; einer sammelte Kräuter, der andre Steine; sein Vergnügen Anhöhen zu besteigen, führte ihn durch den beschwerlichen Bergweg an die Höhe des Gartens, wo er mit der seligen Empfindung des Balboa, wie er zuerst das stille Meer entdeckte, die beiden schönen Kinder unter sich erblickte: zwei glückliche Inseln in dem stillen grünen Meere vor ihm. Eigentlich wurde er ihnen beiden im Augenblicke so zugezogen, wie es nur in diesem Alter und in der waglichen Stimmung eines begeisterten Fußreisenden möglich, der, nach einem halben Jahre in engen Zimmern und dumpfen Hörsälen, einmal wieder von Morgen bis Abend unter dem durchsichtigen blauen Himmelsgewölbe wandelt; doch hielt ihn ein Dornstrauch an seinem Kleide fest, als er eben über die Mauer springen wollte. Ahnung und Liebe erscheinen selten getrennt, und so nahm er es als eine warnende Ermahnung der Liebe, nicht auf unrechten Wegen in diesen geheiligten Kreis zu dringen, und begnügte sich sie möglich lange und möglich nahe zu beschauen. Der Wirth hatte seine Begierde die Mädchen kennen zu lernen, durch seinen Bericht von ihrem

Stande, von ihren Schicksalen und ihrer stillen Lebensweise noch vermehrt; er war kein Adelsthor, wie die meisten seines Standes zu jener Zeit, bei denen er für einen Revolutionär galt, aber er kannte das Achtbare der Familiengesinnungen und Familienehre, die sich noch immer in denen Häusern fortpflanzen, welche sich einst den Herrschern gleich geachtet; das Gleiche mit seinen eigenen Verhältnissen war ihm von guter Vorbedeutung. Es schwebte ein Wunderbild von weiblicher Sanftmuth, Zurückgezogenheit und Freundlichkeit in seinem Kopfe, das ihm in den beiden Gräfinnen zum Erstenmal gegenwärtig geworden. —

Siebentes Kapitel.

Graf Karls erster Besuch bei den beiden Gräfinnen.

Erst in der Thüre ihres Schlosses fiel es ihm heiß ein, daß es doch ganz unwürdig sei, mit der erlogenen Kauflust die Begierde nach der Bekanntschaft der Mädchen zu bemänteln; aber es ließ sich nicht ändern, die Thür war schon hinter ihm geschlossen, durch die Säulen der Treppe schimmerte schon das rothgestreifte weiße Kleid der Gräfin Dolores, ihre Tritte schallten im Gewölbe. Sie trat ihm, beschämt, daß er die Mängel ihres Anzuges entdecken möchte, mit einigen unverständlichen Worten entgegen, aber ihr reizender Blick machte seine Worte noch undeutlicher, es war ein Schimmer in den hellbraunen Augen, der sich nicht malen läßt; und doch kommt es viel darauf an, jedes zur rechten Zeit zu sehen, zu thun; wäre ihm Klelia so begegnet, wahrscheinlich hätte er sich ihr eben so bestimmt ergeben, wie er sich jetzt der schöneren prächtigen Schwester eigen fühlte. Der Bediente half beiden, indem er weitläuftig von allen Bequemlichkeiten redete, die der untere Speisesaal verberge, von der Wasserleitung, worin sonst das Getränk gekühlt worden, die aber jetzt verstopft sei. — Die innern Wand-Verzierungen des Schlosses waren meist architektonisch, entweder in Stein, oder in Gips. Da der alte Graf viele gute Gemälde besaß, so scheute er sich, sie irgendwo mit Fabrikmalerei gewöhnlicher Tapeten zusammen zu bringen, denn beide verlieren dadurch; das Mechanische jener verwöhnt das Auge, auch in dem Lebendigen der andern etwas in der Art zu sehen und jene wiederum büßen die Art von Gefälligkeit ein, die sie in Abwesenheit eigentlicher Kunstwerke bewahren. Diese Gemälde waren verkauft, eben so Sessel und Tische und alles, was zu dem eigentlichen Gebrauche der Menschen gehört, auch hatte wohl die Kriegsfurie hin und wieder ihre Fackel an den Wänden geputzt, aber größer und würdiger sahen offenbar diese edlen architectonischen Verzierungen in dieser ungehinderten Übersicht aus. Der Graf hatte nie etwas so Prächtiges gesehen, ohne alle Kauflust war er eingetreten, jetzt aber dachte er sichs als das höchste Glück in den schönen Verhältnissen dieser Zimmer sein Leben zu führen, unbemerkt, hoffte er, müsse dies alles Widersprechende, Ungleiche in ihm ordnen; noch gestand er sich nicht, daß ihm zur Seite auch solche frische Lebensgöttin, von so schönem Verhältnisse wie Dolores gehen müsse, ihm war es als sei ihre Schönheit, die Wölbung ihrer Augenbraunen, das schöne Verhältniß ihrer Zähne, woran die edelste Säulenordnung zu erläutern, nur eine Wirkung von der Herrlichkeit dieses Baues, oder sie selbst sei die Baugöttin, so ganz erbaut war er von ihr, von ihrer Rede, von jeder ihrer Bewegungen. So gingen sie durch die schönen Geschosse, und der Graf mit dem Wunsche, die Aussicht ganz zu kennen, stieg noch eine Treppe höher in das oberste Geschoß, das sonst den Bedienten bestimmt gewesen, wo aber jetzt die Gräfinnen wohnten, und das Dolores mit ihren Malereien verziert hatte. Sehr ungern folgte sie ihm dahin, sie wußte sich aber durchaus auf keinen Entschuldigungsgrund zu besinnen. Der Graf bewunderte die ausnehmende Fertigkeit, die schönen sichern Umrisse dieser Bilder, Dolores gestand, daß es ein müßiges Spiel von ihr sei. Er glaubte nicht, daß dies das Beste sei, was sie in der Art machen könnte, und so ehrte er sie plötzlich als das höchste Malergenie, das ihm je begegnet, er bewunderte von einer Vorstellung zur andern, und so kam er unbemerkt an das Zimmer der Klelia; er meinte es auch leer, als er aber jemand darin erblickte, so machte er die Thüre mit einer Entschuldigung schnell zu, ohne sie zu unterscheiden. Gleich wendete er sich zur Gräfin Dolores, die verlegen hinter ihm gestanden, weil ihre Schwester sich nicht ordentlich angezogen, nachdem sie ihr das Beste vorweg genommen: „Wer war die Dame?“ — „Meine Kammerjungfer,“ sagte die Gräfin, und der

Bediente brummte heimlich vor sich, daß sie nun sogar ihre Schwester verleugne, nachdem sie selbige um einen Liebhaber betrogen; er hatte nämlich die Klelia von Jugend auf viel lieber, auch blieb er hier zurück, um Klelien dahin zu bewegen, sich anzuziehen, so gut es gehe, und in den Garten zu kommen, wohin jetzt die Gräfin am Arme des Grafen eilte. Diese Beiden gingen nun vor dem grünen Platze vorbei, wo der Graf mit einem Seufzer das Leinenzeug vermißte, das ihn Morgens in der Sonne geblendet hatte; all der Glanz war zu seiner schönen Führerin übergegangen. Mit manchem Umschweife, ungewiß, ob er auch nicht beleidige, erzählte er, wie er sie schon am Morgen beobachtet; sie wurde beschämt, daß sie bei so niedrer Arbeit überrascht worden, sie wollte ihm einen Wink geben, daß er schweigen möchte, aber er drückte die Hände an seinen Mund. So waren sie bis zur Höhe angestiegen, wo eine Laube von Geisblatt, die sich über einem Steine wölbte, der einer Bank ganz ähnlich sah, die schönste Stelle schien, die scheidende Pracht der Sonne und die tausend Liebesblicke zu begrüßen, die sie dem schönen Thale noch schenkte. Der Graf setzte sich auf den Stein. „Nicht doch!" rief die Gräfin, „wissen Sie denn worauf Sie sitzen?" Der Graf sprang auf und sah in den Stein Noten und ein Lied eingehauen; vor der Sonne, die er angeschauet, erschien ihm die Schrift grün, wie die Schrift des Frühlings, die über der ganzen erstorbnen Erde läuft. Mit einiger Beschämung las er laut ab:

„Mädchen, führet Dich Dein Knabe
Zu dem letzten Abendscheine
Hier zu meinem stillen Grabe
Und er wagt es nicht alleine,
Küß' ihn einmal mir zu Ehren,
Das sind meine Seelenmessen;
Kann ich Euch das Küssen lehren,
Werd' ich nimmermehr vergessen.

Neue Melodien kommen
Und verdrängen meine Lieder,
Doch so viel ich hab' vernommen,
Kommt das Küssen immer wieder,
Und von diesen Liebesnoten,
Die ich liebend hab erfunden,
Schallen mir noch bei den Todten
Alle Wiederholungsstunden."

Dolores erzählte nun dem Grafen, daß ihr Vater hier einen lustigen tiefsinnigen Musiker begraben, der lange Zeit sein Freund und Vertrauter gewesen, und den Weg zu diesem schönen Platze zuerst gefunden und geebnet habe. Der Graf sang mit seiner angenehmen Stimme die einfache wohlige Melodie dieses Liedes, der letzte Abendschein schwankte vor seinen trunknen Augen über der Ebene und sah in die Tiefen der Berge; er sah Ihr so sicher in die Augen, und sie konnte sie nicht von ihm wenden: es war der gefälligste Mann, der ihr seit langer Zeit erschienen; sie sah in ihm den Glanz ihrer Geburt wieder hervorgehen, sie hörte wieder die rollenden Kutschen vor ihrer Thüre, sah in den Fenstern des Schlosses, die vom Abendhimmel wiederschienen, alles, wie ehemals, von Wachskerzen erleuchtet, in den Büschen schienen ihr Musikchöre versteckt, und sie verweigerte ihm nicht den keuschen Kuß, den er auf ihre Lippen drückte. Wir eilen, denn unter einfachen Verhältnissen gleicht sich alles in der Welt, und Jeglicher hat hinlänglich Gefühl in seiner Brust, und wär er noch so arm, um sich lebendiger in solche Stunde hinein zu denken, als es die Worte ihm vorsagen können. Nach diesem Kusse schien dem Grafen alles, was er noch sagen könnte, so leer und nüchtern, daß er mit einem zweiten Kusse von der Erröthenden Abschied nahm, und auf und davon über Hecken und Mauer ins Gebirge eilte, seines frohen Herzens selbst bewußt zu werden, das ihn so mächtig anregte. Aber statt ganz fröhlich zu werden, wurde er immer wehmüthiger, und es rief in ihm, bis er es auswendig wußte:

Sie gab, was mich verarmet,
Mir scheidend ihren Mund,
Sie hat sich mein erbarmet,
Ach Gott, wem thu ich's kund?
Ich kann's nicht in mir lassen,
Es sprenget meine Brust,
Es kann's die Welt nicht fassen,
Was mir allein bewußt.
Wie mich der Abend röthet,
Noch niemand wissen muß;
Ach hätt' sie mich getödtet
Im ersten ersten Kuß!

Von Schmerzen könnt ich ruhen,
Im Jubel vieles thun,
In schweren Reiseschuhen
Tanz ich so thöricht nun!

Wirklich hatte er in sich jubelnd eine glatte Buche umfaßt, und tanzte um sie her, weil er Niemand fand, mit dem er tanzen konnte und lachte dann. Allmälig sammelte sich der Taumel aller einzelnen Gefühle, die in ihm aufgeregt; endlich wurde er so gewiß in sich, daß Liebe und Gegenliebe, zwei Gottheiten, die so lange getrennt über den Erdboden einander suchend umherirrten, sich in ihnen beiden so vollkommen begegnet und begrüßt hätten, daß sie wohl nie wieder von einander lassen würden in Zeit und Ewigkeit. Als er nach Hause kam, wollte er noch spät sein Tagebuch schreiben, aber er wußte nicht auszudrücken, was ihm begegnet; schlafen konnte er auch nicht, ob er sich gleich endlich niederlegte, und so sang er der Nachtigall zu und dem rauschenden Strome, die mit einander wetteiferten:

Mir ist zu licht zum Schlafen,
Der Tag bricht in die Nacht,
Die Seele ruht im Hafen,
Ich bin so froh erwacht.

Ich hauchte meine Seele
Im ersten Kusse aus,
Was ist's, daß ich mich quäle,
Ob sie auch fand ein Haus.

Sie hat es wohl gefunden
Auf ihren Lippen schön,
O welche sel'ge Stunden,
Wie ist mir so geschehn.

Was soll ich nun noch sehen,
Ach alles ist in ihr,
Was fühlen, was erflehen,
Es ward ja alles mir.

Ich habe was zu sinnen,
Ich hab', was mich beglückt,
In allen meinen Sinnen
Bin ich von ihr entzückt.

Achtes Kapitel.

Graf Karl verlobt sich mit der Gräfin Dolores.

Am andern Morgen wurde alles fest unter ihnen besprochen, sie verstanden einander, daß sie verlobt wären und wußten nicht wie; er hatte keinen Ring bei sich, sonst wäre auch diese Förmlichkeit beobachtet worden. Von der Universität wollte er einen zierlichen Goldring senden, er nahm das Maaß an ihrem schönen Finger mit einem seiner Haare. Klelia trat darauf ein; der Graf faßte eine ungemeine Achtung gegen sie bei ihrem ersten Anblicke: die Höhe ihrer Gestalt und Stirne, ihr feiner Mund, ihr klares Auge geboten jedem Achtung; sie nahte sich ihm vertraulich, tadelte zwar die große Eile in der Verbindung mit ihrer Schwester, aber so wohlwollend, daß Beide sie dafür küssen mußten. Der Graf, dem noch von Jugend an eine gewisse allegorische Mythologie anhing, glaubte in ihr die Freundschaft zu entdecken, wie er in der Schwester die Liebe gefunden; gewiß war es, so wenig sie sich vordrängte, so milde schützte ihr reicher ernster Geist die beiden Liebenden gegen den langweiligen Überdruß, der den zurückhaltenden Brautstand bei allen Äußerungen von Glück in manchen Stunden doch ganz fatal macht. Wir wollen uns nun einige Wochen denken, wie wir sie entweder selbst erlebt, oder aus dem Berichte glücklicher Seelen, oder aus Büchern kennen gelernt, von Liebe umwunden, von der wohlwollenden Freundschaft der guten Klelia belebt, die mit Muttersorgfalt sie Beide bewachte und sich an ihnen erfreute, und den Grafen vor allen Männern ehrte und bewunderte. Dolores glaubte, daß sie den Grafen liebe, alle ihre Hoffnungen waren ja auf ihn gesetzt, auch war es unvermeidlich, daß er nicht bei näherer Bekanntschaft gewonnen hätte; seine Liebe zu ihr konnte sich nicht mehren und nicht mindern, es war Liebe, und so brachte er unbemerkt die ganzen Ferien in dem geliebten Kreise der guten Stadt zu, die ihm sein eigentliches Vaterland zu sein schien; die ferne Schweiz mit ihren Wasserfällen, Eismeeren, heiligen Freiheitstempeln und unsterblichen Schlachtfeldern lag ihm außer seiner Welt. Zuweilen warf er es sich vor, daß er die ganzen Tage bei den Mädchen mit Nichtsthun zubringe, auch fürchtete er ihnen überflüssig zu werden, aber dann baten sie ihn jeden Abend, daß er am Morgen doch ja recht früh wiederkommen möchte; bald wollten sie eine Stunde auf der Guitarre, bald im Spanischen bei ihm nehmen. Die sorgfältige Erziehung seiner Mutter hatte alle Fertigkeiten und Kenntnisse der gebildetsten Stände in ihm gesammelt; durch das Vergnügen, dies Erlernte so schönen Wesen mitzutheilen, erhielt es in ihm selbst eine schönere Gestalt und Anordnung, er lernte seinen Vorrath kennen und brauchen, er gewann vielleicht eben so viel durch seine Liebschaft, als andere Studenten durch ihre Liebeleien verlieren. Klelia gab ihm den Muth ohne Scheu religiös zu sein, den er unter bornirten Bigotten und bei frechen Spöttern verloren, er wagte es ohne Scheu seinen Glauben an Geheimnisse des höheren Lebens und an deren sinnliche Offenbarung zu bekennen; er wußte, daß sie ihn verstand und würdigte, das merkte er aber auch, daß diese Gesinnungen seiner Dolores abschreckend waren. Seine Betrachtung darüber glich diesen Unterschied bald aus, er meinte es die höchste Unschuld, Gott und die Welt, alles in sich zu fühlen und zu ehren, ohne es von sich zu trennen, — so leicht weiß sich ein Liebender von dem zu überreden, was er nicht anders wissen will. Die Beendigung ihres Bildes, das er immer neu anfing und nie zu seiner völligen Befriedigung enden konnte, da sie ihr Gesicht, um noch schöner, noch lebhafter zu erscheinen, ganz unnütz bewegte und veränderte, hielt ihn noch über seine Ferienzeit in der Stadt zurück; es waren so schöne Stunden, wo er ihr so oft in die Augen sah. Auch sie unternahm es, ihn zu zeichnen, aber die Geduld fehlte ihr, es wurde eine Karrikatur. Um ihren Fehler zu verstecken, hatte sie nämlich allmälig alles übertrieben; er wunderte sich über sich selbst, daß er so aussehe in ihren Augen, wir aber müssen bekennen, daß wir jungen Mädchen, die Karrikaturen zu zeichnen geneigt sind, einen Hexenprozeß machen würden, es geht nicht mit rechten Dingen zu und ist uns in der innersten Seele verhaßt; was kann denn ein Mädchen noch menschlich erhalten, wenn ihr die menschliche Schönheit nicht einmal heilig ist, die überall selten, nun noch durch den unauslöschlichen Eindruck echter Zerrbilder, bei jeder Wiederbegegnung des mißhandelten Unglücklichen, aus den letzten Schlupfwinkeln immer mehr verschwindet. Bald trägt er vor unsre Einbildungskraft wirklich alle die schrecklichen Ecken und Verdrehungen — bei Gott, nur ein verzweifelnder Politiker, der das Wohl des ganzen Staats in Gefahr sieht, darf so frech das Ebenbild Gottes im einzelnen Menschen verhunzen, als wir solches in England sehen. Klelia sagte der Dolores das oft, wenn sie ihr so allerlei unschuldige Leute, die ihr irgendwo begegnet, vorlegte; diese aber meinte, man dürfe das nicht so ernsthaft nehmen, und es erkenne doch jeder den Scherz.

Inzwischen war in der innern Haushaltung des Schlosses einige Veränderung durch die Freigebigkeit des Grafen hervorgebracht. Er hatte sich, nicht ohne weitläuftige Überlegung und Abwägung verschiedener anderer Gelegenheiten die beiden armen schönen Kinder zu unterstützen, endlich eines Abends mit niedergeschlagenen Augen an seinen Wirth gewendet — der ihm die erste Bekanntschaft im Schlosse erworben, ihm auch die drückende Armuth dort beschrieben hatte — und ihm bei unverbrüchlicher Verschwiegenheit zwei Drittheile seines Reisegeldes eingehändigt, sie den Gräfinnen als eine heimliche alte Schuld, die ihr Vater in seinen Büchern einzutragen vergessen, ohne Nennung des Schuldners zu übermachen. Der Wirth übernahm den Auftrag sehr gern, aber er schenkte nach seiner Art reinen Wein ein; auch hätte es allzu unnatürlich ihm gelassen, wenn er, der dringendste aller Gläubiger, dieses Geld, das offenbar der Masse anheim fiel, den Kindern überliefert hätte. Klelia entschied durchaus, daß sie dies Geld nicht annehmen könnten; es sei erniedrigend, von einem jungen Manne, der wahrscheinlich selbst keinen Überfluß großer Reichthümer besitze, eine so bedeutende Summe anzunehmen, es könne ihn zum Schuldenmachen verleiten; überhaupt verstimme es das gute Verhältniß, in welchem sie bisher mit ihm gestanden. Dolores warf ihr einen falschen Hochmuth vor, sie möchte denken, wie sie noch am Morgen in ihrem Bette um eine Unterstützung gebetet, daß sie ohne Schande vor der Welt und vor den Augen ihres Freundes bestehen könnten; das Fasten müsse auch endlich ihrer Gesundheit schaden, das beweise schon die krampfhafte Ohnmacht, in die sie neulich verfallen; genug, sie nehme das Geld zu ihrem Besten an, sie wolle als Schwester für sie sorgen, — und somit nahm sie den Geldbeutel, und der Wirth, der sich eine Freude gedacht hatte, um an die Decke zu springen, schüttelte den Kopf und ging, und dachte in sich: „mit armer Leute Hochmuth wischt sich der Teufel den Mund.“

Klelia ehrte die gute Absicht in ihrer Schwester, ob ihr gleich die ganze Sache nicht recht schien; wie sehr verwunderte sie sich aber, als sie bald den größten Theil der Summe von ihrer Schwester für allerlei Putz ausgegeben sah. Sie erinnerte, aber Dolores wurde böse, sie möchte bedenken, daß des Grafen Liebe zu ihr diese Summe ins Haus geführt, darum wolle sie auch ihm zur Liebe sie verwenden; Klelia erinnerte umsonst, so wäre es doch besser, ihn zu bewirthen, ihm selbst den Aufenthalt in der Stadt weniger kostspielig zu machen, wenn sie es für ihn verwenden wolle. Aber Dolores meinte, sie könnten es doch nicht standesmäßig einrichten, dazu fehle ihnen Geräth und Dienerschaft, und sie ließ sich überhaupt nicht viel einreden, wo sie etwas beschlossen hatte. Sie schmückte sich und die Zimmer, dann auch die Schwester, schaffte auch mancherlei Leckereien, denen sie lange hatte entsagen müssen; ihr gewöhnliches Leben aber ging in voriger Kärglichkeit fort. Der Graf glaubte seine List glücklich ausgeführt, Dolores begrüßte ihn, wie sonst, unbefangen, nur Klelie war etwas verlegen; er dachte in sich, sollte das wohl Stolz sein, nun sie für einige Zeit in bessere Umstände gekommen? wohl hat mich die Mutter oft vor dem Stolze frommer Menschen gewarnt, ich muß sie selbst bei Gelegenheit davor warnen. Es sei uns hier vergönnt, die Jugend ernstlich gegen Menschen voll böser Erfahrung zu verwarnen, damit sie selbst Erfahrungen macht, statt sich jede Lebensaussicht durch gefärbte Gläser zu entstellen; fürchte jeden, der sich so zum Mittelpunkte der ganzen Welt macht, daß er zu sagen wagt, so sind die Weiber, so sind die Männer in Tugenden, in Lastern, weil der kleine Kreis seines Lebens sie ihm so öfter dargestellt hat; die Beobachtung, die in ihm erloschen und ausgestorben, sieht durch die Fügung seiner Kristalllinse, die das Unglück verknöchert hat, die ewig fortstrebende, durch alle Geschlechter sich fortbildende Welt in Winkel und Abschnitte getheilt; ehre und höre ihn, es wird dich weiser machen und aufmerksamer, aber beobachte überall erst selbst; denn dasselbe kommt nie wieder in der Welt, nicht in Tugenden, nicht in Lastern. Jener steht im Traume über der Welt und ist tief unter ihr, und baut sich sein Grab; du aber, liebe Jugend, sollst wachen und schaffen und dir ein Haus bauen aus Rosen und es mit Lilien decken, so lange die Rosen und Lilien blühen.

Neuntes Kapitel.

Graf Karl in Armuth. Rückreise nach der Universität.

Als der Graf bemerkte, daß der Putz seiner geliebten Dolores Freude mache, so fand er diese Liebhaberei am Unbedeutenden so artig mädchenhaft, daß er sich allerhand gute Gelegenheit ersann, ihr Geschenke der Art zu übermachen; bald kam eine arme Krämerin, die so etwas zum Verkauf bringen mußte zu geringem Preise, bald hatte er, um sie zu erschrecken, eine Puppe schön ausgeputzt, dann war es Jahrmarkt. Klelien schenkte er einige Dichterwerke, auch manches Gedicht von ihm selber, die freilich wie ein allzuheftig schäumendes Getränk den Becher mehr mit seinem glänzenden Schaume als mit erquickender Flüssigkeit füllten, aber von ihr doch sinniger aufgefaßt wurden, als von der Schwester, der er sie viel zu schlecht glaubte. Mit solchen Ausgaben ging das zurückbehaltene Drittheil seines Reisegeldes unbemerkt ganz auf; so fand er sich eines Tages, als er einen kleinen Ring für Dolores erkaufen wollte, ohne Geld. Das fiel ihm so schwer aufs Herz mitten in seinem leichten Taumel, er war so fremd in solchen Angelegenheiten, daß er

sich

sich oft in der ersten Verwirrung wünschte, von irgend einem fallenden Dachziegel erschlagen zu werden. Ohne diese Geldnoth wäre er schwerlich aus dem Zauberschlosse gewichen, aber einige reiche Landsleute, die durchreisend zu seiner Universität von seinem Umgange mit ein paar armen Mädchen hörten, verpflichteten ihn, indem sie ihm Geld vorstreckten, einen Sitz in ihrem Wagen anzunehmen. Wir wollen uns nicht mit der Erzählung seines Abschiedes den eignen Schmerz aufrühren, der immer noch unter der Asche von tausend genommenen Abschieden glimmt; ich schweige von der sinnreichen Art, wie er sein Angedenken und das Angedenken jeder Stunde mit kleinen Denkmalen im Hause und im Garten zu befestigen suchte; seiner Dolores war er so gewiß, aber der Boden, auf dem er mit ihr so froh gewandelt, hatte sich belebt, war sein Vertrauter geworden, da nur wollte er leben, der sollte einst auch seine Asche empfangen. Sonderbar, sonderbar, wie der Gedanken von Tod sich in ihm, dem frischen blühenden Jüngling so oft den Liebesgedanken beimischte; aber der Gedanke liegt sehr nahe bei dem höchsten Glücke, das wir zu erschwingen vermögen. Klelia hatte noch so manche freundschaftliche Aufmerksamkeit und Dolores war liebreicher als je, oft glaubte er der Abschied sei unmöglich, und da war er schon geschehen und es regnete vor seinen Augen, er konnte das Haus kaum sehen, vor dem er stand, und nun ist's vorbei; seh' dich noch einmal um, fasse alles recht ins Auge und nun fort. Was soll ich von seiner Sehnsucht, von der Öde sagen, die ihn in der rauschenden jungen Gesellschaft umgab, jeder wollte etwas von der Universität wissen, und er hatte sie ganz bei den Gräfinnen vergessen. Überall sah er Beziehungen auf sie, an jedem Mauerwerk war eine Ähnlichkeit mit etwas im Schlosse, aber laut mußte er weinen bei einem kleinen Mädchen, das verkleinert ihm ihre Ähnlichkeit darstellte, ohne daß er eigentlich im ersten Augenblicke errathen konnte, was ihm bei dem Kinde einfiele; er beschenkte es reichlich nach seines Alters Wünschen. Überall schlugen die Uhren erinnernd, was jetzt in dem gleichförmigen Gange des kleinen Haushalts der beiden Mädchen geschehe; überall hingen Haushaltungskalender, die ihm vorrechneten, daß wieder ein Tag ihm verloren; überall sah er Menschen, die Sie nicht kannten, Gegenden, die Sie nicht gesehen. — Zu seiner Zerstreuung ließ er sich überall mit den Menschen in Gespräch ein, einmal mit dem Gärtnerburschen eines großen fürstlichen Gartens. Der Bursche lachte über seinen Obergärtner, der fluchend vorbei lief, und sagte: „Der macht sich jetzt in der heißen Sonne ein Geschäft, um nicht zu Hause einzutreffen, da würde ihm die Frau ein Gesicht machen.“ — „Warum denn, ist sie so böse?“ fragte der Graf. — „Wie es kommt,“ meinte der Bursche, „jetzt ist der Fürst bei ihr; nicht wahr, Sie merken wohl was die Glocke geschlagen, unser einer vom Hofe darf davon nicht viel reden.“ — Der Graf schimpfte über die Nichtswürdigkeit des Obergärtners. „Es ist sonst ein braver Mann,“ sagte der Bursche, „aber die Frau taugt nichts und er liebt sie allzu sehr; schon zweimal ist er in alle Welt gelaufen, um den Jammer nicht mit anzusehen, er findet überall Brod; aber dann kommt er immer wieder, und bittet es ihr ab, und kann nicht von ihr lassen; es ist als wenn sie ihm was angethan hätte.“ — Die Geschichte durchschauerte den Grafen so eigen, als liefe der Tod über sein künftiges Grab. In der nächsten Station blieb er zurück von seiner jugendlichen Gesellschaft, schrieb an seine Dolores alles Zärtliche, alles Besorgliche, was er unterweges gedacht, nur diese Geschichte verschwieg er, dagegen setzte er einen ernsten Brief mit seines Namens Unterschrift an den Fürsten auf, worin er ihm sein Unrecht grell vormalte und mit den Worten schloß: „ich habe es gesagt und meine Seele gerettet.“ — Eine Stunde nachdem er beide Briefe auf die Post gegeben und kühler nachdachte, schämte er sich des letzteren an den Fürsten gar sehr; er drückte die Augen zu, wurde roth, mußte vor sich lächeln so oft er an die Verwunderung, an das Spotten dachte, was vielleicht aus diesem Briefe folge; lange Zeit konnte ihn sogar der Name des

Fürsten roth machen, insbesondre wenn er dachte, wie sonderbar sich ein andrer Mensch dieses Rothwerden deuten könnte. Diese Beschämung, etwas dem Weltlaufe so Ungefüges und wahrscheinlich ganz Unnützes vollbracht zu haben, zerstreute ihn etwas auf der Fortsetzung seiner Reise; seine Schritte beschleunigten sich, um der Beschämung zu entgehen, während ihn die Liebe bei jedem zurück hielt. Spät Abends, sehr ermüdet kam er nach der Universität auf sein kaltes Zimmer zurück; die Aufwärterin war nicht zu Hause, er bekam von einem neu angekommenen Studenten Licht und fand alles bei sich, wie er es verlassen, sogar sein Kaffeegeräth stand noch, wie er davon zur Reisegesellschaft abgerufen worden; aber in seinem Herzen war es jetzt so warm und draußen so kalt. Hastig schritt er im Zimmer auf und ab, nahm alles in die Hände, legte alles wieder hin; bald wollte er ausgehen, um alte Freunde zu besuchen, um sich den Lectionscatalog zu holen, bald wollte er noch einen Brief schreiben; aber es wurde aus allem nichts, denn aus der Ferne, aus dem nächsten Gasthause, schallte ihm die reizende Einförmigkeit einer Tanzmusik; bald glaubte er darin verständliche Worte zu hören und mußte gegen seinen Willen immerfort mitsingen: „ich hab sie, ich halt sie, ich lasse sie nicht.“ Endlich kam die Magd, freute sich weitläuftig seiner Ankunft, sprach von angekommenen Briefen und brachte aus ihrem

Busen einen hervor, der eben abgegeben worden; der Graf fuhr darauf los, es war der erste Brief seiner Dolores, auch einer von Klelien; er konnte ihn nicht gleich lesen. Er fing mit dem letzteren an, dann folgte unter Herzpochen der erste, der liebste; er konnte bis zum Morgen nicht einschlafen. Alle ihre gegenseitigen Briefe sind durch einen Zufall, den wir später erzählen, verbrannt worden; sie beschäftigten ihn so ernstlich wie Staatsangelegenheiten und kam irgendwo Feuer aus, so war immer sein erster Gedanke, wo er die geliebten Briefe ganz sicher wissen möchte. Diese viel geküßten Briefe seiner Dolores stellten recht lebendig manche kleine Begebenheiten dar, die sich in der Stadt ereigneten; sie selbst aber hatte immer ein gewisses stolzes Vergnügen sich kalt wie eine Götterstatue über der jauchzenden Volksmenge zu denken. Klelia hatte einige Ängstlichkeit in ihren Briefen, sie enthielten manche quälende Betrachtung über den eignen Seelenzustand, ihre Strenge vergrößerte ihre Fehler; ihre Freundschaft, da sie der Liebe noch ermangelte, nahm ohne ihr Wissen alle Ausdrücke feuriger Leidenschaft an. — Der Graf fühlte zuweilen, daß sie ihm beide nicht schrieben, was ihm das Wichtigste, die kleinen Verhältnisse ihres täglichen Lebens, wohin sie gebeten worden, was sie da gesprochen; lauter Dinge, die ihm dringend nothwendig waren, um jeden Augenblick ihrer mit Wahrscheinlichkeit bewußt zu werden, und so blieb er immer bei den nächsten Tagen nach seiner Abreise stehen, wo sie zum Prediger der Stadt gehen wollten. Er selbst merkte nicht, daß er eben so wenig treffe, was sie von ihm wissen wollten; was ihm begegnete, schien ihm ganz unwerth so herrlichen Wesen erzählt zu werden, auch waren seine sterndrehenden Phantasieen, halb in Versen, meist mit flüchtiger Feder so eng geschrieben, daß oft keine der Schwestern sie heraus zu buchstabiren vermochte. Aber jeder seiner Briefe war doch Beiden eine Freude; er aber lebte in beider Briefen, lebte darin so schöne selige Stunden, sie waren ihm die höchste Belohnung für jede Arbeit, es schien ihm verdienstlich, wie bei manchen älteren Religionsbüchern ausdrücklich gesagt wird, sie oft durchzulesen, der Briefbote war sein bester Freund, er ahnte sein Kommen. Der Winter verging ihm langsam und schnell, langsam in der Erwartung, schnell wenn er überlegte, daß schon wieder ein Monat überwunden; lange vorher ehe der Frühling die Vögel um die Erde führt, sang ihm der Dompfaffe, den ihm Dolores in schöner Stunde geschenkt und den er in seiner polnischen Mütze fortgetragen hatte, die wunderbare Melodie des Liedes:

Liebend um geliebt zu werden
Reis' ich um die grüne Erde;
Ach wo wird der Blick mich finden,
Der mich bindet,
Und an welchem frommen Heerde
Bleib ich um geliebt zu werden.

Zweite Abtheilung.

Reichthum.

Erstes Kapitel.

Geschichte der beiden Gräfinnen in der Abwesenheit des Grafen Karl. Klelia reist nach Sicilien.

Das Schloß und die übrigen Lebensverhältnisse unserer beiden armen Gräfinnen hatten sich während dieses Winters durch die Freigebigkeit des Grafen, der ihnen auf dem bekannten Wege durch den Gastwirth beinahe seinen ganzen Wechsel sendete, und nur das Nothdürftigste für sich behielt, bedeutend bequem und verschönert. Gegen die Bitten der eingezogenen Klelia hatte Dolores ein Paar Zimmer des besten Stockwerkes in Ordnung gebracht, zwar möglichst sparsam mit alterthümlichen Zimmergeräthe aus dem fürstlichen Schlosse, das eben versteigert wurde, aber doch anständig genug, um wieder Gäste zu empfangen. Sie fühlte seit den sechs Wochen, deren sie in des Grafen Gesellschaft froh geworden ein Bedürfniß der Geselligkeit; sie erneute die alten Bekanntschaften mit den vornehmen Stadtbewohnern, da fand sie manchen jungen Mann recht schön angewachsen, dem sie schon als Kind geneigt gewesen; diese mochte sie nicht vermeiden und ihre Gläubiger ließen sich nicht abweisen, und so fanden sich oft unerwartet die Zimmer ganz voll, sie aber war der schöne Mittelpunkt aller dieser Bemühungen. Klelia war wohl auch schön zu nennen, aber der ganze Ernst ihrer Erscheinung rückte sie über die Ansprüche des größeren Haufens hinaus; keiner wagte sich ihr mit einer leeren Schmeichelei, oder mit einem bloßen Flickworte der Unterhaltung zu nähern, darum fand sie mancher zu kalt, zu gescheid und wenig unterhaltend. Dolores stellte gern jede Sonderbarkeit recht grell aus, sie fühlte sich erleichtert, wo sie dem allgemeinen Sinne für das Passende und Gefällige auf eine ungemeine Art getrotzt hatte; die Männer kannten ihren Vortheil über jedes Mädchen der Art, sie mußte ihnen viel ärgere Sonderbarkeiten durchgehen lassen; Beides war der frommen Klelia verhaßt, ja sie würde die Gesellschaften vielleicht ganz gemieden haben, wenn ihre Gegenwart der Schwester nicht wohlthätig gewesen wäre, um die verschiedenartigen Menschen im Zaum zu halten. Diese verschiedenartigen neuen Eindrücke, welche die Gesellschaft auf die Gräfin Dolores machte, verdrängten den Grafen immer mehr aus ihren herrschenden Gedanken; ihre Briefe zeigten davon keine Spur, die Feder führte sie unbewußt immer wieder in die alte Gegend zurück und dem Grafen war alles herrlich, was ihn daran erinnerte. Ihr Gefühl schlug überhaupt hell und laut an nach der Art wie es berührt wurde, aber der

Nachklang dieser Glocke ging in den nächsten Schlag des Hammers über und vermischte sich damit; die Zärtlichkeit, die der Graf in ihr erweckt hatte, überraschte sie jetzt in der Nähe jedes liebenswürdigen Mannes; nun fühlte sie sich freilich so an ihn gebunden, daß sie dies zu keiner eigentlichen Äußerung kommen ließ. Aber junge Leute in unseren Tagen verstehen sich schon auf Blicke, und also machte sie ihnen wenigstens falsche Hoffnungen, und des Grafen Bild verschwand allmälig so weit, daß sie ihre Karrikatur aufsuchen mußte, um sich seiner zu erinnern. Eine schöne fromme Seele ist wie das Tüchlein der heiligen Veronika, auf welchem das Bild des Geliebten ohne Malerkunst in ewiger Treue abgedrückt bleibt, alles ist ihr reine Erinnerung von ihm, unverschönert, denn das bedarf er nicht, unverhäßlicht, denn das leidet sie nicht; dagegen erscheint eine leichte Weltseele als ein Spiegel, der freilich alles Nahe, das Schöne und Häßliche mit einer Lebendigkeit faßt, daß es ganz davon aufgenommen scheint, aber nur das Sichtbare berührt sie, jenseit eines schmalen Gebirges liegt ihr schon eine Ferne, die sie nicht verbinden kann, und über alles Vergangene fährt auslöschend eine Sündfluth her. Wie treu bewahrte Klelia ihre Freundschaft zu dem Grafen, während ihn Dolores tagelang in ihren Umgebungen vergaß, und wie thöricht legte sich der Graf, der Meinung seiner Mutter eingedenk, daß nie bloße Freundschaft zwischen verschiedenen Geschlechtern gefunden werde, jene Äußerungen warmer Freundschaft als eine unselige Liebe aus, die sich selbst nicht verstände und die er bekämpfen müsse. Diese kalten Briefe wirkten vielleicht mehr, als die äußerlichen Vortheile und die Rücksichten auf ihre Gesundheit, sie zur Annahme eines Vorschlags zu bestimmen, der sie ihrer Schwester und dem Grafen auf längere Zeit entriß. Eine ihrer Basen, die würdige Frau eines Schweizer-Obersten in Sicilien, war von ihrem Manne zu einer schnellen Abreise dahin bestimmt; da ihre Kinder gestorben, so wünschte er ein Paar seiner ärmeren Anverwandten sich zu gewöhnen, und in sein Haus zu nehmen, um ihnen den Mitgenuß seiner reichlichen Einnahmen und seines angenehmen Hauses zu schenken, wenn er ihnen gleich kein bedeutendes Vermögen hinterlassen könne. Sie machte den beiden Gräfinnen den Vorschlag, ihr Glück in jenen entfernten schöneren Klimaten zu versuchen. Wir wissen, was Klelia zu der Annahme dieses Vorschlages bestimmte, auch die schmerzliche Erinnerung an ihre Eltern und das Unerträgliche von fremden Wohlthaten zu leben, hatten Antheil an dem Entschlusse; wie sehr erstaunte sie aber, als Dolores ganz rücksichtslos sich auch für die Mitreise erklärte. Das Fremdartige des Unternehmens reizte sie, daß sie viele, und viele von ihr sprechen würden; der blaue Himmel, die

Musik, der Karneval, endlich die Kunstdenkmale, an denen sie ihr Malertalent ausbilden wollte, der ganze Feststaat, den tausend Beschreibungen um den Namen Italia gelegt haben, das alles rauschte vor ihr über, und die vernünftigen Vorstellungen der Schwester, eine nahe vortheilhafte Heirath mit einem geliebten Manne der bloßen Neugierde nicht aufzuopfern, genügten ihr nicht davon abzustehen, die Obristin mußte ihr, nachdem sie die Umstände erfahren, den Platz in ihrem Wagen ausdrücklich versagen. Wir, die wir den Ausgang kennen, wünschen sie wäre dem Winke ihrer Natur gefolgt, der Natur, die sich in ihrer Sehnsucht und Laune selten ungestraft widersprechen läßt, denn sie allein weiß, was sie will, wir aber wollen, was wir nicht wissen.

Klelia reiste mit schwerem Herzen aus dem väterlichen Hause, Dolores hatte ihre Ermahnungen nicht anhören wollen, jene ließ ihr ein schriftliches Vermächtniß, das diese zerstreut und weinend über ihr Schicksal wohl durchlas, aber in keiner Hinsicht beachtete. Statt der Erinnerung zu folgen, allen den Gesellschaften zu entsagen, die ihrem künftigen Leben meist ganz unangemessen, suchte sie sich vielmehr für alle entbehrte italienische Lust zu entschädigen. Die Stadtbälle, die sie sonst aus gemeinsamem Stolze wie ihre Schwester verschmäht hatte, wurden ihr ganz nothwendig; sie wollte sich eben so in Kleidern auszeichnen, wie sie durch Schönheit hervorleuchtete, und so verschwendete sie sehr schnell, was der Graf sich abgespart, und was die Obristin ihr verehrt hatte. Auch ihre Lust am Reiten kam ihr wieder; sie wußte, wie verhaßt dies dem Grafen an Frauen war, der darin einen besondern Trotz gegen die öffentliche Meinung ahndete, die an kleinen Orten Deutschlands gewöhnlich hinter den Reiterinnen herlacht und jeden kleinen Unglücksfall mit Spott wiederholt und vergrößert. Natürlich schrieb sie ihm nichts von dem allen, sie suchte die einsamen Stunden eines allgemeinen Überdrusses auf, wo die Sehnsucht nach seinem vertraulichern Umgang ihr wiederkehrte, um ihm so schmachtend, so süßtraurend zu schreiben, wie eine Braut des Himmels; es war das gar keine absichtliche Verstellung, sie hätte aber wahrlich keine andre Zeit dazu finden können und in den Stunden war es ihr Ernst. Eins unterscheidet das reine Gemüth und das große Talent, die Einheit seines ganzen Daseins, mannigfaltig wie Gottes Welt. Das kleinliche Gemüth ist gleich dem besten Menschenwerke aus widersprechenden Stücken zusammengesetzt, unter denen manches herrlich sein kann, aber es muß aus dem Zusammenhange herausgerissen sein, um ganz gewürdigt zu werden.

Zweites Kapitel.

Graf Karls Rückkehr zur Gräfin Dolores. Mißvergnügen und Streit.

Unserm befreundeten Grafen gaben endlich die Osterferien volle Freiheit zu seiner Braut hinzuwandern, jeden Tag hatte er bis dahin an seiner Thüre ausgestrichen, alles war voraus eingepackt, geordnet, der Abschied war genommen, und einsam wie ein Pilger nach heiligen Orten, voll Gedanken fromm und rein, in denselben alten an der Sonne verschossenen grünen Husarenkleidern, schritt er eifrig über Berg und Thal, ohne Umsehens, schweigend in sich, dem hohen Ziele seiner Wallfahrt zu. Und wie er sich dem näherte, immer höher schlug ihm sein Herz, und als er wieder auf dem Felsen saß, wo er Sie zuerst belauscht, wie sie Linnen begossen: weicher kann kein König sitzen, der lange vertrieben seinen Thron fest und unbesetzt wiederfindet. Die Sonne stand ihm im Abendscheine gerade gegenüber, sie blendete ihn und erweckte vor seinen Augen eine Welt von Blumen, wie es kaum die Morgensonne vermag; endlich konnte er hinuntersehen, wo ihn das Linnen sonst geblendet;

er wischte sich die Augen, so viele springende Funken erschienen vor ihm. Endlich unterschied er Dolores, wie sie mit verbundenen Augen zwischen einer Zahl junger Herren und Mädchen ein Haschen spielte. Was war unschuldiger als dieses Kinderspiel und doch gehörte es nicht zu ihr, wie er sie gekannt, wie sie sich und ihre Stimmung und ihre Lebensweise in ihren Briefen dargestellt hatte; sie hatte sich in einen Edelmuth und Heiligkeit verwegen hinein geschrieben, die sie nun jeden Augenblick ableugnen mußte; die Briefe waren kein Schattenriß von ihr, sondern eine abgestreifte glänzende Haut, von der sie sich gern zu gewissen Zeiten befreite, um dann um so gelenkiger in ihrer eigentlichen Natur sich zu bewegen. Das alles bemerkte der Graf mit einem tiefen Ingrimm, den er noch nie in sich gespürt; er fluchte, als sie einen jungen Mann erhaschte, der sich lange wehrte, bis sie die Binde sich von den Augen gerissen und ihn erkannt hatte. Nun kniete der junge Mann vor ihr nieder und sie verband ihm die Augen und spielte dann so artig mit den Händen vor ihm herum, ihn zu prüfen, ob er sehen könne, bis er die eine Hand ergriff und einen Kuß darauf drückte; nun sprang der Mann gleichgültig auf und das Spiel begann in der bekannten Art. Der Graf dachte, wie dankbar er für solche Gunst würde gewesen sein, und da träumte er sich so hinein, daß seine Neigung die Eifersucht bald nie-

niedergekämpft hatte. Jetzt wurde sie wieder gefangen und augenverbunden; er freute sich an ihren zierlichen Bewegungen, und als er sich an der Mauer möglichst genähert hatte, lief sie einmal wild suchend so schnell nach der Gegend, daß der Luftstrom das feine weiße Kleid so dicht anwehete, daß der ganze Umriß ihres schönen Wuchses deutlicher, als er ihn je gesehen, ihm entgegentrat: welche Fülle im schönsten Ebenmaaße! Jetzt hielt er sich nicht mehr, er sprang über die Mauer und mischte sich unter die laufende Menge, der es nicht befremdlich war, noch durch einen Gast vermehrt zu werden.

Der Graf nahm sich absichtlich so ungeschickt, daß Dolores ihn fing. Wie war sie überrascht, als sie heißathmend ihre Binde lüftete, ihren Geliebten zu sehen, aber leider wie verändert. Das ärmliche, eingezogene, strengfleißige Leben hatte ihm wohl etwas von der Frische genommen, in der er das Erstemal erschien, und die Liebe, die in ihm verschlossen, und die Sonne, in der er selig träumend, ihrer gedenkend, oft stundenlang gelegen, hatten ihn gebräunt; mehr aber entstellten ihn in ihren Augen die verschossenen Kleider, die schmutzige Wäsche, und vor Allem die Vergleichung mit gar vielen schöneren, größeren Männern, die sie unterdessen kennen gelernt, und die ihn zum Theil in der Gesellschaft neugierig umstanden. Damals in ihrer Einsamkeit war er ihr als der Schönste erschienen, so hatte sie ihn allen ihren neuen Bekannten beschrieben, damals hatte sie ihm rücksichtlos, weil niemand sie störte, jede Liebkosung gewährt, jetzt wäre ihre große Vertraulichkeit leicht ein Gegenstand übler Nachrede für die Mädchen der Gesellschaft geworden; das alles wirkte auf sie, ohne daß sie es einzeln deutlich dachte; so froh sie erst aufjauchzte bei seinem Anblicke, so folgte gleich eine verwundernde Stille. Der Graf wollte sie küssen, sie kam ihm etwas mit dem Munde entgegen, dann zog sie ihn wieder zurück; der Kuß kam zu Stande, aber wie ein Wappenabdruck, wenn das Siegellack schon kalt geworden; genug, die Wonne, die er in ihrem ersten Gruße erwartete, fand er nicht. Das machte ihn nachdenkend, statt der tausend Dinge, die sich ihr vorher mittheilen wollten, fiel ihm jetzt kaum ein unbedeutendes Wort ein zum herzlichen Gruße. Die Lebhaftigkeit der Dolores suchte das auszugleichen, und zu vergüten; sie neckte alle, sie neckte ihn und suchte sich vor ihrem Geliebten in der ganzen Pracht ihrer neuen geselligen Ausbildung zu entfalten, die bei Mädchen des Alters häufiger als bei Männern in eine Art unbändigen Geschwätzes übergeht. Es war ein böser Streich, den ihr die Eitelkeit spielte; dem Grafen schien es ein entsetzliches Geschrei ohne allen Sinn und Geschick, ein dummdreistes Zudecken der Verlegenheit mit Verlegenheit, unzierlich, leer und absprechend; es schien ihm, all und jeder fände darin seine Stelle, nur er nicht mit seiner Gesinnung, mit seinem Ernst, mit seiner Laune — und nun schmerzte ihn die Abwesenheit der guten Klelia doppelt, die sicher alle schreienden Farben dieses Bildes in einen milden Schatten gestellt hätte. Gern wäre er mit Dolores einige Augenblicke allein gewesen, aber sie gab keine Gelegenheit dazu; und da die Gäste keine Lust bezeigten, sich seinetwegen zu beurlauben, so entfernte er sich ihretwegen, indem er eine Ermüdung nach langer Reise vorschützte. Dolores glaubte daran und merkte nichts von seinem Unmuthe; sie horchte, was jeder von ihm sagen würde, und lobte ihn allen mit vieler Beredsamkeit, bis einer ihr so heimlich schmeichelnd sagte: „Ich weiß nicht, ob Sie schöner oder gütiger sind, aber das weiß ich, Ihr Geist setzt alles durch, macht die Stummen geistreich; gestehen Sie's nur, Sie selbst können nicht blind sein?" — Sie lächelte und die Unterredung war aus, die Gesellschaft ging aus einander und einer sprach heimgehend zum andern: „Schade, hätte das hübsche Mädchen Geld, so brauchte sie den ungeschliffenen Grafen nicht zu heirathen; lieben kann sie ihn unmöglich, ich habs ihr wohl angemerkt." — „Nun da giebts gute Zeit für uns junge Leute," meinte scherzend ein alter Hagestolz.

Graf Karl sah die Gesellschaft die Straße herunter bei sich vorüber gehen, er hatte sich eine Wohnung in der Nähe der Gräfin gemiethet; er würfelte mit seinen Gedanken in Gedanken, ihm war es einerlei, ob er etwas oder nichts geworfen. In dieser Gesinnung sind die folgenden Verse damals von ihm ins Tagebuch geschrieben:

Da steh' ich an meinem Fenster,
Und sehe doch nicht heraus,
Da gehen so viel Gespenster,
Die tauschten mein Liebchen mir aus.
Das sind so geistreiche Männer,
Die sprachen mit Liebchen so tief,
Bis sie von allem die Kenner,
Was in der Seele noch schlief;

Das haben sie aufgewecket
Noch eh' es recht wachen konnt,
Und haben sich mit genecket,
Als wenn der Mondschein sich sonnt,
Die Seel ist ihr ausgetauschet,
Sie war mir ja sonst so lieb,
Wo nun ihr Geschrei mir rauschet,
Da mein' ich, es werde so trüb.

Ich hatte so fromm sie verlassen,
Als trostlos ins Städtlein ich ging,
Sie thät noch so heimlich da spaßen,
Ich mußte ihr messen den Ring;
Zwar lang mußt im Städtlein ich warten
Bis ich ein Ringlein ihr fand,
Der Feinen und der Vielzarten,
Das paßte an ihre Hand.

Da bin ich auf Freunde gestoßen,
Und sagt es doch keinem nicht,
Warum die Thränen mir flossen
Froh über mein Angesicht,

Und will es auch keinem hier sagen,
Warum ich nun traurig und stumm,
Denn alle Worte versagen,
Wo alles geht so dumm.

Denn wie ich zurückgekommen,
Da saßen so viele beim Schmaus,
Die hatte sie aufgenommen,
Mir blieb da kein Plätzchen im Haus.
Da fehlt es an Schüssel und Teller,
Zwar gab sie das Beste mir gern,
Doch waren die andern viel schneller,
Es sorgten für sich nur die Herrn.

Sie hatten sich selber geladen,
Und rühmten sie alle so sehr,
Das muß ihr wahrlich noch schaden,
Daß sie so vorlaut wär;
Sie hat den einen geschlagen,
Er wußte gar nicht warum,
Den andern auf Händen getragen,
Ich saß da betreten und stumm.

Da hat mich der eine betrogen
Gar heimlich um meinen Ring,
Ihn auf ein Bändlein gezogen
Im Kreise er da ging;
Ich kann wohl beten und singen,
Doch weiß ich nicht für was,
Vor Ärger möchte ich springen,
Wenn das noch heißt ein Spaß!

Was steh ich und sinn' über andre,
Und bin nicht recht bei mir,
Viel lieber geh' ich und wandre,
Viel tausend Meilen von hier;
Viel tausend Meilen und weiter
Geh' über und unter im Meer,
Drin steht eine Himmelsleiter,
Ach wer nur im Himmel erst wär.

Kaum hatte er diese Worte geschrieben, so übte die Ermüdung ihr Recht; er warf sich unausgezogen auf den Sessel am offenen Fenster und betrat die ersten Stufen der Himmelsleiter, auf denen sich der Mensch ohne zu schwindeln erhalten kann. Frische Jugend, reich an Hoffen, wie der Frühling an blauen Blumen, jeder Morgen weckt neue für die abgeblühten am Abend, deren Stelle kaum mehr zu finden, unzählige Knospen warten noch ungeduldig auf ihre Entfaltung! Am Morgen, der ihn aus schönem Traume zum schöneren Leben erweckte, war des jungen Mannes Gram von der Brust, die am offenen Fenster voll Thau hing, bald mit diesem hinweggesonnt; der Wind trieb das Zimmer voll Blüthen aus dem Schloßgarten her; die Ebene von den einzelnen Baumreihen der abgetheilten Gärten durchschnitten, wo jeder Zweig ihm altbekannt, hallte vom alten Jubel; er schalt seinen Argwohn, der ihm den Genuß der ersten Freude getrübt hatte, eine Thorheit, eine Krankheit, eilte hinunter, im vorbei rauschenden Flusse sich rein zu baden und aus zu frieren. Als er so im Flusse gegen den Strom sich zu erhalten strebte, sah er ferne in dem gräflichen Schlosse ein Fenster sich öffnen; es war Dolores, die er wohl zwischen den Gesträuchen durch, aber sie nicht ihn erkennen konnte. Wie Tantalus spannte er die Arme nach ihr aus, und dachte mit seliger Zuversicht: „Du siehst mich nicht, Du schönster Apfel der ganzen Flur, und meine Hände können Dich nicht erreichen; und doch bist Du mein, bald mein, und ich bin bei Dir. Wohl mir, daß ich nicht bin wie die Erle und wie die wilde Rose neben mir, die auch ihre Arme zu Dir ausstrecken; ich kann wandeln über Berg und Thal, durch Luft und Wasser, und bald bin ich bei Dir, und Du reichst mir die Hand!" — Wir wollen nicht lächeln, daß ein Mensch sich einmal freut, ein Mensch zu sein, verfluchen es doch so Viele und verleugnen es. — Er zog sich zierlich an, Weste und Pantalons von roth- und weißgestreiftem Sommerzeuge, eine rund geschnittne Jacke von leichtem grünen Tuche; so trat er in das Zimmer der Gräfin, die ihn in einem, gegen die gestrige Pracht allzusehr vernachlässigten, durchgestoßenen Morgenanzuge von dem fatalen Zeuge, das Sanspeine genannt wird, empfing; doch ganz die alte in Liebenswürdigkeit und Zutraulichkeit. Mit vieler Laune spottete sie über einen großen Theil der Gesellschaft, die ihr nur zur Zerstreuung wegen der Abwesenheit ihrer Schwester dienen sollte. Der Graf deckte nun ein Packet auf, wonach sie neugierig geblickt hatte; oben auf lag der Verlobungsring, den er ihr aus der Nachlassenschaft seiner Mutter verehrte: die zwölf Apostel, jeder mit seinem Zeichen, bildeten in halb erhabener Silberarbeit den Reifen; in ihrem Kreise glänzte in Golde Christus in einem Strahlenscheine hoch erhaben, in seinen Händen Kelch und Brodt: alles von sehr schöner Arbeit, aber freilich nicht im neuesten Stile; er übergab ihn ihr als das liebste Geschenk unter allem, was er je besessen. Sie that zwar ihm zur Liebe, als wenn er ihr lieb sei, doch dachte sie mit Ärger daran, daß sie ihn in Gesellschaft nicht würde tragen können; steckte ihn aber an und bewahrte ihn. Dann übergab er ihr eine ganze Reihe der zierlichsten Nonnenarbeiten, die er in einem Kloster am Wege mit großer Freude erkauft hatte; es waren theils fein gemalte Heilige auf zerstochenem Papiere, ein kleines elfenbeinernes Tabernakel, Marienbilder aus seidenen Läppchen zusammengesetzt, geweihte Rosenkränze, eine Menge kindlich zierlicher kirchlicher Pracht. Auch hierüber mußte sie sich aus Anstand freuen, sie hatte aber etwas viel Angenehmeres, allerlei neuen Putz erwartet, auch wußte sie nichts mit diesen artigen Kleinigkeiten anzufangen, zu denen sie weder Andacht, noch Spiellust fühlte; sie konnte sich nicht zufrieden geben über den gewaltigen Fleiß, der auf so was Unnützes verwendet, und schon diese Äußerung war ihm unangenehm, der ganz gerecht den Fleiß hochachtete, der so unbedeutende Stoffe zu beleben vermocht hatte. Dolores hatte aber während des einen Winters regelmäßiger Stadtvergnügungen sehr viel von der innern Freudigkeit vergessen, die aus sich selbst und geringen Anlässen schöpft; zu einer Claviermusik hätte sie nicht mehr tanzen können; um sie anzuregen gehörte wenigstens eine Gesellschaft von Zehnen, die alle auf sie achteten, und wenigstens die Gegenwart eines Menschen, der ihr ganz unbekannt und dessen Aufmerksamkeit sie an sich ziehen wollte. Wie unglaublich nutzt die tägliche Mittelstufe der Gesellschaft, die stets sich beachtet, um nicht in Lust oder Schmerz abzuirren, die selbst überlassene Freude auf, mit Hamlet möchten wir jungen Mädchen, die wir darin erblicken, zurufen: „geht in ein Nonnenkloster — statt an den Spieltisch zu gehen." Schon darum reizen uns die Landfräulein, die nur auf wenige Wochen in die Stadt kommen, weil sie wie die Beurlaubten unter den Soldaten vor den steten Dienstthuern eine große Munterkeit bewahren, auch gewinnen die meisten Menschen durch Reisen in sehr verschieden gebildete Länder bloß darum ein gewisses poetisches Wesen, weil ihnen der Unwerth vieler Verhältnisse unwiderlegbar einleuchtend geworden; ihr eignes Vaterland überrascht sie mit manchem, was sie sonst übersehen und verachtet. Diese Betrachtungen geben wir als Leichenrede jener artigen Sächelchen, die der Graf zum Geschenk brachte und ein Paar Tage darauf die Heiligen mit Schnurrbärten und Schönpflästerchen schrecklich bemalt bei Dolores antraf, die von dieser Arbeit ausruhend, sich vor Lachen nicht zu lassen wußte. Ihre Gleichgültigkeit dagegen hatte ihn gekränkt, aber dieser Mißbrauch war nicht zu ertragen; er zerriß alles mit großer Wuth und warf es zum Fenster hinaus, sie lachte immer mehr und schlug scherzend mit dem Rosenkranze auf ihn. „Ich glaube, der Teufel lacht aus Dir,“ sagte er zuletzt, das Schweigen hätte ihm das Herz abgestoßen; er flog aus dem Zimmer fort nach Hause, da setzte er sich nieder und überdachte was er gethan, wie ein Missethäter, der bald seine Strafe erwartet und sich selbst dafür überliefert. Aber die Heiligkeit der Wahrheit durchzuckte ihn auf einmal, auch sein höchstes Glück wollte er keiner Lüge danken, nicht auf Schmeicheleien sich erborgen; er fühlte sein Recht und wollte es ihr in einer leichten Allegorie deutlicher machen, und dazu schrieb und übersandte er ihr die beigefügte kleine Erzählung:

Das Heidenmädchen.

Der Sohn des Himmels und der Erde
Sah, aus der Weihnacht Abendroth,
Ein schönes Kind bei einer Heerde,
Und keiner da Geschenke bot.

Der Glaube war noch nicht gedrungen
Zu diesen spät erschaffnen Aun,
Denn von den Felsen ganz umschlungen,
Konnt' wenig Sonne überschaun.

Doch freut die Kleine sich am Lichte,
Das neu durch Felsenschatten strahlt,

Sie hat so gar ein lieb Gesichte,
Ein edles Blut die Wangen malt.

Sie muß im Lichte zierlich springen,
So glatt und weich schien ihr das Grün,
Und zu dem holden Echo singen;
Der Herr will sie zum Glauben ziehn.

Es sprengt der Herr mit Strahlenzügen
Die Ziegen ihr weit auf den Fels,
Sie klettert sorgsam nach den Ziegen,
Er zeigt den Weg im Blick des Hells.

Hin über die bemoosten Platten
Sie wagt sich, schaut ein andres Land,
Da will ihr Herz vor Schreck ermatten,
Denn alles scheint vor ihr in Brand.

Da stehen tausend kleine Tische
Mit bunten Lichtern rings besteckt,
Und Brodt und Wein steht im Gemische,
Schön Meßgewand die Tische deckt.

Und statt der Puppen heilge Bilder
Bewohnen dieses Paradies,
Und Kinder ziehen sanft und milder
Und sehn wie dies so herrlich ließ.

Das Mädchen sieht's und meint ihr eigen,
Was ihr kein andrer wehren will,
Doch bald sich viele Knaben zeigen,
Die bitten drum in Demuth still.

Der eine will ihr Händchen küssen,
Dem wirft sie Äpfel ins Gesicht;
Der will sie schön mit Reden grüßen,
Dem hält sie in den Mund das Licht.

Doch einer kommt mit Witz zu streiten,
Da nimmt sie alle heilgen Bild',
Beginnt sie närrisch umzukleiden,
Verliert sie dann im Spiele wild.

Was so viel tausend Engel säten,
Zerstört das Kind aus Unverstand,
Warum viel fromme Kinder beten,
Geschenk des Herren ist ihr Tand.

Da kam der Herr zu ihr gegangen,
Als armes Kindlein angethan,
Und thät nach etwas nur verlangen,
Was sie verworfen und verthan.

Da fand sie leer die reichen Tische,
Die Lichter waren fast verbrannt,
Es dampften schon die Buxbaumbüsche, —
Noch fand sie was, das sie nicht kannt.

Es war die Ruthe, die verguldet
Mit leeren Nüssen ausgeziert,
Die giebt sie ihm so unverschuldet,
Dem Herren, dem sie nicht gebührt.

Es nimmt der Herr die goldne Ruthe
Und zeigt sich, wie er einst erschien,

Gegeißelt, daß vom rothen Blute
Auf Erden rothe Rosen blühn.

Sein Haupt hängt schwach, er kanns nicht tragen,
Sein Blick ist jammervoll gesenkt,
Er spricht: „So willst auch Du mich schlagen,
Die ich so reichlich hab' beschenkt."

Was sie verworfen und zertreten,
Sieht sie mit andern Augen an,
Des Herrn Geschenk in den Geräthen
Zeigt sich im einfach tiefen Plan.

Im Wein, im Brod sein Angedenken
Und seiner Mutter heilig Bild,
Sie muß den Blick zur Erde senken,
Manch heilig Bild dort auf sie schilt.

Sie schauet rings zu ihren Füßen
Sein kunstreich Werk, das sie zertrat,
Zusammen hätte bleiben müssen,
Des Spieles Lust, der ernste Rath.

Des Buxbaums Flechtwerk war die Kirche,
Der glatte Fels war der Altar,
Doch öde steht nun das Gebirge,
Die Kirche ist verbrannt sogar.

Das Kind will nach den Gaben langen
Und sammeln, was es erst verwarf; —
Da wacht es auf und sieht mit Bangen
Sich ganz verschneiet, kalt und scharf.

Es kommt ein Tag, doch ohne Klarheit,
Die Kälte mit Entsetzen spricht:
Was du versäumet ist die Wahrheit,
Was du verspielet ist das Licht.

Diese allegorische Dichtung wurde der Gräfin treulich überliefert, aber sie verstand kein Wort davon; sie las es von hinten rückwärts, es war ihr unbegreiflich, denn beinahe hatte sie den Vorfall mit den kleinen Heiligenbildern über eine Komödie ganz vergessen, die sie aufführen wollte. Es ist mit den Dichtungen überhaupt das Eigene, daß viele Mädchen wie mit einem scharfen Striche von dem Verständnisse gewisser Arten ganz abgesondert sind, ganz insbesondre von allen, die ihrem Wesen und ihrer Natur zu nahe rücken, um in ihrer Bedeutung ihnen erfreulich zu werden; Schmeicheleien verstehen sie dagegen in dem allerbarockesten, unverständigsten Wortgepolter, und Bosheiten gegen Bekannte ebenfalls; am meisten scheuen sie sich vor wirklich ernsthaftem Ernst und scherzhaftem Spaß, weil beide durch die oberflächliche Schminke ihres gewohnten Lebens hindurch brechen. Nach langem Lesen brachte sie endlich heraus, der Graf halte sich für unsern Herrn Jesus, weil sie mit dem Kinde bezeichnet sei; daß jede Dichtung etwas für sich Bestehendes sei, wenn sie auch Beziehungen auf ein gewisses Ereigniß habe, das war ihr nie in den Sinn gekommen. Sie lachte der ganzen Sache und ließ sie auf sich beruhen; sie wartete auf den Grafen, um sich über ihn aufzuhalten, er kam nicht, da er keine Antwort erhalten. Sie wartete mit Ungeduld, zuletzt ärgerte sie sich über ihn; er machte, daß sie eine Gesellschaft versäumte, wohin sie mit ihm gehen sollte; zuletzt fielen ihr allerlei Reden einer sehr fatalen Stadtmamsell ein, die ihr von dem alten Knecht Ruprecht, der sich nirgend mehr sehen läßt, nämlich von der Tirannei der Männer viel erzählt hatte, und wie man sie erziehen müsse. Sie empfand bald Mitleiden mit ihrem eigenen Unglücke, weinte über ihr Schicksal, das sie einem so harten Manne verbunden; endlich erschien sie sich selbst als Heldin, sie wolle sich zeigen in ihrer Stärke, sie wolle ihre Nachgiebigkeit unterdrücken, was solle in der Ehe erst daraus werden, wenn es schon so schwer im Brautstande begonnen. Also entwickelte sich der hochmüthige Eigensinn, das thörichte Vertrauen zu sich, an welchen sie endlich zu Grunde gehen mußte. Der Graf war indessen viel unglücklicher als seine Beleidigerin; oft glaubte er ihr zu viel gethan zu haben, immer wartete er auf eine Nachricht von ihr. Langsam schlich ihm der erste Tag dahin, und hätte ihn sein Wirth, der ihn für krank hielt, nicht ungefragt mit Essen versorgt, er hätte gehungert. Den zweiten Tag reifte sein Entschluß, auf und davon zu ziehen; aber wohin sollte er, es schien ihm die Sonne nur hier, hier nur konnte er athmen. Der Krieg fiel ihm wohl als Zerstreuung ein, wie so manchem Unglücklichen, aber er kannte ihn aus der Nähe, was er eigentlich sei, keine immerwährende Folge kühner Unternehmungen, großer Begebenheiten, mächtiger Thaten, ungeheurer Kräfte; das ist ein Traum aus Dichtern, er ist reizend. In Wahrheit ist aber der Krieg, wie er jetzt geführt wird, ein langweiliges Warten auf etwas, das nie erscheint; denn am Ende ist die Schlacht selbst nur ein Abwarten, daß der Andre davon laufen mag, und dieses traurige Warten in der nüchternsten Gesellschaft, in der kleinlichsten Schererei, bei den rohesten Schandthaten, unter den größten Ekelhaftigkeiten und Krankheiten, würde es nicht eine unermeßliche Zeit in ihm gelassen haben, seinem Kummer nachzuhängen? Das ganze Kriegswesen kann nur durch einen unwiderstehlichen Trieb nach Auszeichnung belebt und geheiligt werden; darum haben wir auch immer bemerkt, daß alle, die ohne Zwang aus einem bloß wohlwollenden Triebe sich darin einließen, unglücklich und ungeschickt waren. Nicht das Schwerdt soll die Welt belehren, denn wer das Schwerdt zieht, der soll durch das Schwerdt umkommen. Am dritten Tage kam ihm der Gedanke, wenn er mit Dolores auch nicht glücklich leben könne, so wolle er doch für ihr Glück leben; ihre Sehnsucht nach dem Vater entlockte ihr wahrhaft

Thrä-

Thränen; sie hatte ihm erzählt, daß ein Gerücht erschollen, er sei in Ostindien; er beschloß ihn aufzusuchen und zurück zu bringen. Gleich schrieb er die nöthigen Briefe an die Vormünder, deren Verwaltung bald zu Ende lief. Die Briefe waren noch nicht gesiegelt, als der alte ehemalige Bediente der Gräfin mit einem besorglichen Gesichte zu ihm ins Zimmer trat. Er grüßte ihn in ihrem Namen, wozu er keinen Auftrag hatte, und fragte ihn, ob er krank sei? er sehe wirklich blaß aus, seine Gräfin sei seinetwegen in großen Sorgen gewesen; es habe ihr nichts geschmeckt, sie habe immer geweint. Der Schmerz rollte dem Grafen wie ein Mühlstein vom Herzen. Thränen der Freude fielen neben Thränen der Verzweiflung auf seine Hand und sein eigenes Auge, das sie geweint, konnte sie nicht unterscheiden; ihm war alles vergessen, er gab sich von allem die Schuld, seinem thörichten Ausdeuten einer unbedeutenden Ungeschicklichkeit, — wie konnte er Vorsicht bewahren, der noch nie eine Erfahrung gemacht, sondern seine Klugheit meist auf den Erfahrungen anderer gestützt hatte.

Drittes Kapitel.

Versöhnung Beider und Hochzeit.

Die Briefe waren schnell zerrissen, er eilte die geliebte Dolores wieder zu begrüßen; er glaubte, sie werde ihm einige Worte der Entschuldigung sagen, aber sie lächelte, als er eintrat, und sie lächelte so schön, daß er über die schöne Bosheit entzückend hätte verzweifeln mögen. Er wollte sich ihr erklären, aber sie mied die Gelegenheit, sie zog ihn auf über seine Lust, ein Jesus zu werden, wie sie es nannte, aber so artig, daß er nicht böse werden konnte; ernsthaft warf sie ihm seinen plötzlichen Unwillen vor, scherzend verzieh sie ihm; er umfaßte sie und seufzte, und doch ward ihm dabei so wohl, daß er sein Schicksal dem ihren übergab, und dieser Tag entschied ihre künftige Herrschaft über sein besseres Selbst. Ihre eigene Unruhe lähmte seine eigene Thätigkeit, seine eignen Beschäftigungen; sie beschäftigte ihn mit ihrem Nichts, und seine höhere Bestimmung, sein Streben nach Reinheit und Vollendung in allem, was er trieb, ward ihr ein Scherz müßiger Stunden, und wurde er einmal ernstlich böse, so brauchte sie nur an eine Reise nach Sicilien vor ihrer Verheirathung zu denken, um ihn zu besänftigen. Ihr frischer Reiz, ihre unendliche Anmuth, selbst in allem dem, was sie gegen seine Gesinnung that, vermochten noch jedes aufsteigende Mißverhältniß wie junge Zweige zur Laube zusammen zu beugen, die Versöhnung war immer noch reicher als der Streit, und jede neue Vertraulichkeit weckte noch immer heftigere Neugierde; aber je stärker diese äußere Gewalt sie jetzt noch zusammenhält, desto mächtiger wird alles aus einander sprengen, wenn sich diese innere Verschiedenheit erst ganz kennen gelernt. Dolores liebte wirklich manches in dem Grafen, aber sie konnte keinen Menschen im Ganzen lieben mit allen Eigenthümlichkeiten, sich selbst etwa ausgenommen. Er verehrte und pflegte ihre Besonderkeiten mit solcher Liebe, daß er sich häufig überredete, ihre Fehler und Unarten seien auch verkappte, ihr eigenthümliche Trefflichkeiten, er schätzte Fehler, die sie bei einer freundlichen Vorstellung gern abgelegt hätte und die sie eigentlich nur von irgend einer Gesellschafterin angenommen, seit ihr guter Engel Klelia sie nicht mehr bewachte. So schien sie zuweilen leidenschaftlich zu spielen, eigentlich nur um eine leere Stunde zu tödten, der Graf aber überredete sich, nachdem er sie ganz ohne Eitelkeit gegen alle Arme freigebig gefunden, darin eben zeige sich ihr höherer Charakter, daß sie gern ihr Glück versuche; sie fühle sich dem Schutze der höheren Mächte näher. Oft übte sie böse Nachrede, bloß weil andern das gefiel, er achtete es als eine besondere Stärke der Beobachtung, als eine besondere Reinheit in ihr, die nichts Böses in ihrer Nähe litte. War er einmal streitig mit ihr, so gedachte er des alten Sprichworts: was sich liebt, das neckt sich; kurz es giebt ein Labyrinth von Gedanken, wie er in sich alles an ihr als gut und weislich auszulegen bemüht war. Mitten in diesen Kometenbahnen der Liebe rückte das planetarische Jahr zu seinem Ende, das seine Minderjährigkeit beschlossen hatte; er verzieh den Vormündern wegen ihres guten Willens, wo sie ihm geschadet hatten und übernahm selbst die Verwaltung seiner Güter. Lange genug von eigennützigen Verwaltern nach der Strenge des Gesetzes bewirthschaftet, fanden seine Leute in ihm eine väterliche Unterstützung zu allem Guten. Der Schulen nahm er sich selbst an; von der künftigen Zeit hoffte er alles, darum wollte er sie selbst unterrichten, wenigstens zuweilen zur Aufsicht seiner Schullehrer. Da ward nicht soviel darauf gesehen, ob die Bursche schreiben konnten, aber das Andenken deutscher Ehre, heiliger und großer Menschen, das ward in ihr Herz geschrieben. Nach diesen ersten Einrichtungen, zu denen auch die Verzierung seines Landschlosses gehörte, kehrte er zu Dolores zurück, beladen mit einer prachtvollen Aussteuer. Erst war es sein Plan, sie auf sein altes Stammschloß zu führen, um dort die Hochzeit zu feiern, aber sie wußte ihn so rührend an ihr erstes Erkennen zu erinnern, daß er von den Summen, die während der Vormundschaft gesammelt worden, ihren väterlichen Pallast sich zum Eigenthum kaufte; er bekam ihn wohlfeil von den Gläubigern, obgleich theurer, als sie ihn jedem andern würden gelassen haben. Der unerwartete Todesfall eines reichen Lehnvetters setzte den Grafen in den Besitz eines großen Vermögens, indem er seine Güter in angenehmer Nähe um das Dreifache vermehrte. Schnell richtete er sich recht artig ein; eine große Hochzeit weihete das herrliche Haus zu Beider Glücke ein, wie sie hofften, wie ihnen von allen Gästen vorausgesagt wurde, die in einem artigen Schäferspiele die Geschichte des Grafen und der Gräfin, wie er sie oft erzählt hatte, darstellten. Was sie Beide dabei fühlten, was sie in ihrem Herzen gelobten, was ihnen blieb für ein Glück, nachdem die Gesellschaft aus einander gegangen, können wir weder ermessen, noch beschreiben. Sie waren Beide sorgenlos und jung, und hatten lange des Tages und der Nacht geharret.

Viertes Kapitel.

Der Graf und die Gräfin reisen aufs Land. Der häßliche Baron und die tolle Ilse.

Der Drang des Grafen zu seiner eigentlichen Thätigkeit, und einige arkadische Träume der Gräfin, auch ihr Wunsch, sich den zahlreichen Unterthanen recht prachtvoll und wohlthätig zu zeigen, beschleunigten die Abreise der Neuvermählten aufs Land nach dem Stammschlosse des Grafen. Ihr Empfang war herzlich froh; Ehrenpforten und Blumen waren nicht gespart, und das Schloß und die Gärten, alles gefiel der Gräfin ungemein, weil es ihr alles noch so neu war. Dieses Anknüpfen mit tausend neuen Bekannten schützte sie wohl einen Monat gegen die Langeweile, die sie später doch empfand, nachdem sie in der Art der meisten jungen Frauen und adlichen Mädchen Beschäftigungen mit Künsten, wie Malerei, Musik unter großen Anstalten dazu aufgegeben hatte. Sie nahm an allen Beschäftigungen und Freuden des Landlebens einen spielenden, aber eben darum unerquicklichen Antheil, der ihr den Drang, das Beschwerliche darin, das Wachen, die Mühe, die böse Witterung ganz unerträglich machte. Mit den Nachbaren hatte sie sich durch ihre städtische Art bald entzweit; sie wollte durchaus spät essen und keinen Tabaksrauch erdulden; sie sprach über Dinge scherzend ab, die den Leuten sehr ernsthaft waren, verachtete anderes, was jenen feierlich, verehrungswürdig; sie hatte die rechte Art nicht, mit diesen starren, eigenthümlich im eignen Hause und kleinen Leben gebildeten Seelen zu sprechen; sie hatte in diesem neuen Kreise kein Gefühl, wo sie anstieß, und wo sie gefiel, und so verschloß sie sich mit verkehrter Freimüthigkeit sehr bald die schwache Quelle der Unterhaltung, welche sie mit Familien des Landadels, der Pächter und Prediger verbinden konnte. Nur ein furchtbar von den Pocken zerrissener Nachbar, ein Baron, der früher in fremden Kriegsdiensten gestanden, hielt es mit seiner allgemeinen Grobheit vollkommen gegen sie aus; ihre Unterhaltung war ein Austausch von Beleidigungen, besonders war sein vorgebliches Freien ein Lieblingsgegenstand ihres Spottes. Der Baron schoß schon seit vielen Jahren Reiher, um seiner Braut einen recht vollen Busch zum Kopfschmucke zu überreichen, und ließ alle Jahr eine gewisse Zahl Gänse zur besseren Füllung des Brautbettes einschlachten. Aber der Busch hätte fast schon einen schwachen Kopf niedergedrückt und das Bette erreichte beinahe den Balken, und noch immer hatte er keine willige Schöne finden können, so verschrieen war er wie ein Blaubart wegen der Grausamkeit, mit der er seine erste Frau ohne geistlichen Trost hatte sterben lassen, indem er ihr immer zugeschworen, sie sei gar nicht krank. Mit gleicher Grausamkeit verfuhr er gegen seine Bauern, hetzte sie mit Hunden, ließ den trägen Mägden Flachs um die Finger binden und anzünden, und schon dadurch war er dem Grafen verhaßt. Wie nun jede Unterhaltung, die in ihrem Scherze über die wohlgezogenen würdigen Grenzen, welche die Schicklichkeit der geselligen Freude gesteckt hat, hinausspringt, leicht überschlagen kann, so ergings auch eines Morgens zwischen dem Baron und der Gräfin; er sagte ihr so harte Worte, nahm so bösen Abschied von ihr, daß der Graf bei seiner Heimkunft sie einsam weinend auf ihrem Ruhebette ausgestreckt fand. Sie klagte ihm ihr Ärgerniß, und ehe sie ihn noch aufforderte, sie an dem Baron zu rächen, war ihr Ingrimm schon so doppelt zu ihm übergegangen, daß er es kaum über sich gewinnen konnte, sie auszuhören. Viel hundertmal hatte er demonstrirt, daß der Zweikampf, so wie er in Deutschland nur zwischen gewissen Ständen eingeführt, eine elende Taschenspielerei mit der Ehre sei, während ihn die zahlreichen Klassen des Volkes für etwas Schändliches halten; da sei kein Gottesgericht, wie in der ältesten Zeit, keine allgemein geglaubte Ehrenreinigung dabei, und in seinem unbestimmten Verhältnisse zu den Landesgesetzen und Sitten, die ihn bald geböten, bald verböten, stelle er ein trauriges Zeichen jener Unbestimmtheit aller Einrichtungen dar, die gerade so wesentliche, edelste, höchste Beziehungen im Volk, wie die Ehre, ohne allgemeine durchgeführte Gesinnungen willkührlich mißhandelten, brauchten und unterdrückten. Das war seine Betrachtung, aber mit dem Augenblicke der Leidenschaft faßte ihn die gewohnte Gesinnung seines Standes; an dem Baron ist nichts verloren, dachte er noch obenein; die Bauern werden von einem schlechten Herren befreit, Niemand mag ihn leiden: das waren die jetzigen Betrachtungen, mit denen er seine Kuchenreiterschen Pistolen in die Halftern steckte, sich auf seinen schwarzen Hengst schwang und kaum mehr hörte, daß ihm die Gräfin zurief, er möchte ihrer gedenken, so werde er ihn nicht verfehlen. Er ritt keine halbe Stunde, da stand er vor dem Baron und machte ihm mit der Art angenommener Kaltblütigkeit, die in solchen Verhältnissen geachtet wird, seinen gefährlichen Antrag. Der Baron war aber längst über dergleichen Verhältnisse hinaus; er lachte den Grafen an: ob er ihn denn für wahnsinnig halte, sich auf so etwas einzulassen, da er noch tausend andern Spaß haben könne, und ihm selbst die schimpflichste Abbitte nichts koste. Wirklich rief er in großer Ruhe seine Schreiber hinein und diktirte einem eine so beschämende demüthige Abbitte, unterschrieb und besiegelte sie, war nachher so lustig wie vorher, daß der Graf, der von dem Muthe des Barons manche Proben wußte, die er in fremden Diensten abgelegt hatte, über eine Natur staunte, die aus dem ganzen Ehrenkreise seiner Zeit, seines Volkes, ohne große Begebenheiten, bloß durch sich selbst heraus gerissen worden; mit Schrecken dachte er, daß eine Revolution gerade nothwendig solche Menschen an ihrer Spitze tragen müsse, und mancher jugendliche Umwälzungsplan, den er mit dem gährenden Moste der Zeit getränkt hatte, verschwand vor seinen Augen in dem einen bedeutenden Augenblicke; nur der Ruchlose fängt eine neue Welt an in sich, das Gute war ewig; das Bestehende soll gut gedeutet werden, sagt ein tiefer Denker, *) dem folgt Deutschland in seiner Entwickelung. Es wurde ihm so wohl, indem er rasch fortreitend dieser ruhig fortschreitenden Bildung des geliebten Vaterlandes gedachte; er sah schon bis zur Hütte herunter Alles in behaglicher, selbstständiger Freiheit, daß schon das schöne Verhältniß im unbedeutendsten Baue, das Wohlgefällige im ärmlichsten Anzuge es darthaten, ein höheres Leben habe sich bis zu allen äußersten Punkten verbreitet; es dringe die Blüthezeit hervor, auf welche die Dichter schon lange vergebens hoffen. Wurde ihm aber recht wohl und

---

*) Hölderlin siehe Tröst Einsamkeit S. 73.

freudig, so schwebte ihm jedesmal unwillkührlich seine Frau vor, die jetzt in höchster Blüthe ihrer Schönheit Alles erstaunte und bezwang; er pflegte sich dann ein lautes Glückauf zu rufen. Diesmal spornte er mit lustigem Eifer sein Pferd, sah mehr nach den Wipfeln der Bäume, die über ihm rauschten und taumelten, als nach dem Wege, der unter ihm hallte. Er glaubte noch auf dem rechten Fußpfade zu sein, und an der Fuhrt, die er gut kannte, als er seinen Hengst heftig in den Fluß spornte, vor dem er scheute. Kaum war er darin, so merkte er, daß dies eine andre sehr tiefe, heftig strudelnde Stelle sey, sein Pferd wollte er nicht verlassen und konnte es auch nicht, das Wasser hatte ihm die Bügel angedrückt; es schwamm schlecht und versank immer tiefer. Endlich zeigte sich am Ufer ein neugieriges, schwach wieherndes Pferd; gleich war sein Hengst von neuer Kraft durchdrungen, arbeitete sich empor und ohne Unterlaß ans Land, von wo sich das grasende Pferd im plumpen Umschwenken ungeschickt in des Waldes Dickicht flüchtete. Diese Lebensrettung durch die Zuneigung der beiden Pferde, so zufällig sie sein mochte, hatte einen tiefen Eindruck auf ihn gemacht; es that ihm so leid dieses Ungeschick des grasenden Pferdes, dessen dumme Flucht es eines guten Futters beraubte, das er ihm im Schlosse zudachte; er wollte es dahin treiben, aber es war ihm nicht beizukommen, also drehte er sein Pferd nicht ohne Widerstand nach seinem Schlosse um, jagte immer schneller je näher, und als er endlich die Waldhörner seiner Jäger hörte und das Tüchlein seiner Frau ihm winkte, da ging es in vollem Laufe in den Thorweg und im Schwunge vom Pferde, mit klirrendem Sporne die Treppen hinauf zu Dolores. — „Du lebst und er ist todt?" rief sie ihm entgegen, „sehnlich habe ich Dich erwartet!" — „Wir leben Beide," antwortete der Graf lächelnd; „wie Du vom Tode eines Menschen redest, und weinst doch über einen Nicknagel. Er ist todt und nicht todt, wie Du es nennen willst, im bessern Sinne ist er es schon lange; — Deine Ehre habe ich in der Tasche, sieh da, sie ist ganz naß geworden, aber nicht verlöscht und nicht zerrieben." — Der Gräfin war es eigentlich nicht ganz recht, daß ihr Beleidiger nicht umgekommen: wir werden die Gründe nachher erfahren; doch verbarg sie das unter Liebkosungen; sie erzählte dem Grafen so viel Schönes, wie sie den Tag bei einer Einsiedlerin zugebracht habe. „Wo wohnt die?" fragte der Graf neugierig. Die Gräfin zeigte weithin nach einer Ecke des Waldes, und erzählte dann, wie ihre Kammerjungfer Rosalie sie dahin geführt; sie habe ein artig Hüttchen gefunden mit Rasen ganz bedeckt, mit zwei kleinen Fenstern und einer Thüre versehen, vor welchem ein verbranntes Mädchen, von auffallend nach einer Seite zusammengezogenen Zügen und listigen Blicken, einige Töpfe ausgewaschen, die ihr zugerufen: „Woher du glänzende Schönheit im weißen Kleide mit dem schmutzigen Saume?“ — „Das Mädchen ist wohl toll?“ fragte der Graf. — „Keinesweges,“ antwortete Dolores, „sie ist ungemein gescheidt, aber sie ist zu gescheidt, zu witzig für Bauersleute; sie hat über Vater und Mutter und Bruder und Bräutigam so viel Spott ergossen, der aber wahr ist, bis sie endlich von ihren Ältern nach dem Stadttollhause gebracht worden. Dort kam sie unter städtische Leute und redete allen so zu Dank, daß sie mit dem Zeugnisse eines völlig gesunden Verstandes zurückging; aber gleich wie sie wieder zu ihrem Vater kam, redete sie so böse Worte darüber, daß er seinen einen Strumpf verkehrt angezogen, daß weder er noch irgend einer im Dorfe sie aufnehmen wollte. Sie ging trotzig aus dem Dorfe, wie sie sagte, weil die Dummheit sich immer so breit setze, daß für die Klugheit kein Platz übrig sei. Ihr Bräutigam, der vergebens getrachtet hatte, sie bei seinen Verwandten unterzubringen, ward traurig über dieses Ereigniß und bot ihr sein Haus an, sie sollte darin schon jetzt als seine Frau schalten und walten. Sie aber fragte ihn kalt: da soll ich wohl kochen und backen und brauen für Alle; Sommers auf dem Felde arbeiten, Winters spinnen, mit Schmerzen Kinder gebären und die kleinen schmutzigen Thiere säugen und waschen und wickeln? Ich bin Euch recht gut, aber daraus wird nichts; ich will eine Jungfer bleiben und mir mit Botenlaufen meinen Unterhalt verdienen; da hör ich alle Tage was Neues und brauche keinem Rechenschaft abzulegen. — Da hat ihr der Bräutigam mit Thränen die Hütte gebaut und ist mit Thränen von ihr geschieden." „Abscheulich," rief der Graf, „die muß eine Hexe werden, die ist es schon." — „Ei nicht doch," sagte die Gräfin, „Du sollst sie gleich sehen, sie sieht nicht häßlich aus, hat klare Augen und, lieber Mann, ich habe sie zu meiner zweiten Kammerjungfer gemacht; Du mußt sie schon ertragen lernen." — „Liebes Kind," antwortete der Graf, „Du weißt, Dein Wille ist der meine; aber gedenk daran, daß es eine schlechte Aufmunterung für brave Mädchen ist, wenn so ein freches, verwogenes Weibsbild ihr Glück macht; nirgend muß das Geld mit mehr Schonung und Billigkeit wieder vertheilt werden, als da, wo es in mühsamen Gewerbe gewonnen wird; manche Verschwendung ist uns in der Stadt erlaubt, wo Keiner weiß, mit welcher Anstrengung es zu kleinen Hauszinsen gesammelt worden, und es fällt doch den armen Leuten auf, zwei Mädchen bei dir müssig zu sehen, die nur eines bei meiner Mutter gewohnt waren, aber wie viel mehr, so ein nichtsnutziges Mädchen in dem Staate zu sehen, nach welchem die Besten umsonst trachten." — Die Frau schmeichelte und der Mann schwieg: „Wie Du nun bist," sagte sie, „da habe ich den ganzen Tag allein gesessen, Du läßt mich ganz allein, und habe in Angst geschauet aus dem Fenster, ob Du kämest; habe dazwischen vor dem Spiegel mit mir getanzt, bis es dunkel wurde, und Du gönnst mir nicht die kleine Unterhaltung mit dem wunderlichen Mädchen, mit der Ilse." — „Ach das ist die Ilse," sagte der Graf, „mit der habe ich oft auch Spaß gehabt, sie hatte schon als Kind eine unverschämte Art zu antworten. Wenn sie Dir gefällt, behalt sie; mir muß sie aber aus dem Wege gehen, das sage ihr." — So endete sich das Gespräch, in welchem der Graf tausend neue Beweise von der Liebe und Ergebenheit seiner Frau zu entdecken meinte; die Wahrheit ist, daß dieses verschmitzte Mädchen, die tolle Ilse, die Gräfin mit ihrem Geschwätze ganz umstrickt hatte; sie schmeichelte ihr so geschickt, kniete vor ihr, betete sie an, erzählte so viele fatale Geschichten aus der Gegend von heimlichen Liebeshändeln und Abentheuern, daß dieser Tag der vergnügteste gewesen, den die Gräfin auf dem Lande zugebracht hatte; der Graf und sein Zweikampf war ihr dabei fast entfallen, als ihr Ilse sagte, daß er über das Feld jage, und sie ihm entgegen winkte. Der Graf stand am nächsten Morgen früh auf, und noch voll von den Gefühlen des vorigen Tages, dachte er sich ganz in die Stimmung seiner Frau; da saß er still lächelnd und redete vor sich, wie sie gestern in seiner Abwesenheit wohl hätte träumen können. Es ist so süß, sich etwas Liebes und Freundliches aus der Seele eines Anderen zu denken, dem wir ergeben; wir versichern uns seiner in uns, und so dachte er wie sie in allen schönen Nachgedanken über Augenblicke, die ihm werth, nach seiner Art in träumender Unterhaltung sich befunden; wie sie plötzlich erfreut, in der Meinung er komme, den Zusammenhang des Gedankens vergesse und nicht wieder auf die Vorstellung kommen könne, die sie so innerlich erfüllt hatte, und wie sie da so sehnlich ausrufe.

Sie zu Hause.

Was füllte mein träumendes Herze?
Vergessener Schein!
Schwer trifft sich ein liebendes Herze
So ledig allein.

Die Schatten sind niedergezogen,
Ich ahndet' es nicht,
Die schönen Geschichten verflogen,
Mein Wundergesicht.

Wie Abend die Seen erreget,
Mit fröhlichem Hauch,
So nur ein Gedanke beweget,
Bewegte mich auch.

Ich sinne und suche und springe
So hin und zurück,
Und locke zum Käfig ihn, singe,
Blick einmal zurück.

Nicht mehr in dem Spiegel ich sehe
Mein lieblich Gestalt,
Und wende mich abwärts und flöhe
Gern tief in den Wald.

Wie wird's ach im Walde so helle,
Am Himmel, am Himmel so klar,
Es kehret zurück der Geselle,
Und Alles und Alles wird wahr.

Er nach Hause eilend sang darauf, als spornte er in die Guitarre mit raschen Griffen:

Mein Auge treu,
Mein Ohr so wach,
Die Liebe neu
Vieltausendfach;
Was siehst du fern,
Was siehst du gern?
Auf Wäldern hoch
Das weiße Schloß,
Und rascher flog
Mein schwarzes Roß,
Die Brust, so heiß,
Beschäumt sich weiß.

Mein Auge treu,
Mein Ohr so wach,
Die Liebe neu
Vieltausendfach.
Was hörst du fern,
Was ist dein Stern?
Das Tüchlein winkt,
Das Waldhorn schallt,
Die Sonne sinkt,
Mein Herz hoch wallt:
Das Thor weit auf
Durchhallt im Lauf.

Fünftes Kapitel.

Commerzienrath Nudelhuber und der Prinzenhofmeister Kirre.

Der Graf musicirte die Lieder, und als er sie ganz in der Kehle und Hand hatte, ging er nach dem Schlafzimmer, seine Frau damit zu erwecken. Verwundert hörte er da eine Unterredung mit einem Manne; an der Stimme, die schnarrend und laut, erkannte er den Baron. Er trat hinein und sah, daß seine Frau am Fenster stand, ganz wie sie aus dem Bette gesprungen; der Wind spielte mit ihrem Hemdlein und zitterte in ihrem leichten Nachthäubchen; als sie den Grafen bemerkte, winkte sie ihm näher zu treten; er sah aus dem Fenster den häßlichen Baron in einem Armensünderhemde mit unbedecktem Haupte, wie Kaiser Heinrich vor dem Papste und dessen Geliebten, doch fehlte hier der Schnee. „Wie können Sie sich unterstehen," rief der Graf, „wieder mein Haus zu betreten?" — „Darum bin ich auch auf dem Hofe geblieben," antwortete der Baron. — Ein ganz unerwarteter Einfall, der einem Zorne begegnet, setzt oft in Verlegenheit, nimmt die Besonnenheit, gut darauf zu antworten, aber der Zorn gestattet nicht das Schweigen, und so antwortet man leicht das Dummste. „Ich habe keinen Hof," antwortete der Graf, „und hätte ich einen, so wären Sie der Letzte, den ich darauf anstellte." — Kaltblütig erwiederte der Baron. „Wenn Sie keinen Hof haben, so ist dies auch nicht Ihr Hof, worauf ich stehe, und Sie können mich also nicht verweisen." — Die Gräfin legte sich ins Mittel, küßte ihren Mann und sagte: „der Baron hätte ihr demüthige Abbitte gethan, er wollte sich ganz bessern, nur möchten sie ihn nicht aus ihrer Gesellschaft verstoßen." — „Wenn es meine Frau wünscht," sagte der Graf, „so kommen Sie herauf, mir sind Sie nicht hinderlicher, als viele andre Menschen, erst aber ziehen Sie sich anständig an." — Der Baron ließ sein Hemde fallen und stand da in gewöhnlicher Kleidung und sagte: „Ich komme gleich, zieht Euch nur erst ruhig an; ich habe noch ein Paar Bekannte zu Euch geladen, die werden Euch sehr wohl gefallen; es sind gerade Menschen wie ich, etwas geradezu, aber ehrlich und können lustige Historien erzählen; ich will heut Alles wieder gut machen." — „Das schwör ich Euch," rief noch der Graf, „führt Ihr Euch heute nicht ganz gut auf, so endet es nicht gut." — Die Gräfin freute sich auf die neue Unterhaltung.

Nach zwei Stunden kam der häßliche Baron mit seinen beiden Freunden, so beliebte er sie wenigstens zu nennen; der eine, ein knochiger alter Mann, mit dickem, zwischen den Schultern eingezogenen Kopfe, hatte die dauerhafteste Kleidung an seinem Körper hängen: streifig geschnittenen grünen Plüsch, zu Rock und Weste, schwarzen Plüsch zu Hosen, Stiefelmanschetten und Schmierstiefel; sein Gesicht war ein Ausdruck plumper Spaßhaftigkeit. Der andre sah durchaus bedenklich über seine lange schmale Nase; ein altes hofmäßiges Kleid; ein schlechter stählerner Degen, Schuhe mit großen Schnallen, ein Haarbeutel, zeigten den früheren Bewohner einer großen Stadt. Der Baron stellte jenen als den Commerzienrath Nudelhuber, berühmten Maler und Bilderhändler aus der Schweiz, diesen als den Prinzenhofmeister Kirre vor; jener war gleich vertraut, griff nach den Händen zum Küssen, machte es sich bequem; dieser belächelte sehr fein seine Ungeschicklichkeit, wollte ihn auch verspotten, wovon aber jener so wenig merkte als ein großer Metzgerhund, wenn ein kleiner Bologneser mit ihm spielen will; ganz zufällig kniff er dagegen den Prinzenhofmeister ganz jämmerlich mit plumpen Einfällen über seinen leichten Anzug. — Der Baron fragte die Gräfin, als die Unterhaltung beim Frühstücke etwas stockte: „Nun wie gefallen Ihnen meine Freunde, sind es nicht gerade solche Lumpenkerls wie ich? Gleich müssen sie aber auch ihre Kunststücke machen; hört," sprach er zu den Beiden, „damit sie hier wissen, was an Euch, erzählt einmal die Geschichten, wo ich so lachen mußte — ja nicht Eure ganze Lebensgeschichte, da könnt Ihr nie ein Ende finden. Fang Du an, Prinzenhofmeister, laß alle Deine feinen Hofgeschichten weg, wie Du Jedem scharfe Antworten gegeben; wir wollen nichts wissen, als die unglückliche Affäre, wie der Erbprinz Dir abhanden gekommen." — „Welcher Erbprinz?" fragte die Gräfin. — „Euer ehemaliger gnädiger Herr," antwortete der Baron. — Die Gräfin sagte: „daran nehme ich Antheil, er ist mir aus früheren Jahren noch sehr werth; fast möchte ich sagen, wir waren in einander verliebt, so wie Kinder es sind."

Sechstes Kapitel.

Der verlorne Erbprinz.

Hierauf begann der Prinzenhofmeister mit verschränkten Beinen ruhig sitzend seine wohlüberlegte Erzählung.

„Da ich nach dem freundschaftlichen Wunsche des lieben Barons von allen früheren Ereignissen schweigen soll, die meiner Führung des mir anvertrauten jungen hoffnungsvollen Erbprinzen alle Ehre machten und blos von dem schmerzlichen Tage reden muß, der alle meine guten Lehren vernichtete, so kann ich es mir zur Genugthuung wenigstens nicht versagen, die Grundsätze zu entwickeln, denen ich in der Erziehung gefolgt bin, und denen ich auch auf der Reise treu geblieben, welche die Erziehung des Prinzen beendigen sollte."

„Nicht so breit und steif," sagte der Baron, „reden Sie wie gewöhnlich, sonst werden Sie nimmermehr fertig; kurz will ich erzählen, Sie reisten mit dem Erbprinzen nach Hause und auf einem Seitenwege kamen Sie an einen See ...."

Der Prinzenhofmeister. Sehr gut gesagt.

Ich ritt mit meinem Erbprinzen ganz allein durch einen tiefen Hohlweg; die Baumwurzeln hingen über uns in der Luft, der Weg war frisch ausgerissen, der Boden noch naß, aber der Regensturz hatte sich in einem Bache verlaufen, der uns an das Ufer eines großen Sees brachte, das, so weit man sehen konnte, nichts als Wachholderbeersträuche hervorbrachte. Wir fanden ein kleines Haus und dabei eine Fähre; der Fährmann, der aus dem Hause trat, fragte uns, ob wir nach der Festung übersetzen wollten, die wir jetzt, wie eine Perle auf einem großen blauen Türkis, in der Mitte des Sees liegen sahen. Wir nahmen das Erbieten mit Vergnügen an; wir bemerkten wohl, daß wir auf unserm Ritt durch die vielen kleinen Fürstenthümer, in das Gebiet eines gewissen Grafen gerathen, dessen Sonderbarkeiten damals allgemein beredet wurden. So war auch diese Festung lange der allgemeinen Unterhaltung preisgegeben; sie ist ein kostbares Werk, auf einer, durch eingesenkte Steinmassen an einer flachen Stelle in der Mitte des Sees regelmäßig erbaueten, eckigen Insel, von gehauenen Steinen nach den strengsten Regeln der Kunst befestigt; Bomben vom Ufer konnten fast nicht bis zu ihr hin und selbst dagegen war sie sehr ordentlich kasemattirt. Der Fährmann erzählte uns auf dem Wege, daß die Besatzung aus einer Kompagnie der ältesten Invaliden bestehe, da aber diesen bejahrten alten Männern das Wachen unmöglich geworden, seien die verrufensten Lustdirnen der Stadt aufgegriffen, in rothe Husarenmontur gesteckt und nach der Festung zur Besserung geschickt worden, wo sie exerzirt mit den Invaliden abwechselnd den Dienst thäten. Um ihr Entlaufen zu hindern, seien alle Fahrzeuge, diese eine Fähre ausgenommen, versenkt; aus Mangel an Liebhabern wären die meisten zu guten Töchtern geworden und liebkosten die alten Männer, wie Loth von seinen Töchtern geliebkost worden. Wir waren auf diese Garnison ungemein neugierig. Bei unsrer Ankunft, nach mehreren Signalen des Fährmanns, wurde das Thor geöffnet, wo uns die Kuriosa, die Rittmeisterin dieser unberittenen Husarinnen, mit dem schönsten militärischen Anstande nach Namen und Charakter fragte; ihres Feuers Fülle glühte in ihren vorstehenden schwarzen Augen. „Herr Kamerad," sagte sie zum Erbprinzen, der Uniform trug, „nichts Neues vom Kriege; wenn uns der Teufel nur einmal von dem verfluchten Kamaschendienste frei machen wollte, meinetwegen möchte er mich holen." — Ich war allzu sehr in Erstaunen, auch etwas ermüdet, um den Eindruck zu bemerken, den die Rittmeisterin auf den Erbprinzen gemacht hatte; leider lernte ich diesen erst aus der Wirkung kennen, als es zu spät war. Wie erstaunte ich, als am Morgen der Erbprinz, die Rittmeisterin und die Fähre vermißt wurden und der Kommandant der Festung mit sehr groben Schimpfreden mir erzählte, der Erbprinz müsse den Fährmann mit Gelde gewonnen haben, ihn und die Rittmeisterin ohne seine Erlaubniß überzusetzen; sie hatte in der Nacht die Thorwache, und so wurde ihr diese Kühnheit erleichtert. Erst später habe ich erfahren, daß der Fährmann, nachdem er die Fähre versenkt, mit Beiden nach Frankreich geflüchtet ist, wo mein lieber Prinz noch jetzt mit tausend andern liederlichen Gesindel ganz unbemerkt hauset. Ich weine eine Thräne seinem Schicksale; ich bin dadurch um meine Versorgung gekommen, bin landesflüchtig geworden, doch in den nächsten Tagen drängte mich damals noch nähere Noth. Erst wurden dem Fährmann alle Signale gemacht, bis man sich überzeugte, seine Hütte sei ganz leer; da verwandelten sich diese Signale in Nothschüsse, welche die Hirten in der öden Gegend für Freudenschüsse hielten wegen irgend einer Feierlichkeit. Nun lernten wir erst unsre Noth kennen, daran der Prinz bei seiner unbesonnenen Flucht wahrscheinlich ganz und gar nicht gedacht hatte; die Festung hatte sonst monatlich nach der nächsten Stadt gesendet, um ihre Vorräthe zu empfangen; der Monat war im Ablaufen. Wir hatten trotz der kleinen Portionen, auf die wir zurück gesetzt wurden, bald nichts mehr zu leben; die Festung war von dem Wasser im strengsten Sinne blockirt und wir weinten oft, daß wir keinen Feind hatten, dem wir uns ergeben konnten. Ich wollte angeln und richtete mir dazu eine Haarnadel als Angelhaken ein, die ich spitz angeschliffen; die Schnur nahm ich von dem Besatze eines Kleides. Da aber die Festung ganz aus Stein gebaut war und aus Reinlichkeit keine Erde darauf geduldet wurde, so war kein Regenwurm zu finden. An Saat und Ernte war also durchaus dort nicht zu denken; etwas Kressensaamen wurde über das Bild des Landesherrn gesäet, das aus schlechtem Gips geformt war; aber der Kommandant aß sie alle in einer Nacht auf. Mäuse und Ratten waren nie auf die Insel gekommen und die Vögel hatten längst eine Scheu vor den rothen Husaren, die wie Vogelscheuchen an allen Ecken der Festung auf der Wache standen. Ich hatte in meinem Reisesacke Geßners ersten Schiffer; ich ergötzte mich an der Erfindung und suchte nach Holz, sie nachzumachen; aber da es Sommer war, so hatte die Garnison nichts als Wachholderreiser zum Kochen; die Gebäude waren alle ohne Dach über der Wölbung mit flachen Steinen gedeckt; ein Paar Tische, ein Paar Tonnen, zehn Invalidenbeine, waren alles Holzgeschirr; daraus wäre es auch dem feurigsten Liebhaber unmöglich gewesen, ein Schiff zu bauen; zum Überschwimmen war aber die Entfernung zu groß. Unter solchen vergeblichen Rettungsversuchen nahte der Schreckenstag, wo nach der sparsamen Aufzehrung aller Lebensmittel, durch das Loos entschieden werden sollte, wer sein Leben zum Unterhalt der Andern hergeben müsse. Die Invaliden behaupteten kühn, sie hätten ihr Leben so oft gewagt, sie wären alt, ein ehrenvoller Tod für alle käme ihnen zu. Die Husarinnen im Gegentheil behaupteten, sie könnten keinen Invaliden verzehren, theils aus Zartgefühl, theils auch darum, weil so einer allzuzähe und knöcherig, meist auch kraftlos sei. Der Kommandant wies endlich auf mich, weil meine Nachlässigkeit der Grund des ganzen Unglücks gewesen: alle stimmten ein; ich sagte aber, daß, so bereit ich zu der Aufopferung wäre, so nothwendig fände ich es nach meinem Gewissen, meinem Landesfürsten einen unterthänigen Bericht über meine Erziehungsmethode und über die Fortschritte des Erbprinzen zu machen. — „Fort ist er,“ riefen die Leute, „fort mit Dir!“ — Wahrscheinlich wäre es mir schlimm ergangen, wenn ich mir nicht in der Angst noch Erlaubniß erbeten hätte, noch einmal nach allen Seiten zu sehen, ob nirgends Hülfe; der Kommandant könne inzwischen sein Messer wetzen. Wie ich noch kaum die vierte Weltgegend überschaut hatte, verkündigte ein Schuß vom Ufer die Anwesenheit von Menschen. Gleich signalisirten wir uns. Bald sahen wir viele Menschen am andern Ufer mit der Verfertigung eines großen Flosses beschäftigt. — Wie kann ich die Freude unsrer armen Hungerleider schildern und meine eigne, daß ich noch nicht verzehrt worden. Nach den Monturen schienen es keine Freunde, sie waren pomeranzenfarbig gekleidet, auch machten sie viele Vorsichtsanstalten, warfen Batterien auf und fingen an uns zu bombardiren. Da sie aber mit der Pulverladung knauserten und es überhaupt zu breit war, so fielen die Bomben in großer Entfernung vor uns schon ins Wasser, weshalb unsre Husarinnen sie Plumphechte nannten. Wir steckten an allen Ecken weiße Fahnen aus, die aus den Schnupftüchern der Garnison zusammengeschneidert waren: in die Mitte hatten wir, um unsern Hunger anzuzeigen, ein Brodt gemalt. Diesen Flecken in den Fahnen sahen unsere Belagerer für Löcher an, wo ihre Kugeln durchgeschlagen; in der guten Absicht uns recht demüthig zur Unterhandlung zu machen und überhaupt einen bestimmten Effekt hervorzubringen, daß es doch hieße, wir hätten uns hitzig gewehrt, aber ihr Heldenmuth habe uns doch endlich bezwungen, fuhren sie noch ein Paar Stunden im regelmäßigen Schießen fort und verloren wohl funfzig Mann durch das Springen ihres erhitzten Geschützes. Die rothgeschwänzten Bomben durchzogen die Luft, die Kugeln sausten, ohne unsern Schaden, und es wäre ein prächtiges Schauspiel gewesen, hätten wir nicht so arg dabei hungern müssen; doch wurden einige erschossene Fische an die Festung getrieben, die wenigstens für den Moment uns erfrischten. Abends endlich begab sich die ganze feindliche Macht, die stärker an Geschütz als an Menschen war, aufs Floß. Es waren nämlich Reichsexekutionstruppen, und der Fürst, dem die Exekution gegen den sonderbaren Grafen aufgetragen war, hielt sich nichts als Artillerie, weil er diese für die furchtbarste Waffe hielt; vor jedem seiner Zimmer standen zwei Achtpfünder und eine halbe Batterie reitender Artillerie hatte alle Nacht die Wache vor seinem Schlafzimmer. Was er nicht hatte, konnte er nicht senden; er sendete seinen Artilleriepark in das Wachholderbeerland, und dies war der schnelle glorreiche Effekt des ersten Unternehmens; sie hatten mit Zwischenräumen nur acht und vierzig Stunden geschossen und wir waren schon zur Übergabe der Hauptfestung des Landes genöthigt; aber freilich hatte die Wasserblokade schon drei Wochen an uns gezehrt. Das bewaffnete Floß näherte sich mit aller Vorsicht und brennenden Lunten, ob sie gleich wegen der Schwere kein Geschütz hatten darauf setzen dürfen. Mit welcher Sehnsucht schlug unser Herz jedem Ruderschlage entgegen; der schönste Tanz war uns der ernste Marsch, den die Hautboisten auf dem Flosse spielten, und die Musik war stark besetzt, denn jeder Soldat war auch Hautboist. Das Schiff war nahe, die Nacht dunkel, da öffneten unsre Husarinnen mit solchem Heißhunger das Thor und ließen die Brücke nieder, daß die Feinde auf den Argwohn verfielen, wir wollten einen Ausfall machen; sie hielten ihr Schiff an und wollten umkehren. Da fühlte ich noch so viel Kraft in mir, ihnen durch ein Sprachrohr entgegen zu rufen, sie möchten um Gottes Barmherzigkeit Willen die Festung einnehmen, oder wir schössen sie alle nieder. Die kanonirenden Reichsexekutionstruppen nahmen als Generalsalve einen Schnaps, dessen Geruch uns Thränen der Sehnsucht ins Auge lockte; dann entschlossen sie sich zu dem Wagestücke, die Festung einzunehmen; doch machten sie es sprachröhrlich sich zur Bedingung, so viele von ihnen in die Festung stiegen, doppelt so viele sollten von der Besatzung ins Schiff hinausspringen. Ich war keiner der letzten; jede Husarin nahm einen Invaliden auf den Arm, und so waren wir bald alle in dem Schiffe, als noch nicht die Hälfte der Feinde in der Festung war. Wiederum fühlten sie Betrug, und als die Frösche jenseit der Festung anfingen zu quaken, meinten sie, daß ihre eingelassenen Brüder ermordet würden. Endlich war das schwierige Geschäft beendigt, sie lachten uns aus, als sie oben waren, und schworen, eine so vollendete Festung hätten sie für die Ewigkeit vertheidigen wollen. Da machten wir uns über ihren im Flosse zurückgelassenen Proviant her, und sprachen auch wieder kein Wort; die Kinnbacken knarrten aber, als wenn Knaster geschnitten würde. Endlich bekamen sie Argwohn über dieses Wesen bei uns, auch weil wir nicht fortruderten, und droheten uns in den Grund zu bohren. Wir wußten am Besten, daß wir das Bißchen Pulver der Festung zu Signalschüssen und als Salz an den Speisen verbraucht hatten; also fuhren wir nach unserer Bequemlichkeit ans Ufer, wo wir uns aller zurückgelassenen Kanonen, Munitionen und Pferde des Feindes bemächtigten, dessen hungerndes Angstgeschrei wir jetzt schon vernahmen. In einem kleinen Tagemarsche kam unser kleines Korps in die Hauptstadt des Grafen, der von allen den Ereignissen noch gar nichts erfahren hatte, da er eben mit der Ausführung eines seiner Lieblingsgedanken beschäftigt war, sein Reich mit gemalten Soldaten, die zwischen Fuchsfallen vertheilt, die Schlachtlinien bilden, zu vertheidigen. Gleich eilte er mit seinen gemalten Soldaten und dem dazu gehörigen Offizierkorps dahin, seine Festung wieder zu erobern; unserm Korps wurden aber wegen der Übergabe alle Feldzeichen abgeschnitten. Nachdem aber das Kriegsgericht die Schnupftücher untersucht hatte, ob sie in der Tasche gebrannt und die Stücken des darauf gemalten Brodtes fand, das die Nothfahne bezeichnet hatte, die aus Schnupftüchern zusammengenäht worden, und sie für Brandflecke erklärte, da wurden wir Alle mit einer Ehrenerklärung dem Gerichte entlassen. Der Fürst traf die besten Anstalten zur Belagerung der Festung; das Land wurde rings vermessen, eine Parallele nach der andern eröffnet, und so laut die

Belagerten die ersten Tage geschrien, so still wurden sie nachher. Der Fürst schickte Nachts einen sichern Spion herüber, und der erzählte die Festung sei ganz leer. Wirklich hatten die Executionstruppen in der Hungersnoth ein Unternehmen executirt, das selbst in der alten Welt, wo Troja so lange belagert wurde, Erstaunen erregt hätte. Nach dem Geschrei der Frösche entdeckten sie einen seichten Strich des Sees, wo sie ohne weiter als bis an die Kniee naß zu werden, glücklich ans Land und bald in ihre Heimath kamen. Da ihr Fürst den Verlust an metallenen Kanonen nicht so schnell ersetzen konnte, so ließ er hölzerne machen, woraus statt der Kartätschen mit Erbsen geschossen wurde; man merkte im Effekte auf der Parade keinen Unterschied, und so ist die wesentlichste militairische Verbesserung im Lande einem bloßen Zufalle zuzuschreiben. Fast hätte ich vergessen, daß ich mich nach meinem Erbprinzen ganz ergebenst erkundigt; vergebens ließ ich ihn in allen Zeitungen citiren, ihm solle sein Fehler verziehen sein und er solle ungestört regieren; er blieb fort und ich mußte ohne Versorgung mit einer großen Nase abziehen.

„Ja, die Nase sehen wir,“ sagte der Baron; „nun, wie gefällt Ihnen der Wetterkerl?“

Die Gräfin rühmte ihn und dankte dem Baron, ihr die Bekanntschaft eines so ausgezeichneten Prinzenhofmeisters verschafft zu haben; sie machte noch allerlei neugierige Fragen über die Montur der Husarinnen, die dem Grafen mißfielen. Solches Mißfallen über seine Frau drückte sich aber nie geradezu aus, sondern es warf sich auf eine Nebensache; er fand es sehr unrecht, in einer Zeit, wie die jetzige, die vom Soldatenwesen ganz zerfleischt, so leichtsinnig darüber zu reden, aber ganz verrucht sei es von einem Hofmeister, über den Verlust eines so hoffnungsvollen Prinzen, den er doch mit veranlaßt, in so spaßhaften Übertreibungen reden zu wollen.

„Lieber Karl," rief die Gräfin, „kannst Du Dich denn nie in die höhere Ansicht des Lebens versetzen, wo Alles Scherz wird?" Der Graf antwortete sehr ernst: „Nein, nimmermehr, selbst Dir zu gefallen nicht." — „Vergessen wir das," meinte der Baron zwischentretend: „Spaß muß sein, sagt Eulenspiegel, gefällt Euch jener nicht ganz, so denkt, daß er mir gar langweiligist, da ich ihn zum hundertsten Mal höre; aber hier ist noch ein anderer viel knolligerer Spaßmacher; Herr Kommerzienrath, Er hat lange genug die Butterbrodte mit Fleisch aufgethürmt, nun ist Er dran; erzähl' Er einmal Seine Geschichte von der Prinzessin Wenda.

———

Siebentes Kapitel.

Geschichte der verlorenen Erb-Prinzessin Wenda.

Nudelhuber begann im Biedermannstone: „Ich bin ein guter, ehrlicher Schweizer, und Sie sind lauter liebe, liebe Leute, ich kann lange denken und weiß viel zu erzählen, aber ein Glas Wein muß ich mir ausbitten; wir ehrlichen Schweizer müssen unsern Wein haben, sonst wird uns das Maul trocken. Nun ja, ich soll Ihnen von der Prinzessin Wenda erzählen. Als ich mit meinem kleinen Bilderkram nach Warschau zur Messe gekommen, so warteten Alle auf den Einzug der siegreichen Polacken. Es war ein heißer Sommer, das Bier war alles sauer geworden, weil die Polen keine Korkpfropfen, sondern ein Stücklein Lehm auf die Flasche stecken. Lauter liebe Leute, ausgenommen, was das Bier, das Ungeziefer und die Höflichkeit angeht. Um Gotteswillen durfte ich mich bei der Prinzeß Casimire und bei der Prinzeß Thorixene nicht sehen lassen, sie hätten mich sonst nicht wieder losgelassen; ich kenne das schon an Höfen, da kommt man des Morgens zum Frühstück und muß zum Mittag bleiben, und nach Tische spricht man so lange mit den kleinen Prinzen, daß sie einen doch auf den Abend nicht ungespeist nach Hause schicken können, und so schlägt man den ganzen Tag um nichts und wieder nichts um die Ohren. Ich mußte mich aber alle die Tage recht an die Arbeit halten, meine Bilder noch einmal zu firnissen; die Polen lieben das und schlagen alle Tage ein Weißes vom Ei über jedes Gemälde, was sie haben, daß es nach ein Paar Jahren wie durch eine dicke Glasscheibe durchsieht. Auch mußte ich meinen Kirschgeist auspacken; mit Polacken kommt ein Handelchen immer am ersten bei einem Glase zu Stande; das Volk schreit dabei und kann nichts vertragen; ich aber werde niemals besoffen, ich habe einen ausgepichten Magen.

Es war gut Wetter zum Einzuge, viele Kaufleute hatten ihre Buden geschlossen, um selbst zu sehen; ich dachte, vom Sehen wird einem der Magen nicht voll, packte meinen lustigsten Kupferstichkram vor der Bude aus; aber die verfluchten Stadtnonnen theilten den Tag von ihren verfluchten getippelten, scheckigen, glänzenden Papierheiligen umsonst aus, daß ich wenig verkaufte.

Die Gräfin sah bei diesen Worten den Grafen an und sagte: „Hör' nur, der Herr Kommerzienrath hält auch nicht viel auf das Bilderzeug der Nonnen; weißt Du noch, wie Du so böse warst, als ich den Heiligen Schnurrbärte gemacht; nicht wahr, jetzt siehst Du doch ein, daß Du Unrecht hattest?" — Es giebt ein ganz fatales Gedächtniß, das zur unrechten Zeit meine ich; es giebt eine dumme Listigkeit, die zur unrechten Zeit verstehe ich. Der Graf erschrak in sich, wie sie so leichtsinnig an eine Zeit denken und erinnern könne, die ihm so schwer zu erleben geworden. Der bittre Ärger trat ihm auf die Zunge; er nahm sich zusammen und sagte, eilig zur Thüre hinauslaufend: „Lassen Sie sich nicht stören, ich komme nicht sobald wieder." — Die Gräfin bemerkte gar nichts, und bat den Kommerzienrath fortzufahren.

..... Ja, es sind verfluchte bunte Bilder, die von den Nonnen, bei mir auf der Fabrik können sie nicht gut nachgemacht werden, und das gemeine Volk mag sie gerne; wenn nur ein Nonnenkloster wieder aufgehoben wird, ich kauf mir zu der Arbeit ein Duzzend Nonnen. Als ich so müßig meine Bilder abstaubte, wurde auf der Brücke von dem dicken Opferpriester ein Hammel abgeschlachtet, wovon er das Herz in die Weichsel unter allerlei Singsang weit wegschmiß. Darauf trat die schöne Prinzessin Wenda zu ihm hin und rief: „Die Götter haben den Polacken zu viel Gnade erwiesen, um ihnen blos mit Schlachtvieh und Räucherkerzen zu danken, ich will mich selber ihnen opfern, um alle Landesnoth zu endigen." Bei diesen Worten sprang sie an die Spitze der Planke — denn in Polen haben die Brücken keine Geländer, es sind schwimmende Planken, die an einander gebunden — und dann stürzte sie sich mit den Worten in die Weichsel: „Empfange mich das Meer als ein reines Opfer." — Alles war wie erstarrt und vernarrt, ich hielt es für eine bloße Komödie, so sah es aus; aber Viele sprangen nach, sie zu retten, konnten sie aber nicht mehr erreichen. Ich dachte, das sind Narren, und sah recht genau nach, was aus der Prinzeß werden möchte, die immer noch an ihrem weißen Kleide zu erkennen war, das auf dem Wasser herumwirbelte; es war ein schönes Weibsbild, sie hat mir aber nie für einen Groschen abgekauft, darum dachte ich, hol sie der Teufel. Da sah ich, wie sie vom Strome in einen Aalfang getrieben wurde, da verschwand sie, ich dachte, nun die ist auch — aber ich hatte mich geirrt, wie alle andern. Der Aalfang gehörte den Priestern, und endigte sich in einen meilenlangen Sack von schlesischer Leinwand, der im Tempel des Obergottes alle gefangenen Aale und auch die todte Prinzessin absetzte, allwo der Oberpriester sie wieder in seinem Bürgerrettungsapparate zum Leben brachte. Das sah ich nicht voraus; denn damals hieltrn wir sie alle für todt. Viele, die ihr nachgeschwommen, waren entweder ersoffen, oder wurden doch für todt ans Land gebracht, und da hielt ich ihnen vor, ob sie denn ganz unvernünftig gewesen wären, sich in solchen reißenden Strom zu werfen, da doch das Wasser überall keine

Balken hat. Was giebt es doch für Narren in der Welt; will sie ersaufen, was geht es Euch an, was habt Ihr davon? — Aber das Volk wurde böse auf mich, denn ein Narr macht viele Narren, und da Prügel nicht gut schmecken, so nahm ich meine Beine untern Arm und kam zu meiner Bude. Nun denken sie sich meinen Schreck, da finde ich, daß mir die Leute wohl die Hälfte von meinem kleinen Kram weggestohlen hatten, was so vorne ausgelegen. — „Spitzbubenvolk," rief ich, und raufte mir meine Paar Haare aus, „das läuft, das schwimmt, ein Weibsbild zu retten, das sein Leben los sein will, und mir nimmts die Bilder, die ich nicht umsonst weggeben mag." Wie ich meine salzigen Thränen so weine, da kommt die Prinzeß Casimire leichenblaß vorbei gefahren; sie sieht mich und ruft mir zu: ich wäre ein guter alter Mann, ich sollte nicht verzweifeln wegen der Prinzessin, ich möchte bedenken, daß ich zu Hause Kinder hätte, sie würde meine herzliche Theilnahme an ihrer Familie nun und nimmermehr vergessen. — Ja, hat sich was Theilnahme um die ersoffene Prinzessin, hätte mir Einer meine Bilder wiedergebracht, so hätte meinetwegen die Prinzessin Casimire mit Kutsch und Pferden in die Weichsel ihr nachfahren können: das dachte ich wohl bei mir, aber ich sagte es nicht; Sie müssen es mir auch nicht übel nehmen, es weiß kein Mensch, wie sauer es einem armen ehrlichen Schweizer in den grausamen Gebirgnissen wird, sich einen Groschen Geld zu verdienen. Als ich so in Verzweiflung meine Hände rang, gab mir Gott einen herrlichen Einfall: ich sollte nun alles Übrige doppelt so theuer verkaufen, so wäre mein Schaden gut gemacht. Das tröstete mich, und es mußten auch gleich ein Paar Leute so viel bezahlen, warum waren sie solche Narren; wenn man Narren zu Markte schickt, so lösen die Krämer Geld; nun mein Gott, jeder Mensch will doch leben, und kein Mensch lebt von der Luft. Es war unterdessen spät geworden, ich packte ein. Mein Magen hing mir so schief; ich ging Abends zur Tafelzeit hin nach dem Schlosse der Prinzeß Casimire, um mich für ihren Trost zu bedanken. Das ganze Schloß war in Bestürzung, ich fand nur einen Lakaien im Vorzimmer der Prinzessin, der mir dreist versicherte, die Prinzessin wolle mit der Prinzeß Thorixene allein sein, er dürfe Niemand einlassen. — „Hat nichts auf sich," erwiederte ich, und schob ihn unversehens bei Seite, „mich wird sie schon sprechen, ich muß sie sprechen." — Freilich mußte ich sie auch noch sprechen, ich hatte ihr eine betrübte Madonna mit dem Dolche im Herzen und einen St. Sebastian, der wie ein Stachelschwein voll Pfeile steckte, mitgebracht; sie liebt solch Zeug und sollte es mir gut bezahlen. Nun müssen Sie sich nicht wundern, daß die Polacken Christum und dabei alle die heidnischen Satans, Jupiter, Apollo und wie sie alle heißen, anbeten, das ist bei den Polacken nicht anders. Das Volk frißt Ihnen Alles unter einander; die beste Schüssel bei dem Landvolke ist immer Sauerkohl mit brennenden Talglichtern darin: ein verfluchtes Fressen. Ja, wo blieb ich doch stehen — also trat ich zur Prinzessin herein, und wie ich herein trat, fragte mich die Prinzessin verwundert: „Mein lieber Kommerzienrath, war Niemand im Vorzimmer, der Ihnen gesagt hat, wir wollten allein sein?" — „Hat nichts zu sagen," antwortete ich, „inkommodiren Sie sich gar nicht um mich alten Mann, geniren Sie sich gar nicht in Redensarten; ich habe denn doch mehr gesehen in der Welt, ich habe zwar heute viel verloren — und dabei dachte ich an meine Bilder und weinte bitterlich, daß mir die Thränen piperlings die Backen herunterliefen. — Die Prinzessin weinte mit und wollte mich trösten; sie sagte, daß sie eben der Prinzeß Toxirene die geheime Geschichte der unglücklichen Wenda habe erzählen wollen. — Ich bat, sie möchte immer erzählen, wenn es auch mich nicht unterhielte, so hätte ich alter ehrlicher Schweizer genug in meinem alten Kopfe zu denken, was wohl bedacht sein müsse; auch könnte ich mir die Zeit wohl vertreiben, wenn sie mir Etwas zu Essen vorsetzen wollte; ich hätte im Vorbeigehen in der

Küche noch eine gute gespickte angeschnittene Kälberkeule liegen sehen; von dem Thee knurre es mir im Leibe, ich wäre ihn nicht gewohnt und dabei die Rührung, mir würde ganz miserabel; wenigstens möchten sie mir ein Paar Eidotter hineinrühren. Sie wußte schon alles, was mir gut schmeckte, stand auch wirklich von ihrem Theezeuge auf, und mußte mitten in ihrer Betrübniß einen gnädig lächelnden Blick auf mich werfen; ich aber fuhr fort und sagte: „Ich kann nicht begreifen, was die vornehmen Leute von dem Thee haben; es ist schlabbrig Zeug, macht Keinen satt und froh und kostet doch auch viel bei jetziger Zeit.“ Wie sie nun aufgestanden war, setzte ich mich auf das atlassene kleine Sopha, wo sie gesessen hatte, und die Prinzessin Thorixene meinte, sie würden dann nicht Platz behalten. „Sein Sie ohne Sorge,“ antwortete ich, „wir rücken hübsch zusammen; ich alter Schweizer mag gerne Abends ein bischen einnicken, und da ist es mir hier schon begegnet, daß ich mit dem Stuhle umgeschlagen bin, und das macht Ihnen nur Schreck, wenn erzählt wird.“ — Die Prinzessin brachte ihre Hunde mit; was die Köter mich anbellten und beschniffelten, weil ich den Morgen einen Hering in der Tasche gehabt hatte; die führten sich recht schlecht auf. Ich fragte die Prinzessin, wie sie das leiden könne, ich wäre doch ein Mensch und wollte mir so was nicht unterstehen. „Nun Gott sei gelobt, da wird die Suppe hereingetragen; es sind doch liebe liebe Leute, die Herren Bediente, daß sie so was nicht auf dem Wege halb auffressen, ich würde es sicher so machen.“

Achtes Kapitel.

Prediger Frank. Gespräch über die bürgerlichen und religiösen Verhältnisse der Liebe.

Wirklich war der Tisch gedeckt worden und die Suppe aufgetragen; die Gräfin bezeugte dem Baron ihre ausgezeichnete Zufriedenheit und der Graf trat mit einem fremden Geistlichen herein, als er ihr eben die Hand küßte. Der Graf war nicht eifersüchtig, aber diese Vertraulichkeit mit dem nichtswürdigen Menschen war ihm verhaßt; er stellte ihr sehr ernsthaft den Fremden, als den Prediger Frank aus der Nachbarschaft vor: ein evangelischer Geistlicher, der um die Landwirthschaft der Gegend große Verdienste hatte; der als ein guter Erzähler in der Gegend bekannt war und den der Graf diesmal als Gegengift gegen die beiden lächerlichen Personen der Gräfin geholt hatte. Die Gräfin begrüßte ihn kalt und wendete sich gleich wieder zu dem Baron, und zu seinen Gesellen, und sagte ihnen Artigkeiten. Der Graf nahm den Baron bei Seite und sagte ihm ergrimmend: er möchte sich doch gefälligst im Augenblick gleich und ohne Säumniß mit seinen beiden Gesellen fortscheren.

Der Baron wiederholte das ganz laut zur Gräfin und sagte: „Nun sehen Sie, wie er ist, ich glaube, wenn ich nicht gleich ginge, schmiß er mich die Treppe hinunter; kann ich mich wohl bei gesunder Vernunft dem Herunterschmeißen aussetzen, das kostete mir wenigstens ein Paar Thaler an Salben und Pflastern; viel lieber bezahle ich mein Mittagsessen in der Dorfschenke; nach Tische kommen wir wieder. Um Euer Essen ist es mir gar nicht zu thun, aber Ihr seid Leute, mit denen sich ein vernünftig Wort reden läßt, Ihr seid gerade wie ich; hab ich nicht recht, wir passen allein zu einander in der ganzen Gegend?" — Ohne eine Antwort abzuwarten, lief er zwischen seinen beiden Stelzen, so ragte er über Beide hinaus, ohne einen Gruß aus dem Zimmer.

Die Gräfin machte dem Grafen, ohne sich vor dem Fremden zurück zu halten, eine Menge Vorwürfe, wie er ihr aus Grillen den einzigen Umgang auf dem Lande verdränge, der ihr erträglich sei; er sollte doch einmal die hoch gepriesenen adlichen Wirthinnen der Nachbarschaft betrachten, wie feist dumm oder mager zänkisch sie alle in dem elendesten Lebenskreise sich herumtummelten. Der Graf antwortete nicht, aber ihn kränkte es tief, daß sie mit solchem Hochmuthe sich über einen würdigen häuslichen Kreis hinaussetze, dessen ernste Pflichten zu erfüllen sie weder Muth noch Geschick habe, dessen Unterhaltung zu verstehen ihr Kenntniß alles Einzelnen ländlicher Haushaltung abgehe. Der Fremde war ernst und wenig beredt; er sprach Einiges mit dem Grafen von der Universitätszeit, die ihm noch mit jugendlichem Reize vorschwebte, und fragte nach einem Studenten Hollin, der nach seiner Zeit eines gewaltsamen Todes gestorben. — Der Graf sagte ihm, daß er selbst dabei gegenwärtig gewesen und gar lange in tiefe Betrübniß dadurch versetzt worden sei, ob er ihm gleich nicht näher bekannt gewesen; von einem seiner Freunde, der wahnsinnig im Kloster gestorben, habe er dessen Papiere erhalten, die er noch wie ein Heiligthum bewahre. — Der Prediger bat um Mittheilung, denn er nehme recht herzlichen Antheil an dem jungen Manne. — Die Gräfin fragte neugierig nach der Geschichte. — Der Graf. Sie ist sehr lang, nach Tische will ich sie ausführlich aus den Papieren erzählen, die in meinem Zimmer liegen; kurz gesagt, sein Unglück war Folge der Eifersucht, und ich habe mir seit der Zeit zugeschworen, nie eifersüchtig zu sein. — Die Gräfin. Das ist nicht artig, keine Leidenschaft ist uns Frauen so schmeichelhaft, wie die Eifersucht. — Der Prediger. Bei einem Liebhaber geb ich es zu, bei einem Manne ist es aber sehr schmerzlich. — Der Graf. . . . mehr aber war Hollins Schicksal durch ein Hinaussetzen über bürgerliche und religiöse Verhältnisse in der Liebe zerrüttet. — Die Gräfin. Bürgerliche

Verhältnisse in der Liebe? — Der Prediger. Steht nicht in der Bibel, Gott ist die Liebe und wer in der Liebe lebt, der lebt in Gott? — Der Graf. Ich kenne und ehre den Sinn, in welchem Dir, liebe Dolores, die Allgewalt und Oberherrschaft der Liebe deutlich geworden ist, sie hat ohne Anstoß unser Glück begründet; aber, lieber Herr Prediger, Gottes Liebe ist nicht des Menschen Liebe zum Menschen. — Der Prediger. Sie bestreiten eine Hauptstütze meines Systems, das Durchdringen der göttlichen Liebe in der menschlichen. — Der Graf. Nicht gegen die Möglichkeit dieses Durchdringens streite ich, aber nur das Eine weiß ich gewiß, daß dieses Göttliche darin selten rein von menschlich irdischer Beimischung ist, die täuschend das himmlische Feuer nachzuahmen weiß, besonders in unsrer Zeit. — Die Gräfin. Hast Du an mir diese Erfahrungen gemacht, so beleidigst Du mich, hast Du das an andern gefunden, so kann ich eifersüchtig werden, und warum bist Du böse auf unsere Zeit: leben wir nicht Alle darin? — Der Graf. Sei nicht eifersüchtig auf die Todten, sie sind nicht zu beneiden, so lange uns das Leben grünt; ich habe Dir so oft gesagt, daß ich wenig selbst erfahren und das meiste der Offenherzigkeit Andrer danke. Auch bin ich nicht frech, unsre Zeit schlimmer zu nennen als jede andre: aber das weiß ich, sie trägt der Vorzeit schwere Sünde, und diese abzubüßen ist ihr hohes Verdienst. — Der Prediger. Und eben darum ist ihr die Liebe zum Troste gegeben, aber leider vertraut sie ihr nicht. — Die Gräfin. Wie kann sie ihr auch vertrauen, da gleich drei Leute, die hier beisammen, so verschieden von ihr denken. — Aus den Betrachtungen, die nun von allen Seiten eintrafen, setzen wir hier eine Übersicht zusammen:

Von der Liebe in unserer Zeit.

Wie arm ist unsere Zeit in der Liebe, denn sie ist ihrer selbst ungewiß.

Der Einzelne achtet sich reicher an Vertrauen, als seine Zeit, und achtet sich groß, sich ihr zu entziehen.

Aber Keiner vermag es, seiner Zeit zu entfliehen, wie noch Keiner seine Mutter verleugnen konnte, ehe er geboren.

Was bleibt dem stolzen einsamen Flüchtling zwischen Himmel und Erde; bleibt er sich selbst?

Die Jugend eilt und bald folgen ihr die stolzen Erinnerungen. Mit den Gesängen seines Übermuthes erhält der Jüngling die Blumen eines empfundenen Frühlings; aber das Lied verhallt und die Zeugen seines Glückes verwelken.

Was ist fest in Dir, dauernd, ruhig?

Der Freude Schmerz, der Hoffnung Sehnen ermüden endlich doch in dem abwechselnden Tanze Deiner Träume, wenn die Musik noch lange nachklingt.

Was bleibt Dir müde Seele? wo ist der Glanz der Augen, die Fülle der Gedanken, die nahe Freude, die Hoffnung der Ferne?

Dir bleibt Entsagung, Erinnerung, aber Du selbst bleibst Dir nicht.

Darum sind alle Gebüsche, die mit uns groß wurden, ihr vertrauter Schatten von girrenden Tauben durchflattert, dem verständigen Manne nicht deswegen allein heilig, weil sie Erinnerung der unbemerkt verschwebenden Jugend sind; der holde Traum will ihm wieder kehren und er möchte den Glanz des Frühlings in der drückenden Gluth des Sommers wieder erkennen. Er fühlt wohl: So ist der Frühling und so ist er auch nicht. — Und erwacht ihm im schönen Herbste der Fruchtbaum, dessen Frucht er schon genossen, zu neuer Blüthe, und spinnt der blinkende Reif ihn noch blüthenreicher ein, dann fühlt er wohl in Augenblicken, der Tod sei die reichste Blüthe, denn er sei gewiß: sei Frühling, Sommer, Herbst; aus ihm komme alles.

Wenn Dich der eingewurzelte Baum so trösten konnte, Du einsamer Mensch, warum sind die freien Menschen Dir nur zur Qual, zum Vorwurf; fürchte Dich selber, sonst hast Du nichts zu fürchten; denn es ist nicht gut, daß der Mensch allein sei. Die Lilie erhebt ihr hohes weißes Haupt, aber des Menschen Haupt, das unter ihr ruhet, erhebt sich nicht wieder; jede Lilie scheint aber der andern gleich, die im vorigen Jahre abblühte, ist es gleich eine andere; denn sie deuten auf einander und leben durch einander fort: so der fromme Mensch, der in der Gesinnung seines Volkes und mit ihm fort lebt, treu seinen Vätern in That und Glauben; er kennt den Tod nicht und braucht ihn nicht unter Blüthen zu verstecken.

Vertraue Deinem Volke in der Liebe und im Tode: das ist der Glaube, das wird zur That.

Wer seines Volkes Glauben im Glücke leichtsinnig vergißt, in der Noth verläßt, den wird Gott in seiner letzten Noth vergessen und in seinem Glücke verloren gehen lassen.

Hat unsre Zeit, hat unser Volk einen Glauben? wehe ihnen! wenn sie keinen haben; aber sie erkennen noch heilige Schriften und heilige Gebräuche. Da stehet geschrieben, die Ehe soll ehrlich gehalten werden, die Übertreter richtet Gott und schlägt sie in ihrer Blüthe darnieder, daß sie nicht Frucht bringen des Verderbens. Sage keiner, daß ihn Gott versuche, daß er allein sei; wo zweie in seinem Namen versammelt sind, da ist er mitten unter ihnen. Ein Jeglicher wird versucht, wenn er von seiner eignen Lust gelocket wird; darnach, wenn die Lust empfangen hat, gebieret sie die Sünde, die Sünde aber, wenn sie vollendet ist, gebieret sie den Tod.

Irret nicht lieben Brüder.

Frank, der am meisten dabei geredet und am wenigsten gesagt hatte, fuhr fort: „Sie werden meine lange Rede mit meinem Alter und meinem Stande entschuldigen; ich lehrte schon an der Schule, als Sie, Herr Graf, auf die Universität kamen, wenigstens zwölf Jahre sind wir unterschieden.“ — „Doch sind Sie noch unverändert, jugendlich in Farbe und Bewegung; ich würde Sie für jünger halten,“ meinte der Graf. — „Bei uns regelmäßig Beschäftigten, greifen die Lebensalter nicht voraus in einander,“ meinte der Prediger, „meist nach bestimmten Perioden, die auch wohl durch eine Krankheit bezeichnet sind, treten wir die großen Stufen hinunter. Durch gleiche Ordnung hört manches Mühsame auf, beschwerlich zu sein; wir kennen auf dem Lande wenig Anstrengungen, die alle unsre Kräfte forderten, und darum werden Sie auch bei Kriegen und andern Ereignissen, die den gewohnten Verkehr stören, dort eine Menge unerklärlicher Krankheiten und Sterbefälle finden; ja ich muß gestehen, daß selbst die Einführung der Wechselwirthschaft in unserer Gegend, an der ich eifrig arbeite, manchen alten Landwirth dahin gerafft hat; mich beruhigt dabei, daß er in seinem

Berufe gestorben." — Die Gräfin machte ihm Vorwürfe darüber, ob es wohl eines Menschenlebens werth sei, daß etwas gehackte Früchte mehr gebaut worden; er lehnte dies ab, indem er bewies, daß eben dadurch viel mehr Menschen künftig gut leben könnten. Der Tisch wurde inzwischen aufgehoben, der Graf führte seine Frau und seinen Freund in eine angenehme Weinlaube hinter dem Schlosse, die als ein großes grünes Dach von wenigen Säulen unterstützt, an welchen der Weinstock aufrankte, ein eignes Sommerhaus bildete, in welches die Sonne durch die zakkigen Blätter gar angenehm auf die kleinen Trauben blickte. Bequeme Sitze, Birkwasser, Rheinwein und Zucker wurde von den Bedienten gebracht; der Graf zeigte dem Prediger in der Gegend umher einzelne Denkmale und erzählte deren Geschichte. Die Gräfin trat mit Berichtigungen dazwischen; sie hatte alles durch die Ilse schon genauer kennen gelernt, als der Graf, ungeachtet er dort aufgezogen war und vieles geschaffen hatte. Der Graf schwieg und der Prediger bat ihn nicht länger die Erzählung vorzuenthalten, die er bei Tische versprochen. Der Graf entfernte sich einige Augenblicke, dann kam er mit einem großen Packet von mancherlei Papieren zurück; ehe er diese geordnet, füllte der Prediger die Stille mit einer pathetischen Anrede, die er irgend einmal auswendig gelernt zu haben schien.

Prediger. Ihr geliebten hochgefeierten Musensitze, wie goldene Luftschlösser scheint ihr zuweilen in mein dunkles einsames Pfarrzimmer und meine Augen gehen unter in dem Glanze. Aber hier von der Höhe eines freien, reichen, altritterlichen Schlosses, darf ich schon zu euch hinblicken, ihr goldenen Berge, auf denen die Musen rings auf Apollo's Leier horchen, jede ihr Eigenes dabei denkend in sich; alles scheint mir hier so nahe an der Seite des Musenfreundes, an der Seite der Schönheit. Wie glänzet der Roßquell in den Abendstrahlen, es wiehert das Flügelroß . . . .

(Wirklich wieherte in diesem Augenblicke des Grafen Rappe, der in der grünen Koppel alle Anstrengungen des vorigen Tages vergessen hatte.) Nur ein Trunk alter Lust, nur ein Jubelgesang alter Stimmung, und ich bin wieder derselbe, dem die Zeit, wie ein Vogel in höchster heller Lufthöhe mit gleichen Flügeln schwebend stille zu stehen schien. Dieses Glas trinke ich Dir zu, Mutter aller Musen, Erinnerung, Du wunderbare Schicksalsgöttin alles inneren Lebens, aller Gedanken; denn wer die Töchter gewinnen will, der muß es mit der Mutter halten. Wie so ganz gegenwärtig wird mir die erste Bekanntschaft mit Hollin in H . .; wie zeichnete er sich als Redner der Studenten bei dem glänzenden Morgenfeste aus, das von der Universität in dem botanischen Garten zur Feier des ersten Besuches unsres Königs und der schönen Königin gegeben wurde. Sein Anstand, seine tiefe Stimme, das männlich Vollendete seines Wesens nahmen alle Zuschauer für ihn ein; auch die hohen Herrschaften dankten ihm gnädig. Jedermann mußte ihm gut sein, so gar kein böser Hinterhalt war hinter seinen Augen möglich, die so lebendig mitgesprochen, daß seine Seele wie in einem Glashause dachte, wo jedermann zuschauen konnte, ohne daß er etwas davon ahnete. Darum sahen die Mädchen meist nieder, wenn er sie anblickte, und die älteren Frauen in ungefährlichen Jahren lachten ihm alle freundlich entgegen; er hatte seinen Theil erwählt, er gab wenig auf sie Acht, und mich zerstreute bald die mannigfaltige Pracht des Hofes und der Frauen, die farbig unter den farbigen Zelten, wie unter hohen Blumen saßen, die sie geboren, und mit ihnen an den hohen Bäumen noch zu schweben schienen. Auch mich ergriff der allgemeine Verkehr, auch ich sah ihn nicht wieder in dem allgemeinen Jubel, der sich immer nach dem Hofe drängte und von ihm zurück strömte. Der König fragte mit Weisheit nach den Bedürfnissen der Stadt und der Universität, rühmte das zarte Ehrgefühl, die gute freie Lebensart der Studenten, ihre Begeisterung für Kunst, Wissenschaft und Vaterland. Die Früchte des Landes und die fremden Früchte des Gartens, Ananas, Melonen und Feigen wetteiferten in

Fülle, Süße und Saftigkeit; der Wein wurde reichlich geschenkt, daß selbst der Boden von seinem Opfer duftete; doch vor allem war herrlich der Gesang wackerer Jünglinge und Mädchen, deren Chöre abwechselnd, die Luft einander zuschmeichelnd, sie mit Wollust erfüllten. In diesem Jubel sah ich Hollin zum Letztenmal; der Hof zog fort und die Stadt schien mir ausgestorben; alle jungen Leute hatten sich in zwei Hofdamen verliebt, und das Unbedeutendste, was sie gesagt, wie sie sich getragen, wiederholten wir einander.

Unterdessen hatte der Graf alle Papiere in Ordnung gebracht, und er begann die Geschichte ohne alle Umständlichkeit, indem er ihr gleich einen Titel gab.

Neuntes Kapitel.

Hollin's Liebeleben. *)

Hollin und Odoardo kamen denselben Tag auf eine Schule, gewannen einander gleich lieb, und veranlaßten dadurch, daß ihnen der Rektor ein gemeinschaftliches Zimmer anwies, das sie auch bis zu ihrem Abgange nach der Universität mit einander bewohnten. Jener war dem letzteren an Alter, Vermögen und Talent überlegen; diese Überlegenheit war alte Gewohnheit und machte keinen Riß durch ihre Freundschaft. Sie versuchten sich mit einander in allem, was das Schulleben mit sich führt; sie präparirten sich mit einander, brateten heimlich einander Kartoffeln, schlugen gemeinschaftlich ihre Feinde auf andern Schulen, hielten sich zusammen heimlich einen Renommistenanzug, in welchem sie abwechselnd Komödie und Kaffeehaus besuchten. Sie waren auf der ganzen Schule unter dem Namen Kastor und Pollux bekannt, Odoardo, der früher schlimme Jahre

*) Dieselbe Geschichte in Briefen ist erschienen Göttingen 1802; in diesem erzählenden Auszuge habe ich erhalten, was noch belehrend schien.

bei seinem armen Vater zugebracht hatte, welcher Doktor in G. war, hatte mehr Bewußtsein dadurch, mehr Vorsicht und Klugheit gewonnen, war dadurch eine Art wohlthätiger Hofmeister Hollin's, der ihn von tausend Unbesonnenheiten zurückhielt; in allem übrigen lebten sie so in einander über, daß die Lehrer Mühe hatten ihre Handschriften zu unterscheiden. Die Vormünder schickten Hollin nach H., der Vater berief Odoardo nach G.; beides war ihren vereinigten Bemühungen unabänderlich, weil jeder vom andern die Abänderung erwartet hatte; sie trennten sich mit tausend Schmerzen und fühlten doch erst nachher, was sie an einander verloren hatten. Als sie von einander Abschied nahmen, sagte Odoardo: „dies ist ein Augenblick, wo wir uns trennen, vielleicht kommt ein Augenblick, wo wir uns wiedersehen, gewiß aber einer, wo wir uns hinlegen und nicht wieder aufstehen"; und erinnerte seinen Freund daran in seinem ersten Briefe und an manches andre Traurige; wie ihre kleine Schulwelt hinter ihnen bis auf die Namen, die sie in ihre Bänke eingeschnitten, bald vernichtet sein werde; dabei erinnerte er sich, wie er als Kind fest geglaubt, er werde ewig leben, bis sein liebster Spielkamerad, ein Hund, sich in der Morgensonne ausgestreckt, still geworden und gestorben sei; — von der Universität schrieb er nichts. Ganz anders beschrieb Hollin seine Gedanken bei dem Anblicke der

Universität: „Himmel, welch ein Gefühl, als ich die ersten Spitzen der Thürme und immer mehr, endlich die ganze herrliche Freistadt der Jugend aus der Ebene hervortreten sah. Noch ist er nicht verhallt in mir, der innere Ruf nach Freiheit, der mich als Kind schon zum kühnen Spiele austrieb. Ringt nicht jedes Wesen nach Licht und Freiheit, Keime, Blüthen, Vogelbrut, selbst die stummen Fische verlassen im Sonnenscheine ihr Element und schlagen sich empor und rauschen über seine Fläche hin. Und wir, frei aufgerichtet zur Mittagssonne, die wir unsre Erde in Luft und Wasser umkreisen und durchstreifen dürfen, sollten die Fülle der schwellenden Kraft und Freude im trägen Kleinmuthe des Bürgerlebens eindämmen. Der Wagen schien mir unerträglich langsam fortzuschleichen, wie die Zeit auf unsern Schulbänken. Bald kam eine Schaar in ritterlicher Kleidung mit Helm und Schwert, bewillkommte uns zutraulich, ohne uns zu kennen, lud uns gastfrei zum Mahle ein und verbrüderte sich mit uns: verbrüdert uns nicht alle menschliche Gestalt, ist nicht die Liebe frei, und ist es nicht der innerste Drang des Menschen, alles liebevoll zu umfassen und in sich aufzunehmen?" — Im nächsten Briefe erzählte er seinem Freunde, daß er in eine Landsmannschaft aufgenommen, einer der besten Fechter geworden sei; daß er sich bemühe, ihnen dagegen seinen Sinn für alles Tiefe in der Philosophie mitzutheilen. Warnend schreibt

Odoardo von seiner Universität: „Mir ist alles hier unerträglich einförmig bis auf die untergeschobenen, auswendig gelernten Einfälle. Ein paar lächerliche Namen, ein Dutzend Scherze über Dinge des täglichen Gebrauchs, dieselbe Manier arme Leute zu beleidigen, die sie nicht fürchten, viel Erzählungen ehemaliger Tapferkeit und nachahmenden Muth aus Furcht vor der Schande; das hab ich schon entdeckt. Wer nicht platt ist, wird aberwitzig genannt, wer Poesie liebt, ein Kraftgenie, wer einen andern als den hergebrachten Spaß treibt, von dem heißt es, er wolle etwas vorstellen. In den Gesellschaften ist stummes eitles Hofmachen, alles in ernsthafter Wichtigkeit; haben sie dann etwas Wein genossen, so werden sie grob, nach ihrer Art genialisch, und sagen den Frauen Unanständigkeiten; diese fliegen verstört auf und werden von ihren Beleidigern nach Hause geführt. Dann giebt's Schlägereien, selbst zwischen Freunden, die einander alles verziehen haben; zum Glück kommt selten was dabei heraus. Von dem unsinnigen Lernen sage ich kein Wort, die meisten thun nichts als Heftschreiben."

Hollin hatte sich mit solcher Lust in die Studentenwirthschaft geworfen, daß ihm sehr bald ein Vorsteheramt seiner Landsmannschaft übergeben wurde. Eine große Streitigkeit zwischen Landsmannschaften und Orden entzweite damals die Universität; er nahm heftig die Partei der erstern, weil er darin wenigstens keinen solchen Trennungsgrund wie in den Orden fand, die nothwendig, weil Alle daran theilnehmen konnten, im ewigen Kampfe unter einander bleiben mußten. Alles sollte durch einen Zweikampf zwischen beiden Partheien ausgeglichen werden; er wollte für alle fechten, das erfüllte ihn mit Freude; nur das Unbestimmte des Kampfes bewegte ihn; hätte er sich bestimmt einen Arm, einen Fuß abhauen lassen dürfen, es wäre ihm lieber gewesen. Er kam früh auf das Dorf, wo gekämpft werden sollte. Freunde und Feinde unterhielten sich, wie gewöhnlich, von Nebensachen ganz frei. Vor allen gewann er einen gewissen Leonardo aus G... ganz ungemein lieb, der aus Hang zur Unabhängigkeit von seinem Vater, der ihn dort einschränken wollte, ohne Abschied nach H. abgereist war. Offen ohne Zweck, lustig aus Bedürfniß und darum dem Weine, dem Spiele, den Mädchen ergeben; fleißig zum Scherz, muthig ohne es zu wissen, nie Beleidiger, fast immer Versöhner beim Weine; mit allen Gutfreund, mit keinem insbesondere, hatte er so viel Bekanntschaften gestiftet, so viel Brüderschaften getrunken, so viel Trennungen erfahren, daß er in jedem neuen Bekannten zehn alte wieder begrüßte und wiederfand, ohne es zu wissen. Er war immer der einzige ohne Stammbuch, der sich in allen Stammbüchern fand; immer von Memorabilien umgeben, der aber keine einzige behielt, dem die vergangene Zeit ganz vergangen. Witz hörte er gern von anderen, um Gelegenheit zum Lachen zu haben, er selbst hatte den Witz nur im Trunke; rasch im Wetten, aber selten glücklich, weil er wenig genau hörte; glücklich im Spiele, gewann er doch selten, weil er nur im Unglücke wagte; leichten Weibern sehr willkommen war er doch selten geneigt, den Umständen einer etwas vornehmeren Verbindung sich zu unterziehen; die schnellere Entscheidung bei den unteren Klassen machte ihm mehr Genuß; in den Künsten zeigte er stets ein vorwiegendes dramatisches Talent. So ist er noch jetzt, und so war er; denn er gehörte zu den veränderlichsten Menschen, unversehrt, ob er gleich zehn verschiedene Weine an einem Abende auf einander setzt. Dies wurde sein Gegner. Sie umarmten sich erst, dann schlugen sie sich. Lenardo wurde sehr bald schwer in den Leib verwundet; Hollin hätte sich in seinen Hieber stürzen mögen; doch der Wunsch seinem Freunde zu helfen, trieb ihn zu Pferde nach der Stadt, einen Wundarzt zu holen; dem Mediziner, der gegenwärtig, fehlte es an Geschick, er hatte mit seinem Bindezeuge blos figurirt. Als dieser ankam und den Verwundeten, der an einem Ofen halb gebraten und halb erstarrt lag, von dem drükkenden Verbande der Schnupftücher befreit hatte, und mit der Sonde auf und nieder fuhr in der Wunde, da hing Hollin wie ein loser Stein über dem Abgrunde; endlich hielt ihn die Hoffnung fest, und die Hoffnung ließ ihn nicht zu Schanden werden; die edlen Theile waren unverletzt. Ohne Ermüdung wachte er in den kalten Nächten bei dem Freunde, und der Zufall machte ihn bald mit allen Lebensverhältnissen Lenardo's bekannt. Er mußte an dessen Schwester Marie schreiben, sie möchte sein böses Verhältniß mit dem Vater ausgleichen; dabei rühmte er ihm die Schwester als unendlich liebevoll und gut. Hollin hatte einen jugendlichen Hochmuth gegen die Weiber, aus Mangel an Umgang mit ihnen hielt er sie kaum für Menschen; insbesondere hatte er gegen alle moderne Sitten derselben aus einigen Darstellungen in Komödien neuerer Zeit einen bestimmten Abscheu; was er von Liebe wußte, war nur im Allgemeinen empfunden, nie bei einer Einzelnen entdeckt. Lenardo sprach mit ihm, ob er ein Mädchen heirathen sollte, die ihm recht gut sei, und viel Geld habe, er wäre dann auf einmal aus seiner Schuldenlast. Hollin fand das frevelhaft, behauptete, wenn es überhaupt eine Ehe geben dürfe, so müsse sie das Band zweier Liebenden sein; der Liebe gehöre jede Hingebung und alle äußeren Verhältnisse müßten vor ihr verschwinden: ein Hingeben ohne Liebe sei Unzucht; wer mit dem Feuer der Haushaltung die Liebesfackel anzünden wolle, der werde darin wie im höllischen Feuer verbrennen, und nur aus dieser Unnatur, die häufig sogar aus Pflicht getrieben würde, entstehe alle sinnlose Ausschweifung der Männer und die feile Liebe. —

„Da hat er einmal nicht ganz Recht!“ rief die Gräfin eifrig. — „Sie haben Recht,“ entgegnete der Prediger; „ich leugne, was er von dem Hinaussetzen der Liebe über äußere Verhältnisse sagt, insofern sie doch nicht aus der Welt hinaus versetzen kann.“ — „Das meinte ich nicht,“ antwortete die Gräfin, „aber mir sind viele Beispiele bekannt, daß Ehen blos der Ausstattung wegen gestiftet wurden, die sehr glücklich ausschlugen; das Entgegengesetzte sah ich oft bei Liebenden.“ — „So etwas muß man nicht sehen!“ brummte der Graf vor sich.

.... Lenardo genas und Hollin zog sich von dem großen Studentenhaufen zu seinen Büchern zurück; der Wunsch andre zu bilden mißlang ihm fast gänzlich, denn er wollte Alles in der Natur übereilen. Einsam durchstrich er zum ersten Mal die schnell aufgrünende Frühlingsbühne, schwelgte an jedem neu grünen Blatte und im Laufe der krummen Fußwege kam er über eine Brücke auf eine Insel. Im Gefühle der Einsamkeit ließ er sich einen kleinen Geiger kommen, setzte sich in eine Laube und knackte Nüsse, die meist hohl waren; sein Herz war voll. Lenardo schreckte ihn herausspringend mit den Worten auf, er werde gleich seine Schwester zu ihm führen, die heute angekommen; sein Vater sei versöhnt, Hollin's Brief habe das ganze Haus entzückt, Alle wären begierig, ihn kennen zu lernen. Er sprang fort, ohne Hollin's Antwort zu hören, der ihm versicherte, er könne in dem Augenblicke mit keinem Weibe reden. Hollin warf aus Verdruß Tisch und Bank um, ließ den Kleinen ein Schandlied musiciren und lief in das Dickicht. Bald kam Lenardo mit seiner Schwester und noch einem Mädchen. Lenardo erklärte ihnen lachend den wunderlichen Haß seines Freundes gegen alle Weiber; Beide schienen dadurch etwas beleidigt. Alles das sah Hollin aus dem Dickicht, und für seinen Haß und für seine Ruhe sah er zu viel; Beide verschwanden im Augenblicke. Was hätte er jetzt dafür gegeben, mit Marie sprechen zu dürfen; aber er hatte sie beleidigt, was hätte er ihr sagen können; ihr Bild schwebte ihm noch deutlich vor, als sie lange fort war, und am Abend trieb er sich vor ihrem Fenster herum und meinte, wo ein Schatten durch die Gardinen der erleuchteten Fenster dunkelte, da stehe sie und da meinte er etwas zu sehen. — Lenardo reiste den nächsten Tag mit seiner Schwester und seinem Vater fort; nach seiner Weise hatte er vergessen, irgend Jemand davon zu sprechen; Niemand wußte wohin. Hollin ärgerte diese Nachlässigkeit, denn er konnte nicht Ruhe finden, bis er die Beleidigung gut gemacht, der er selbst diese stille Abreise fälschlich zuschrieb; er entschloß sich zur Zerstreuung den Harz zu Fuße zu durchstreichen, und es gelang ihm wenigstens auf den wilden Höhen, in den großen Ansichten der Natur sich selbst mehr zu vergessen. Eines Tages kehrte er in Goslar spät Abends ein; die Alterthümlichkeit der Stadt machte ihn selbst alt; er ging durch die engen Gassen, von fließendem Wasser durchschnitten, vor dem Rathhause voll bunter Schnitzwerke, vor der alten Kirche, mit wunderbaren Bildern geziert, vorbei; ihm ward ein so wohlthuendes Gefühl durch alle Adern gegossen, als kehre er nach abgebüßten Sünden von einem Kreuzzuge heim, als werde ihm Morgen des Glückes Sonne einmal wieder scheinen. Im Gasthofe fand er einen trüben Brief von Odoardo, Werthers Leiden waren dem in die Hände gefallen, und fühlte er auch nicht das zerstörende, sich selbst wiederkäuende Ungeheuer in der Welt, so fühlte er doch, bedrängt von lästiger ärztlicher Praxis, die er für seinen Vater übernommen hatte, eine ewig leere, lieblose, freudelose Bewegung, ein thörichtes, ermüdendes Spiel aller Naturerscheinungen, eine ewige Wiederkehr der Jahre, derselben Blüthen, derselben Menschen, ihrer Verhältnisse, weswegen man in alle Ewigkeit hin in demselben Zinne, aus derselben Apokalypse prophezeihen könne. „Wir müssen so laufen," schrieb er, „damit die Schuhe ausgetreten werden, und

sind

sind sie ausgetreten, so sind sie zerrissen und die neuen drücken wieder; die Unendlichkeit steht, lacht dazu verzweiflungsvoll aus der Ferne und wir können ihr Angesicht nicht erblicken. Und denke ich Deiner Freundschaft, sieh, da füllt sich meine Seele mit Herrlichkeit, wie der gehemmte Strom vor mir, in welchem noch eben ein armer Junge nach Lumpen suchte, mit klarem Wasser, nachdem die Schleusen erschlossen sind. Wie ist alles so voll und so leer, so freundlich und traurig zugleich: alles Tag in Nacht. Im Lichte der Freundschaft glänzt die Spitze unsres Hauptes in Klarheit, aber die Augen trauren schon in der dunkelen Nacht. Tausend Menschen leben in Feindschaft eng beisammen; die wenigen, welche ihr Inneres austauschen und Freude zeugen, sie treibt der starke Bogen des Schicksals in alle vier Welttheile. Und wie wenige dieser verschossenen Pfeile erreichen ein Ziel! Giebt es ein Ziel? Könnte ich diese Welt der Bewegung nur aus mir los werden — alle Abend denke ich mit Freude und Sehnsucht an den Tod einer Gräfin, von der erzählt worden, wie sie ruhig zu Bette gegangen, und in Selbstverbrennung vernichtet, ohne Verletzung ihres Bettes und ihrer Umgebung, in ein Aschenhäufchen verwandelt wiedergefunden sei.“ — Hollin antwortete gleich seinem alten Schulfreunde zur Aufmunterung und Warnung: „Dein Brief war Selbstmord. Glaub mir nur dies, die meisten Menschen sind Selbstmörder, und Du gehörst zu den vielen, die es verachten, ihr Leben durch einen mächtigen Giftbecher zu enden, aber das Gift gierig in tausend schönen Lebensblumen aufsuchen und einsaugen. Und ist nicht das letzte unwillkührliche Ringen nach Leben, der Todeskampf, das letzte Aufathmen, der Todesseufzer ein eigentlicher Abschen der Natur, das Verdammungsurtheil des Selbstmörders. Uns leitet das elende Zeitalter zum Selbstmorde; die meisten folgen und fallen darin, wenn sie auch nicht Hand an sich legen; laß uns muthig und kräftig dem Strome der Zeit entgegen schwimmen; wer in dem Kampfe zur Rettung jedes guten Lebens erliegt, der stirbt für die Freiheit und lebt in ihr. Bist Du aber wahnsinnig in trüben Stunden und kannst nicht anders, und mußt so denken wie Werther, so laß Dich anketten in guten Stunden durch eine andere gleiche, weniger anstrengende, Dir mehr angemessene Thätigkeit, als jene ist, zu welcher Dich Dein Vater bestimmt, auf daß Dir die müßige leere Zeit zum Nachdenken verschwinde, die Dir nicht taugt und nie getaugt hat."

Mitten in dem Schreiben wurde er durch einen Seufzer im Nebenzimmer gestört; das regte ihn an, allerlei sanfte Nachtlieder anzustimmen; es klingelte im Nebenzimmer, er hörte eine weibliche Stimme; seine Lust an Abentheuern erwachte; er trat an die Thüre und fragte mit einer nachgemachten Kellnerstimme:

„Was beliebt?“ — Eine alte Weiberstimme antwortete ihm: „Bitt' Er doch den Herrn im Nebenzimmer, daß er seine Nachtmusik bis morgen verspart, wenn wir fort sind.“ — Dies Abentheuer machte ihm ungemein viel Spaß; aber wie wurde er erschreckt, als er am Morgen vom echten Kellner die Namen seiner Nachbarn hörte; es war Maria Lenardo mit ihrer Mutter gewesen. Beide waren ganz früh mit dem Vater dem Brocken zugewandert. Kaum war der Kellner fort, so sprang er in sich wüthend und tief gekränkt in das Nebenzimmer, alle verlassenen Reste ihres kurzen Daseins zu sammeln; sie mußte ganz ihm zunächst geschlafen haben, durch ein dünnes Brett geschieden; denn das andere Bette war nach der Gewohnheit älterer Leute hoch aufgestapelt mit Kissen. Er konnte es nicht lassen, er stürzte sich in das glückliche Bett, das sie umschlossen; es war noch erwärmt, und der Duft der Gesundheit erfüllte es ganz und immer tiefer drängte er sich in das Federbett, es schlägt über ihm zusammen, er sinkt in Wohlsein unter. Als er sich zusammengerafft, sich angezogen hatte, eilte er der Gesellschaft mit solcher Eile nach, daß er sie in drei Stunden schweißtriefend erreichte. Er wollte sich erst als Fremdling ihnen vorstellen, um kein Vorurtheil für sich und gegen sich zu erregen; in der schönen Gegend ließ er sich aber so frei aus, daß sein Geheimniß bald seinen Lippen entfiel, von Marien recht zart aufgenommen und mit einem Kranze für alles Verdienst zurückgegeben wurde, was er sich um ihren Bruder erworben. Die Mutter sorgte an einem Ruhepunkte für die Haushaltung Aller, und Maria schenkte mit sorgsamen, freundlichen, fragenden Blicken den Thee ein; der Vater botanisirte nachher mit seiner Frau, die nichts davon verstand; Hollin ging mit Marien über Thal und Höhe so selig, daß er über die schöne Gegend kein Wort sagen konnte. Sie kamen bei sternklarem Himmel im neuen Brockenhause an, das wie der Mond am Berge zu ruhen geschienen, woraus ihnen aber Lenardo mit vollem Glase entgegentrat. Er neckte Schwester und Freund; der Vater stellte sich auch jung mit ihm, um sich vor seiner Frau auszuzeichnen. Lenardo brachte eine Zahl steifer Gesellen herein, die in ihren hohen Stiefeln beinahe Arm und Bein auf den Felsen gebrochen hatten; Alle wußte er in Thätigkeit zu bringen, sie mußten mit seiner Schwester tanzen; auch Hollin legte seine Hand zum Walzer auf ihren schönen Rücken. Dann forderte Lenardo Hollin auf, seine Schwester zur Ruhe zu magnetisiren; das war dem Vater ein sehr willkommenes Experiment, und Hollin mußte sich anschicken, mit dem wundervollen Treiben des Bluts in der Nähe der Geliebten, in der ganzen Anspannung des geheimnißvollen Schwungs der magnetischen Bewegung über alle Schönheit zwischen Berührung und Nichtberührung hinzu schweben: der qualvollste Genuß in der ganzen Welt, fast wie aller Umgang zwischen Braut und Bräutigam, die zu vertraut sind, um sich Gewöhnliches zu sagen und sich nicht mehr erlauben dürfen. Einer meiner Freunde klagte mir einst in solchem Zustande, daß ihm von dem ewigen Lächeln dabei die Lippen wehe thäten. Hollin lief gleich darauf ins Freie, während der Rath das Einschlafen der Tochter wissenschaftlich erklärte; er ging und stolperte über die Hexenaltäre, und als er zurückkam, stand Maria in Nachtkleidern mit ihrem Munde gegen die Scheiben des Fensters gelehnt, zu tief in sich versenkt, um zu bemerken, wie er still einen Kuß auf dieselbe Scheibe von außen drückte. Nachher stieg er zu den Studenten auf den Thurm, und trank der deutschen Freiheit ein Lebehoch! — Am Morgen früh auf, sah er Städte, Hügel, Ströme im Frühscheine durch das Wolkenmeer leise vordringen, sah die Grundsteine vieler Häuser rings, wo jetzt alles unbewohnt nur ein Schauplatz der Neugierde geworden ist, und er dachte sich ein Volk, das diese große Natur und ihre Beschwerden in täglicher Gewohnheit gebraucht, und fragte sich, ob wohl alle Künste zu dieser Herrschaft über die Natur wieder hinführen könnten? Ein scharfes Wehen am Himmel verkündete ihm die Nähe der Sonne, er nahte sich dem Hause, und Maria trat mit einem Brockenstrauße hinaus. Er glaubte das alles gerade so und alles umher aus einem anderen Leben vorausgesehen zu haben; er sank in stiller Andacht vor ihr nieder und betete unbewußt. Sie berührte seine Stirne mit ihrer Hand, er sprang freudig auf; die Sonne jagte durchbrechend durch das Wolkenmeer vor sich fort, daß eine Welt in der Reinheit erster Schöpfung vor ihnen lag, und als sie sich vom Glanze abwandten und, hinter sich blickten, da sahen sie sich selbst in ungeheurer Größe auf den Wolken, daß sie in sich tief erschauderten. Der Rath und die Studenten, die beim Kaffee den Sonnenaufgang versäumt hatten, kamen herzu und freuten sich über die Lufterscheinung des sogenannten Brockengespenstes, wovon sie alle gehört hatten. Lenardo spielte eine lächerliche Tragödienscene als Schattenspiel in den Wolken. — Da Hollin bald enger mit Marien verbunden wird, so scheint es nöthig, ihre frühere Geschichte zu charakterisiren. Nie gab es ein ergebeneres Mädchen: der Ausdruck läßt sich durch keinen andern erklären; sie setzte sich Allem nach und wo sie liebte, wußte sie nichts Höheres, als ganz demüthig zu dienen, den leisesten Wünschen des Geliebten ohne Überlegung und Rücksicht entgegen zu kommen. Schon ihre Kinderfrau sagte ihr deswegen, sie werde noch viel Noth erleben; mit gleicher Ergebenheit liebte sie Mutter, Bruder und Vater, so streitig jene drei unter einander waren; jedem that sie einzeln wohl, schmeichelte und half jedem; waren sie beisammen, dann ging ihre Verlegenheit an, die ein sehr verschlossenes Leben in ihr hervorgebracht hatte. Unserm Hollin fühlte sie sich eigen, noch ehe sie ihn gesehen, und seit der Zeit war ihr stetes Bemühen, ihm das zu beweisen, doch lange vergeblich, da seine Bescheidenheit sich solch eine Eroberung nicht beizumessen wagte. Aber sie reisten jetzt weiter mit einander, waren oft allein, durchkrochen die Bielshöhle zusammen, und verstanden sich, ohne einander etwas Bestimmtes gesagt zu haben; alles war abgemacht, doch mußte alles geheim gehalten werden, weil Hollin ohne Amt in den Augen des Vaters für keinen Freier gelten konnte. Bald sollte auch der ganz offenen Freundschaft gegen Odoardo ein Geheimniß aus dieser Liebe werden, denn die Liebe hat höhere Geheimnisse. Maria verweilte einige Zeit mit ihren Eltern bei Freunden in der Nähe von Blankenburg; um sie desto ungestörter allein zu sehen, nahm er von den Eltern Abschied und versteckte sich in der Nähe in einer öden Försterhütte unter dem angenommenen Namen eines bekannten Malers, und als er die erste Nacht weit entfernt von ihr schlief, träumte er die ganze Nacht, er liege verkehrt in seinem Bette. Maria ging oft allein aus, dies fiel Niemand auf; an einem der schönsten Morgen traf sie mit dem

Geliebten zusammen auf dem Wege nach der Roßtrappe; sie gestützt auf ihn, er umschlungen von ihr, so strichen sie in leisem Geflüster durch das dichte Buchengebüsch; es war Sonntag und niemand begegnete ihnen. Auf einmal wurde es hell über ihnen, sie thaten aufjauchzend noch einige Schritte und standen dann auf der Spitze der Granitwand, die schroff aufgerichtet steht zwischen dem Toben und Blühen freier Natur im eingeschlossenen grünen Thale, von Wasserfällen durchschnitten und zwischen dem gesetzten Wirken der Menschen, von welchem das dumpfe gleiche Stoßen des Eisenhammers an der andern Seite entgegenschallte. Und sie gedachten mit Rührung der schönen Königstochter, die von einem verhaßten Freier verfolgt ihr Roß muthig spornte und ihm entkam. Noch war der Tritt des Rosses im Felsen zu sehen; der Regen hatte den Eindruck erfüllt, und Maria ließ eine Thräne dabei fallen; auch sie erwartete bei ihrer Rückkehr ein verhaßter reicher Freier und sie fühlte nicht Kraft in sich, den Bitten von Vater und Mutter zu widerstehen. Erst hier erfuhr Hollin diesen geheimen Kummer, der in den festen Schranken bürgerlicher Ordnung und Weltsitte ihr schönes Leben aufzehren wollte. Zu uns! deutete ihnen das Rauschen des Baches unter ihnen, die tiefe Klarheit des Thals, das dichte Grün, die Stimmen der Vögel in ihrer Sicherheit: ergebt Euch der Natur mit aller ihrer Schönheit in allen ihren Schrecken; hier unten lieget die goldene Krone der schönen Königstochter, die ihr im raschen Sprunge vom Haupte fiel, Euch ist's bestimmt sie zu finden, die lange aufgegeben ist. „Ich steige hinab," sagte Hollin, „und will da einsam mein Leben beschließen, wenn Du mir nicht folgst, Maria." — Und so stieg er rasch voran, und bezeichnete ihr die Stufen, und sie folgte ihm wie eine junge Gemse der alten, so kindlich ergeben und treu in der Gefahr nach. Und wie sie unten ins Thal kamen, da schien ihnen alle Welt anders, sie glaubten sich im Paradiese und die einzigen Menschen auf Erden; sie lagerten sich unter einer Laube, wo ein Reh aufgesprungen war; die Schranken des Lebens öffneten sich, er fand und raubte die Mirtenkrone, der ewige Bund wurde geschlossen. Sie waren eins, aber dieses Einssein war ihr Alles; sie hatten die Welt vergessen, auf der sie so sanft ruhten, den Himmel, der sie so mild gedeckt hatte und der nun furchtbar schwarz über ihnen gewitterte und seine Regenschauer sandte. Mit Anstrengung aller Kraft brachte Hollin die Halbohnmächtige nach Hause. „Der Liebe Leben währt ewig!" rief er ihr scheidend; sie konnte in diesem Ungewitter leicht einen Grund ihrer verzögerten Rückkehr angeben. Sie kehrte noch mehrmals zu ihm zurück, so lange die guten Tage dauern wollten, und doch kam endlich der schwere letzte Tag, wo

Hollin ihr nochmals unwandelbare Treue gelobte und ernstes Bestreben nach einem bürgerlichen Unterkommen. Als Hollin nun nach der Universität zurückkehrte, war es Nacht; einzelne Lichtfenster blickten im Thale, die Thürme sahen finster über die dunkle Häusermasse hinaus, das Wasser unter ihm glänzte und rauschte über das Wehr, Gesang schallte an einer Seite; im Ganzen herrschte tiefe Ruhe und keiner dachte seiner. Und da grauete ihm, wie er dachte, daß Andre noch Lust am Leben bewahren könnten, die nicht lebten wie er; er fragte sich, womit er dies Glück vor allen andern verdiene. Alles schwieg umher, auch zwei Nachtigallen, die bis dahin wetteifernd geschlagen; ihm war, als hätten sie sich todt gesungen, weil nichts ihr Glück ganz sagen und verkünden könne. — Bald eilte er von der Universität nach der Hauptstadt; die bürgerliche Ordnung, die er erst kühn gebrochen, suchte er jetzt auf, um darin Schutz, Unterhalt und Ruhe für sein Glück zu finden. Er gefiel allgemein; seine Kenntnisse waren eben so gründlich als mittheilbar; der Strom der Gesellschaft erfaßte ihn von allen Seiten und er spielte mit jeder Welle, denn alles war ihm neu und er trauete jeder.

Sie erinnern sich, daß eine Bekannte von Marien sie damals auf der Insel begleitete, wo Hollin sie so unhöflich abgewiesen hatte; dieses Mädchen, deren Namen ich verschweige, die häßlich und boshaft, dennoch das Vertrauen von Marien gewonnen hatte, hielt sich in der Hauptstadt auf und wurde von Marien erwählt, den geheimen Briefwechsel zu bestellen. Sie haßte Hollin seit jenem Tage, und nun hörte sie in dem gemeinen Stadtgeschwätze, wie er verschiedene sehr verdächtige Frauen besuche, wie er mit verschiedenen Mädchen versprochen sei; darum hielt sie die ersten Briefe Mariens zurück, und berichtete ihr alles so bedenklich, daß Maria sich nicht traute wieder zu schreiben. Hollin ohne allen bösen Willen und Absicht, in aller schlechten Gesellschaft rein und einzig mit seiner Maria beschäftigt, konnte dieses Stillschweigen nicht begreifen. Mariens Freundin leugnete ihm alle Aufträge ab, Briefe an sie zu bestellen. Endlich schrieb er an Odoardo, er möchte ihm doch von Marien Nachricht geben. Odoardo suchte mit großer Feinheit Bekanntschaft, fand nie eine gute Gelegenheit, mit Vorsicht sich zu erklären, und konnte ihm weiter nichts schreiben, als was die Stadt wußte, daß die Heirath Mariens mit dem reichen Kaufmanne rückgängig geworden; dabei warnte er seinen Freund, keiner flüchtig feurigen Gewalt eines Frühlingsaugenblickes über seine ganze Zukunft die Zügel zu geben. Maria sei kein Weib für ihn; sein umfassender Geist würde ihres kleinen häuslichen Kreises bald überdrüssig sein; die Schönheit werde bei einer gewissen Geistesbeschränkung undenklich verhaßt. —

Hollin lachte des Briefes; er kannte seine Maria besser; aber der Brief verschloß ihn gegen den Freund, sein Urtheil schien ihm hochmüthig; ließ er aber seine Empfindlichkeit aus, so konnte jener das Geheimniß errathen, das er ihm mit Mühe verbarg. Er schob seinen Brief auf, bis eine Krankheit, die er rettend bei einer großen Feuersbrunst sich zugezogen, ihn längere Zeit dazu unfähig machte. Kaum war er so weit genesen, so schrieb er in erster Freude dem Freunde; die Versündigung an Marien verwies er ihm mit wenigen Worten; dann erzählte er ihm seine Krankheit ausführlich, insbesondre einen schweren Traum, der ihn sehr gequält. „Bald sah ich viele Erscheinungen umher,“ schreibt er: „Maria in einem schwarzen Kleide, eine Königskrone auf dem Haupte, trat weinend zu mir und legte eine warme Hand auf meine Stirn; Du warfest Dich schmerzlich bei mir nieder, es standen viele alte Krieger umher, man trug mich fort; die Leichenfrau war mit mir beschäftigt; ich sah mich selbst, wie ich in dem schwarzen Sarge mit zinnernen Griffen lag. Da schoß es mir urplötzlich in den Sinn: aber ich sähe ja das alles, wie könne ich todt sein; ich schauderte vor dem Gedanken, lebend begraben zu werden; ich wollte den Trauernden umher mein Leben kund thun. Aber keinen Arm konnte ich heben, mein Mund war geschlossen, nur mit den starren Augen blickte ich, um Schonung von Euch zu fordern. Da kam Maria und drückte auch diese Augen mir zu und ließ eine Thräne darauf fallen. Ich fühlte ihren Schmerz und den meinen, sie zu verlassen; ich konnte Euch und mich nicht mehr retten; der Sargdeckel wurde zugeschlagen, die Träger hoben mich, die Schüler sangen: „Ach, wie herrlich, ach, wie labend ist nach einem heißen Tage, solch ein schöner kühler Abend"; das Geläut der Glocken klang durch das Weinen der Lieben, die mich begleiteten. Da sammelte ich meine letzte Kraft, Euch ein Zeichen meines Lebens zu geben, und erwachte zum Genesen." — Mariens Freundin war unterdessen beschäftigt gewesen, ihr jede Stunde zu verkümmern. Von ihr erfuhr sie, er sei durch Ausschweifungen gefährlich krank; eine sehr verrufene Frau pflege sein. Dieser Pflege, es ist wahr, dankte er sein Leben; aber diese Pflege war blos Folge jener Güte, die fast das einzige Löbliche ist, wozu der Sinn durch ein leichtsinniges Hingeben geweckt wird; der herrliche Mann that ihr leid, ob sie ihn gleich nie näher gekannt hatte. Sie wissen noch nicht, in welchem Grade Maria aus dem Himmel ihrer Liebe gestoßen, auch in allen andern Verhältnissen durch die falschen Nachrichten der Freundin unglücklich wurde; Sie wissen nicht, was Maria sich und der ganzen Welt gern verheimlicht hätte, daß sie in wenig Monaten von den Folgen jener schönen Besuche im einsamen Gebirge entbunden werden sollte, die jetzt ihr Inneres doppelt zerrissen. Lenardo quälte sie dabei mit einem besonderen Ansinnen; er hatte die eben erschienene Maria Stuart Schillers so lieb gewonnen und den Vater ganz auf seine Seite gebracht, daß dieses Trauerspiel zu einem Geburtstage der Mutter in ihrem Hause aufgeführt werden solle, und daß Maria die Hauptrolle übernehmen müsse. Er schrieb an Hollin, daß er ihm auf dem Krankenlager nach der Verwundung versprochen, ihm einmal einen Dienst zu leisten, insofern er seinen Kräften angemessen; nun sei Niemand in G..., der den Mortimer machen könne, und Niemand in der Welt, der ihn besser machen könne, als Hollin, er möchte sich also dazu einfinden. Hollin kam die Einladung sehr gelegen; er war denselben Morgen als Bergrath angestellt worden; er konnte jetzt, bei dem Besitze von dem eignen Vermögen, eine Frau ernähren. Gleich schrieb er an Lenardo, er komme gewiß, aber erst am Tage der Aufführung; er müsse ganz geheim halten, wer die Rolle übernommen; er selbst könne sie leicht in den Proben spielen und für die Kleider wolle er selbst sorgen. — Seinem Odoardo meldete er seine Versorgung und seine Ankunft, und bat ihn Marien davon zu benachrichtigen; den letzteren Brief legte er in jenen. — Lenardo war zu erfreut über das Gelingen seines Planes, um den Brief an seinen Freund richtig zu bestellen. Erst am Morgen der Aufführung fand er ihn in einer Tasche und gab ihn dem Odoardo, der den Leicester im Stücke recht brav probirte. Odoardo fand in seinem Briefe einen andern an Maria eingeschlossen; er fand keine Gelegenheit ihn während der Probe abzugeben und wollte ihr nachher einen Besuch machen.

Hollin hatte unterdessen die Reise mit unglaublicher Ungeduld zurückgelegt; er kam in der Nacht in einem Wirthshause zu G... an. Hier am Ziele seiner Wünsche scheint ihn die erste Unentschlossenheit angewandelt zu haben, die erste Besorgniß über Mariens Schweigen, das er bis dahin der strengen Bewachung der Ihren zugeschrieben hatte. Man fand in seinem Taschenbuche aufgeschrieben: „Maria, als mein Arm zuerst Dich umfing, spielte die Natur zu unserm Tanz eine fröhliche Weise; Blumen sproßten unter Deinem Tritte, die Vögel liebkosten Dich mit süßen Klängen. Die Blumen sind verblüht, die Vögel hinweggezogen, der kalte Herbstwind kräuselt mit dürrem Laube den Staub des Bodens. Noch in eben dem Tanze bebt, pocht mein Herz bei dem leisesten Anhauche Deiner Erinnerung, sein Frühling ist nicht entschwunden, nicht seine Blüthen. Bist Du es noch, Hochgeliebte, die wie ehemals meiner wartet; süße Liebe, hättest Du nur ein Wort zur Antwort mir geschrieben, nur ein Angedenken jener Zeit, ein Tannensträußchen mir gesandt, ich wäre nicht einsam allein so nahe Dir: doch ich war ja immer Dir nahe, und selbst Dein Schweigen war mir lieb."

Nach Endigung der Probe ging Maria auf ihr Zimmer und fand einen Brief von der boshaften Freundin, die ihr Hollins Anstellung und seine nahe Abreise anzeigte; man glaube, er hole sich eine Frau aus der Gegend, wer aber diese Glückliche sei bei den vielen, denen er Hof gemacht, sei schwer zu bestimmen. — Mariens erste Empfindung war, das sei gelogen; aber dann ergriff sie eine Angst, Rache härtete sie; mit aller Heftigkeit der gemißhandelten Liebe wollte sie ihm schreiben, sie wollte aller Welt ihre Liebe und ihre Schande bekennen. In dem Augenblicke trat Hollin herein, der sich bei einem Untermiether im Hause ein Zimmer schon frühmorgens zu verschaffen gewußt hatte — er sieht sie und stürzt sprachlos in ihre Arme. Sie dreht sich in einem Gemische aus Zorn und Liebe von ihm weg; sie drückt ihn sanft von sich. In diesem Wegwenden fühlt er unschuldig die Qual der Verdammten, von denen Gott sein Angesicht gekehrt; halb erstickt ruft er: „Maria, Du wendest Dich von mir, bist nicht mehr ganz mein? nur ein Wort, ein Blick bei aller Liebe, die uns einte, bei aller heiligen Treue, Du bist mein!" — „Treue, Liebe!" rief sie, „das ist vorbei, ganz vorbei; wie hast Du mich so berauben können um beide, und sie nachher der Welt preisgegeben; fort, Deine Nähe quält mich mehr, als ewige Entfernung von Dir; wie warst Du anders sonst, wie war alles anders!" — Was sollte er sagen; es giebt Augenblicke, wo man glaubt, die Welt habe eine andre Sprache gelernt, oder man habe die eigne vergessen; er stammelte unzusammenhängende Worte von Angedenken und Seligkeit; sie sagte mit den ersten Thränen, die sich in ihren Augen gesammelt hatten: „Wohl bleibt mir ein Angedenken unsrer Liebe, der Schmerz!" — Jetzt hörte sie im Gange vor der Thüre einige laute Fußtritte; sie rief: „Um meiner Ruhe willen fort, fort, mein Vater kommt!" — Sie drängte Hollin mit Angst, mehr aus einer unwillkührlichen Scheu, als aus Überlegung nach der Thüre. — — „Elende!" sagte er leise im Abgehen und ging nach dem Zimmer im Unterstocke in einem wunderbar schmerzlich träumenden Zustande, wie ein Opferthier, das der Schlag, der es niederstrecken sollte, nur betäubt hatte. So saß er auf einem Stuhle betäubt und einsam; während Odoardo, denn der war es, sich vorsichtig dem Zimmer Mariens genähert und im dunklen Gange den nach der andern Seite eilenden Freund nicht erkannt hatte. Die mitgebrachten Briefe und Nachrichten erweckten in ihr eine Freude, an die sie nicht glauben wollte. Sie mußte ihm ganz laut den Schluß von Hollins Briefe lesen: „Dir bringe ich dasselbe liebende Herz zurück, welches in den herrlichsten Tagen meines Lebens mein ganzes Wesen erfüllte, das Deine Liebe mir gewonnen. Maria, die Erinnerung der blitzschnellen Stunde im Harze erfüllt mich ganz; bald, liebes Lebenswunder, werde ich Dich umfangen, Dich küssen im fremden Namen, aber Dich nicht mein nennen. Du wirst mich zurückstoßen. Sei nur recht hart zurückstoßend, weiches Herz, verbirg Dich im Königsschmucke, Du Schönste ohne Schmuck und Kleid, damit ich nicht taumle und des ganzen Lebens Wonne in der gedoppelten Liebe der Kunst und der Natur, Allen zur Schau an mich reiße. Du verstehst mich noch nicht, Herzenskundige, Odoardo wird Dir alles, alles erklären; ich kann jetzt nicht, die Hand bebt mir von Lust. In neun Tagen bin ich bei Dir; eine Ringmauer umfaßt uns, aber nicht ein Bett; Fräulein Lenardo bist Du und ich Herr Hollin; die Lichter sind angezündet, der Vorhang rauscht auf; warum trauerst Du, Maria Stuart, hat Dir die Liebe nichts verrathen, kein Traum, keine Ahnung Dich umstrahlet; der Retter ist Dir nah, wie freudig will ich für Dich sterben, wie selig mit Dir leben! Wie soll ich meinen Augen trauen? der harte böse Neffe Paulets, der Mortimer ist mein Hollin! Eilende Wolken! Segler der Lüfte, wer mit euch wanderte, mit euch schiffte.

Dieses laute Vorlesen hatte Odoardo ein Vertrauen geschenkt, wozu er sonst nach seiner zurückhaltenden Art schwerlich gelangt wäre. Maria erzählte ihm jetzt, welche Nachrichten sie von Hollin durch eine Freundin empfangen; erzählte ihm von des Freundes Ankunft. Odoardo freudig dieser Ankunft, schwor ihr bei allen Heiligen, die bösen Gerüchte seien falsche Verleumdung, alles sei Mißverständniß und lasse sich leicht heben; er eile Hollin aufzusuchen, um ihn zu versöhnen. Der ungeheure Wechsel von Schmerz in Freude nahm ihr wie den lange Eingekerkerten bei der Rückkehr an die freie Luft Athem und Besinnung; sie fiel sprachlos und bewußtlos in Odoardos Arme. In diesem Augenblicke eröffnete Hollin, der sich noch zu einem Versuche entschlossen, alles Räthselhafte in der Geschichte aufzuklären, ganz leise die Thüre; Odoardo war ängstlich beschäftigt, seine schöne Bürde zu ermuntern, er achtete nicht des Geräusches. Hollin starrte, wandte sich um, eilte fort und ließ die Thüre offen, deren frischer Luftstrom die Ohnmächtige erweckte. Odoardo eilte jetzt Marien alle Briefe Hollins zu bringen, wo er von seinem Umgange mit allen den Weibern so offen, so wahr, so unschuldig schrieb, daß sie innig von seiner Treue überzeugt wurde; ihre Freude war das letzte Aufleben, die Eßlust eines Todtkranken. Dann eilte Odoardo in alle Wirthshäuser, seinen Freund aufzusuchen; wo er wohnte, war er unter fremden Namen aufgeschrieben, und wie wir wissen, hatte er schon seit dem Morgen das Wirthshaus verlassen. Odoardo ahnte ein Unglück, aber er durchstrich die Stadt vergebens; er begegnete Hollin nirgends.

Hollin scheint indessen weit umher gewesen zu sein, sich an den verschiedensten Orten einen Ruheplatz zu suchen, wo er sich schreibend zu sammeln bemüht war; was sollte er thun? Die überall abgerissene Schrift in seinem Taschenbuche zeigte, daß er nirgends mit sich abschließen konnte. Wahrscheinlich, nachdem er die Litanei in einer Kirche gehört, schrieb er hinein: „Kyrie Eleison, Christe Eleison, ich habe Euch vergeben, Halleluja dem Allerbarmer, er hat die fressende Wuth eingedämmt. — Buhlerin, wie Du so leichtsinnig mit mir fromme alte Sitte gebrochen, so leicht wurde es Dir auch mit andern; wie Du Deine Eltern betrogst, so betrogst Du mich.

Mußte ich Dich so wiederfinden, Odoardo, liebster Freund, ärgster Feind in den schändlichen Armen. Odoardo Du bist unschuldig; eine Umarmung von ihr ist reicher wie der Himmel. Noch einmal will ich sie sehen, sie umarmen, dann fort, fort, über Land und Meer."

Die Zeit der Aufführung kam heran, die Zuhörer sammelten sich. Maria ohne Argwohn kleidete sich fröhlich an; Odoardo vermied es, ihr seine Besorgnisse mitzutheilen. Es begann eine rührende Symphonie, als Hollin unbemerkt im Dunkel in sein gemiethetes Zimmer zurückkam und ohne Beihülfe Andrer seine Theaterkleider anlegte. Wahrscheinlich während dieser Musik schrieb er zu seiner Beruhigung in die Schreibtafel: ... Was es für Töne sein mögen, die aus dem Innern hervordringend den Schmerz des unruhigen Lebens übertönen? Nicht von außen kommen sie mir, es ist die Trauermusik vor einem Todten. Zuerst der Posaunenklang, in welchem die großen Orgelgeister erwachen, wie sie allmächtig die Kirchenwände erschüttern, daß die Betglocke leise anschlägt. In diesen lustwandeln Oboen und Clarinetten; es schallen munter Geigen und Zimbeln dazwischen. Da erschallt die erste geweckte Menschenbrust und schwebt im Gesange empor getragen, aber der Athem geht ihr aus. Wie Du so einsam trauerst, Maria, Mutter Gottes, um den verrathenen Sohn; kann denn Dein Sohn nicht mehr trauern, daß Du ihn geboren! Warum durchbricht so selten der Strahl des Auferstandenen diese dunklen Fenster? — Es ist tiefe Nacht übers ganze Land ausgegossen. — Da muß ich in der Finsterniß an die blöden Augen schlagen; ich sehe dann funkelndes Morgenlicht. — Sieh wie die Mauern erbeben, Strahlen auf- und niederschweben, Kindlein mit goldnen Flüglein auf der Leiter herniedersteigen, die Himmelsschaaren sich freundlich beugen, Lust, Lust, es öffnet sich jede Gruft, Marias Auge die Himmelsbläue durchbricht; freudig Erbeben, seliges Leben, ewiges Licht."

Lenardo hatte indessen mit unglaublicher Ungeduld nach allen Seiten umgeblickt, ob Hollin nicht komme, und als der Vorhang aufging, selbst ein Kleid angelegt, das der Rolle bestimmt war.

Maria rührte durch ihr Elend als Stuart ungemein; sie war so ruhig, war so gewiß, daß Hollin seine Rolle spielen werde, und wirklich trat er unerwartet zu dem Auftritte heraus, wo er sich ihr als treuester Freund offenbaren sollte. Unser Freund, durch die Schönheit seines kräftigen Baues, durch den vortheilhaften alten Anzug gehoben, erregte allgemeines Aufsehen; das Rollen seiner Augen wurde als erste Theaterverwirrung aufgenommen, man machte ihm mit Händeklatschen Muth, und Lenardo sprang triumphirend ins Parterre, um den Dank für seinen Scherz in Empfang zu nehmen. Auch Maria war bei seinem Anblicken selig erstaunt, doch gewannen Beide bald genug Geistesfreiheit, um ihre Rolle auszuspielen. Mit überirdischer Heiligkeit sprach er die Rede von der hohen Wirkung des großen Kirchenfestes. Hollin schien nur gekommen, Marien noch einmal, zum letzten Mal zu sehen, und nun sah er sie in aller Schönheit, in allem Glanze, mit dem ganzen Zauber der Kunst; er fühlte erst jetzt alles Treffende seiner Rolle auf sich; er glaubte eine höhere Macht in diesem wunderbaren Zufalle und überließ sich ihrer bösen Gewalt. — Am Schlusse seines Auftrittes verschwand er; Odoardo wollte ihm nach, aber Leonardo stellte sich vor ihn und hinderte es, weil Hollin ihm geschrieben, er bäte sich aus, ihn während der Vorstellung gegen alle Anreden zu schützen; er habe die Rolle so schnell gelernt, daß er jede Pause zum Wiederholen strenge benutzen müsse. — In dieser Zwischenpause scheint er das Folgende in sein Taschenbuch geschrieben zu haben: „So ruhig, heilig, traurig konntest Du vor mir erscheinen, Maria, meinen Blick ertragen? — Du spielst im Leben auch zur Schau! — Mir ward in Deinem Blick so weh und bang; die Engel und die Teufel alle, sie schienen von Dir loszulassen, mich zu umdrängen, mich zu fassen, die Liebe und die Rache rangen auf, die Allmacht riß mich fort: Soll durch den Tod sich Liebe lohnen, muß Liebe in dem Tode wohnen! — Die Sterne gehn in ewger Nacht, sie drängen unaufhaltsam fort, sie schweben in einem engen Raume; das Leben kämpft und erlöscht im Leben; bald ist die Bühne voll, es freuen alle sich des vielen Glänzens; die eine Bahn von Ost nach West strebt jeder zu durchlaufen; sie wollen alle sich ersticken — verzweifelnd bricht dem

Helden nun das Herz, der seine Bahn an ihre Bahn geknüpft. Wohl dann, bin ich kein Held, ich sterbe doch als Held! ich opfre mich, weil ich nichts anderes zu opfern hier vermag. Auf ewig soll ich von Euch scheiden. Noch einmal will ich ihn, den Saum des strahlenden Gewandes, küssen, das Deinen Mond, Maria, blau umflattert; noch einmal streb ich mich dem Ring der Kette anzuschließen, die mich so lange hat umschlossen. Der Ring zerspringt; es klingt der laute Beifallsjubel der künstlerischen Freunde; Verzweiflung packt mich, Wuth reißt geißelnd mich durch Meeresfluth. Ha Kunst, Du hast gesiegt! Jetzt wirft mich Nordwind auf die öde Felsenspitze; gefesselt lieg ich und kann nichts erfassen; es schimmern über mir die kalten Morgennebel und die Gestaltung all ist fern. Noch liebevoll geb ich den welkigen Gestalten Namen; schließ Freundschaftsbündniß mit den dunklen Armen, deren schwarzer Ring durch alle Winde standhaft kämpft; da mein ich schon, ich find ihn wieder den verlornen Ring; ich fass nach ihm mit beiden Armen, da schleudert er des Blitzstrahls zackig rollende Schlangen auf mich herab. Ich leb nicht mehr, da hallts im Wiederhall der Felsen: Soll durch den Tod die Liebe lohnen, wird Liebe in dem Tode wohnen .....

„Das verstehe ich nicht,“ unterbrach die Gräfin den Erzähler. Den Grafen mußte heut alles ärgern, auch das fühllose Unterbrechen der Erzählung. „Es ist ja so klar: er zeigt durch den verhängnißvollen schwarzen Gewitterring die neue unechte Verbindung an, die zwischen ihm und Maria im Schauspiele dargestellt wird.“

. . . . . Sie erinnern sich wohl, daß Mortimer in seiner Liebe zu Maria Stuart einen glücklichen aber elenden Nebenbuhler an Leicester hat, den Odoardo spielte; Leicester wünscht Maria zu retten, doch ohne eigne Aufopferung; er hat den Mortimer in Verdacht, daß er gegen Marien kundschafte, Mortimer gegen ihn; eine Unterredung voll gegenseitigen Mißtrauens konnte Hollin nicht ohne Bitterkeit ausführen. Odoardo wurde beklommen und wußte nicht warum; wäre er festeren Entschlusses gewesen, er hätte Hollin aufgesucht, als er eben in seinem Zimmer geschrieben:

„Gott segne Euch mit allem, was Ihr liebt! erleuchte Euch nimmer, daß Ihr Eure Fehler nicht seht, behüte Euch vor jeder Erinnerung an mich in alle Ewigkeit!“

Nun begann der dritte Akt des erregenden Spiels mit aller seiner Schönheit. Maria übertraf alle

Erwartung. Nach der unseligen Unterredung mit Elisabeth trat unser Mortimer mit Heftigkeit auf; er schien mit dem Leben zu ringen, als er ausrief:

Was ist mir alles Leben gegen Dich
Und meine Liebe. Eh ich Dir entsage,
Eh nahe sich das Ende aller Tage.

Maria rief wie aus eigner Seele: „Gott, welche Sprache, Herr, und welche Blicke!“ — Und wie er sie umarmte und wie sie ihn zurückstieß: es ist unwiderstehlich wahr und reizend gewesen. Mit welcher Gewalt warf er einen Sessel, der sie Beide trennte, in die Kulissen. Was ist alle andre Schauspielkunst gegen die schreckliche Wahrheit solcher Darstellung. Alle waren beklommen, es schien etwas Grausenvolles sich zu entwickeln; Keiner wagte es, zum Nachbar zu sprechen; Allen klopfte das Herz. Maria fühlte sich so heiter in ihrer Rolle, weil sie dadurch vom ersten liebevollen Kusse wieder beschenkt worden. In der Zwischenzeit bis zum letzten Auftritte blieb Hollin so weit in der Kulisse vorstehen, daß Niemand mit ihm reden konnte. Nun kam die Unterredung zwischen ihm und Leicester: der schreckliche Verrath des letzteren; sein Edelmuth zog unwiderstehlich aller Menschen Neigung zu ihm hin. Mit welcher Verachtung wendete sich Hollin zu der Wache, die ihn fesseln will. „Was willst Du, feiler Sklav der Tirannei, Ich spotte Deiner, ich bin frei.“ Wie geschickt erwehrte er sich der Eindringenden und rief dann: „Geliebte, nicht erretten kann ich Dich, so will ich Dir ein männlich Beispiel geben. Maria, Heilge bitt für mich und nimm mich zu Dir in Dein himmlisch Leben.“ — Bei diesen Worten durchsticht sich Mortimer mit dem Dolche. — Laut riefen alle Beifall, riefen Bravo; da ruft Einer aus der Wache, der ihn aufheben will: „Jesus, er zuckt fürchterlich und ist voll Blut.“ Entsetzen überfällt Alle, lähmt Alle; nur Maria, in dem glücklichen Wahne, alles sei nur Täuschung, wagt es hinzublicken. Hollin winkte ihr sich zu nähern und sagte fest: „Meine Augenblicke sind wenige, täuschende Kunst hat mich hingerafft; Odoardo wird für Dich sorgen, bleibe ihm treu! — Odoardo hielt den Dolch fest, den Hollin bei diesen Worten aus der Wunde reißen wollte, er sah als geschickter Chirurg, daß er dann im Augenblicke sterbe; wer will seinen Schmerz als Freund dabei fühlen, fast fürchten wir uns vor der Stärke des eignen Mitgefühls. Maria erwachte aus der ersten Betäubung, die sie neben ihm hingestreckt; sie beschwor ihn, für sie, für sein Kind unter ihrem Herzen zu leben; die Wunde schien nicht gefährlich; es entwickelte sich der ganze schreckliche Irrthum, der ihn verwirrt hatte; seine Liebe und Freundschaft kehrten aus der Ewigkeit zurück, wohin er sie schon verbannt hatte. Er ließ den Vorhang niederziehen, ließ alle

Fremden entfernen, flehete bei Marias Vater um Verzeihung, daß er die heiligen Rechte bürgerlicher Ordnung und göttlicher Einsetzung leichtsinnig gebrochen; er wollte sich ihrer guten Folgen für Maria und ihr Kind nach seinem Tode noch erfreuen, ihnen sein Vermögen sichern. Ein Geistlicher, mit Hintansetzung einiger Bedenklichkeit, trauete ihn mit der bewußtlosen Maria durch die einfachen Worte: „Was Gott zusammenfügt, soll der Mensch nicht trennen." „Amen!" sagten Alle. Hollin rief aber: „Ich habe es doch gethan, Odoardo, edler Freund, sorge für sie — der Liebe Leben — ewig!" Bei diesen Worten zog er den Dolch aus seiner Wunde; das Blut strömte heftig, sein Kopf sank nieder, er war todt.

Maria drückte ihm in der schrecklichen Fühllosigkeit des unsäglichen Schmerzes die Augen zu. Odoardo mußte sie gewaltsam von der Leiche wegreißen. Er grub seinem Freunde ein Grab außerhalb der Kirchhofsmauer im Flugsande. Maria starb eine Woche später in der frühzeitigen Geburt mit dem Kinde zugleich. Auch sie begrub er außer der Kirchhofsmauer neben ihm, und das Kind zwischen ihnen und alle Rosen und andre Erinnerungen ihrer Liebe. Nachdem er alles, was er liebte, begraben, ging er in ein Kloster. Sein böses Schicksal ging nicht mit ihm ein; er verlor Gedächtniß und Erinnerung, wurde froh wie ein Kind, und las oft lächelnd die Briefe seines Freundes, als sei es ihm eine fremde Geschichte.

Bei den letzten Worten dieser Erzählung des Grafen stand der Prediger auf, entfernte sich langsam, indem er einen offenen Gang hinunterschritt. Die Gräfin sah ihm nach, lachte und fragte: „Er ist es doch wohl nicht gar selber, dieser Odoardo?" — „Ehre den Schmerz," antwortete der Graf." — „Ich weiß nicht, wie Du mir heute vorkommst," meinte die Gräfin, „ganz anders wie sonst; ich bin meiner Natur gemäß lustig, hasse alle elende Sentimentalität; es thut mir leid, daß Herr Hollin gestorben; könnte ich ihn retten, so thät ich's, aber den schönen Nachmittag soll er mir nicht verleiden." — Der Graf ging dem Prediger nach und brachte ihn sehr bald ganz ruhig und gefaßt zurück. Die Gräfin fragte ihn, da er den Ehestand so lebhaft vertheidige, so müsse er wahrscheinlich recht glücklich verheirathet sein. — „Ich bin nicht verheirathet," antwortete er, „aber ich bin versprochen, muß aber noch sechs Jahre auf meine Vermählung warten, und wer weiß, ob dann noch etwas daraus wird. Mein Leben ist sonderbar, aber vorwurfsfrei; ein Kind von zehn Jahren, das Kind eines armen Handwerkers, gewann, als ich noch Hofmeister war, meine ganze Zuneigung: noch weiß sie nichts davon; sie ehrt mich als Wohlthäter und ihr liebes bedeutendes Gesicht senkt sich oft demüthig zum Handkusse, während es mein ganzes Wesen beherrscht. Ich bin meiner selbst gewaltig; ich bin gewiß, daß ich dem lieben Mädchen nichts von meinem Wohlwollen entziehe; sie mag mich oder einen andern in rechter Zeit erwählen, ihre Neigung mag sie frei erklären, nie soll ein Vorwurf von mir sie bestimmen; in dieser Überzeugung trage ich keine Scheu, meine Leidenschaft zu bekennen; nur ihre Verheimlichung gegen andre würde sie zum Verbrechen machen." — „Aber lieber Herr Prediger, ist es Ihnen nicht drückend, so lange ganz allein zu wirthschaften, die Hoffnung auf Kinder so weit hinaus zu setzen?" fragte der Graf. — „Mein werther Graf, von meinem Pfarrhause seh ich die Wohnung eines katholischen Pfarrers, Ihres Predigers; der Mann hat für sein ganzes Leben all den Freuden entsagen können, um seinem heiligen Willen zu folgen, und ich könnte nicht einmal sechs Jahre aufopfern? der Mensch kann sehr viel, was unsrem weichlichen Zeitalter unmöglich scheint; der Krieg hat gar manchem diese Wahrheit bewiesen und die Bekanntschaft mit Indien, die sich jetzt so allgemein verbreitet, führt denselben Beweis für die mögliche Aufopferung aller Kräfte zu einem heilig verpflichteten Dienste. Kinder fehlen mir nicht, ich habe deren viele, ohne die gute Sitte zu verletzen; mir ist eine wunderbare

Kraft verliehen, die mir ganz bewußt ist; wo ich glückliche Ehen sehe, die der Kinder ermangeln, da blicke ich die Frauen an und erfülle sie mit guter Hoffnung; diese Wirkung ist in mir ohne alle sündliche Neigung; ja, meist mir ganz unbewußt geschieht diese geistige Durchdringung. Lachen Sie nicht, gnädige Gräfin, wer weiß, ob Sie selbst mir nicht Zeugniß ablegen müssen." — Der Graf fand den Scherz nicht ganz angenehm; die Gräfin dagegen ließ sich in lustige Betrachtungen über die wunderlichen Verwandtschaften ein, die aus solchen geistigen Blicken entständen; sie erklärte Leidenschaften und Freundschaften, die oft eben so plötzlich, als überraschend sind, aus solcher geistigen Verwandtschaft. Der Prediger gab ihr Recht und fügte noch hinzu, daß gerade darin das tief Ergreifende dieser gleichen Liebe in Unschuld und Jahren, und dieses Wunsches liege, der sicher Jedem bei Hollins Schicksale erwacht, ihn retten zu können, wenn wir auch seine Unbesonnenheit tadeln, daß in so seltenen Fällen diese gleiche Unschuld sich begegnet und ganz froh macht; in den meisten Liebschaften ist die geistige Verwandtschaft von dem Verlangen der Natur ganz geschieden, und sucht sich nur in Täuschungen zu verbinden. — „Sie scheinen viele sonderbare Erfahrungen gemacht zu haben, erzählen Sie uns noch etwas davon; wenn ich so ins lässige Zuhören gekommen, da mag ich den ganzen Abend nicht mehr reden; auch schloß Karls letzte Liebeshistorie gar zu ernsthaft; Sie müssen es durch etwas Lustiges aus Ihrem eignen Leben wieder gut machen.“ —

Zehn=

Zehntes Kapitel.

Geschichten aus dem Leben des Prediger Frank.

„Der Wunsch einer schönen Gräfin ist einem armen Landprediger Befehl," sagte Frank, setzte sich, und erzählte recht lebhaft nach einer Pause. — „Ganz flüchtig muß ich Ihnen den Umriß meines früheren Lebens zeichnen; Sie werden sich meine Eigenthümlichkeit in ein Paar Vorfällen daraus besser erklären. Mein Vater war Landprediger, meine Mutter eine Adlige und im strengsten Sinne Beherrscherin des Hauses, welches sie an mir, ihrem einzigen Kinde, bis an ihr Lebensende bewährte. Mein Vater starb, nachdem er mich durch guten Unterricht zur Universität wohl vorbereitet hatte; diesen einzigen Einfluß auf mich gestattete ihm meine Mutter, sonst durfte ich ihn nie im Dorfe oder in der Gegend umher begleiten; immer fürchtete sie, ich möchte verführt werden. Noch ist es mir unerklärlich, was ich unter dem Worte verführen mir gedacht habe; es schauderte mir aber dabei und davor, als wäre es ein Spießen und Brandmarken zu gleicher Zeit. Mein Vater starb, als ich zur Universität abgehen wollte, und meine

Mutter, die bis dahin nicht über ihren Garten hinaus gekommen und immer mit verbundenem Kopfe umher geschlichen war, entschloß sich aus Sorge vor meiner Verführung, sich reisefertig zu machen und mich dahin zu begleiten. Ich hatte keine Vermuthung, welches Aufsehen das auf der Universität machen könnte; ich meinte, das sei der regelmäßige Gebrauch und war daher nicht wenig überrascht, als ich das unglaubliche Schreien hinter mir her hörte, da meine Mutter mich bis an die Thüre des Collegiums brachte und mich wieder von da abholte. Nichts konnte sie von dieser Lieblingsidee, mich zu begleiten, abbringen, als die Furcht, daß ich mich deswegen mit einigen der alten Spottvögel schlagen müsse; deswegen allein blieb sie zu Hause, doch ihre Leidenschaft zu mir verwandelte sich in dem einsamen Warten, in der Besorgniß um mich in Wahnsinn, oft warf sie sich Nachts über mein Bette, ob ich auch nicht heimlich ausgegangen sei. In solchem Kummer verging sie wie ein Schatten und ließ mich nach einem halben Jahre ganz selbst überlassen auf einer der lustigsten Universitäten. Doch konnte erst allmälig meinem Wesen jene Rückhaltung genommen werden; ich that alles dazu, besuchte Fechtboden und Gesellschaften, nur vor dem Verführen blieb mir der eingeprägte Schauder, der mich jedesmal ergriff, so oft ich aus einer gewöhnlichen jugendlichen Eitelkeit mir vornahm, mit meinen

Kameraden gleiche Schuld zu übernehmen. Ich bin fest überzeugt, wenn ein Mensch unter drei Augenblicken nur zwei tugendhaft ist, so kann er ein Heiliger werden, denn alles Laster hat eine eigene Umständlichkeit, daß die beiden tugendhaften Augenblicke nothwendig zwischentreten müssen. Sie haben mich gekannt, Herr Graf; ich war in allen übrigen Verhältnissen ein ganz fertiger Student?" — „Viel mehr als ich", sagte der Graf. — „Eine Verbindung mit einem Frauenzimmer schien mir indessen ganz nothwendig zu meiner Ausbildung; ich wollte also gleich mein Glück bei der Frau eines Professors versuchen, weil es die einzige angesehene Frau in der Stadt, mit der ich bekannt geworden, und die für leichtsinnig ausgeschrien war. Es schwärmte damals ein wunderlicher Glücksritter umher, der für Männer und Frauen eine sehr lächerliche Verbindung stiftete, weil Keiner recht wußte warum oder wozu sie dienen sollte; ein Paar symbolische Zeichen machten das ganze Geheimniß; an unserm Orte förderte er physikalische Versuche aller Art, insbesondre die sogenannte Fantasmagorie, wodurch in einem dunklen Zimmer allerlei Gegenstände, vermöge einer sehr vollkommenen Zauberlaterne, in überraschender Abwechselung dargestellt wurden. Ich benutzte schüchtern diese Gelegenheit vollkommener Dunkelheit, wo meine Verlegenheit nicht sichtbar wurde, ihr Zärtlichkeiten zu sagen; ließ meine Hand leise in die ihre gleiten und sie hielt sie fest; ich war ganz sicher, daß mir hier ein leichter Sieg bereitet sei. Überlegen Sie auch, ob ich so ganz falsch schloß; denn unter den acht Kindern, die diese Niobe in einer durchdachten physischen Erziehung schön und kräftig aufzog, wurden drei fremden Vätern zugeschrieben; der Mann selbst war dessen nicht in Abrede; er sagte, ehe seine Praxis so ausgebreitet worden, habe er seiner Frau leben können; jetzt müsse er sein Glück dem größeren Wirkungskreise aufopfern und seiner Frau die Freiheit lassen. Ich besuchte sie den andern Tag; sie drückte mir wieder freundlich die Hand, und ich begann ihr einige Zärtlichkeiten zu sagen. Sie wußte auf halbem Wege, was ich wollte, sagte es mir und versicherte dabei, so gut ich ihr gefiele, denn sie hätte mich lieb wie ihren eigenen Sohn, das könne sie mir nicht zu Gefallen thun. Sie erklärte mir, daß ihre Liebe nur dem ausgezeichneten ausgebildetsten Geiste gehöre; denn wie sie ihren Kindern Fülle der Gesundheit geben könne, so sollten sie vom Manne den vollkommensten Geist erhalten. Darauf nannte sie die Väter ihrer drei jüngsten Kinder, ich erstaunte die Namen dreier ausgezeichneten Männer zu hören, denen sie zum Theil weit nachgereist war, um zu ihrer Bekanntschaft zu gelangen. Sie schwor mir, daß keiner darunter so schön, so reizend ihr gewesen wäre, als ich, aber ihre ganze Seele hätte an ihnen gehangen; ich sollte mich erst in irgend einem herrlichen Talente ausgezeichnet bewähren, dann möchte ich zu ihr heimkehren und sie werde mir zu Füßen fallen. Dieses ganz offene Geständniß löste alle Verlegenheit, die mich drückte, und indem es eine Neugierde bezwang, erweckte es die andre, von einer so besonderen Frau mehr zu vernehmen, die eine ganz ausgearbeitete Metaphysik ohne alles literarische Geschrei mit sich herumtrug. „Jedes Chor", fuhr sie fort, „das sich selbst überlassen bleibt, läßt unmerklich den Ton sinken; der bloße Antrieb, die physische Neigung im Menschen wirkt eben so zum Schlechteren, ohne eine höhere Gesinnung können ganze Nationen darin verdummen, und Kriege sind eben darum den Völkern nothwendig, weil erst in der Noth den meisten Menschen die Talente groß und liebenswerth erscheinen. Mir ist die Ehrfurcht gegen Geistesherrlichkeit gegeben, daß ich ohne Zwang ganz frei von je mich den Talenten ergeben; seinem umfassenden Geiste dankt es mein Mann, daß ich ihn erwählte: ich schwöre ihnen, es ist einzig die Schuld der Mutter, die von der gewöhnlichen Race gesunde Dümmlinge in die Welt setzet, welche ohne die Idee des Höheren geboren, auch in den gewöhnlichsten Verhältnissen des Lebens vor jeder Götternatur verschwinden; sicher hat sie sich durch einen unwürdigen Mann täuschen lassen, und Liebe genannt, was bloße Thierheit in ihr war. Liebe ist ein höchst gemißbrauchter Ausdruck, die Liebe ist ganz geistig und die tiefste Demuth vor einer andern Natur; ihr Organ ist die Sinnlichkeit, mehr nichts, und nun fragen Sie sich selbst, ob Sie, der Sie noch zu gar keiner Eigenthümlichkeit in sich gelangt, noch prunken mit Scheinwissen und Kleidern, noch nicht wissen, was Sie wollen, und von keiner Begeisterung getrieben sind, ob Sie es wohl eigentlich wagen durften, einer Frau wie mir Liebesanträge zu machen. Acht Wochenbetten habe ich als Heldin bestanden, und das ist wahrlich so viel, als acht Hauptschlachten; wenigstens nähere ich mich denselben mit den Empfindungen eines Helden: ich höre die Trompeten, der Kampf ist schwer und schmerzlich, aber das Höchste, was ich thun kann. Wie aber der Krieg nicht des Kriegers wegen, so ist auch die Geburt nicht der Geburt wegen; nicht daß sich das Gleiche vom Gleichen entwickele, da wäre unser Leben unwürdig, aber das Höhere soll erreicht werden; — junger Mann, fühlen Sie etwas davon in sich, das Verachten Ihrer Zeit hilft Ihnen nicht durch, erst müssen Sie diese Zeit verstehen: Wahrlich, meine Kinder werden mich weit übertreffen.“ — Bei diesen Worten stand sie auf, küßte mich, als wollte sie mich an ihre Brust legen, und sagte: „Ich muß in meine Holländerei, ich muß mein Kind stillen. Kommen Sie bald wieder; ich möchte Sie einer Freundin empfehlen, da Sie bald von der Universität abgehen, wo Sie als Lehrer ihrer Nichten wahre Weltweisheit und Lebensphilosophie in dem Umgange der gebildetsten Menschen lernen könnten." — Ich kam sehr nachdenklich nach Hause. In der ganzen Stadt ging bald das leichtsinnige Gerede, ich sei der glückliche Liebhaber der Frau: so wenig ist an den meisten ähnlichen Gerüchten unter Studenten, und alle gingen dem Fußsteige, den ich gemacht hatte, nach, wie es auch den Studenten eigen, und hatten so wenig davon als ich, den sie beneideten. Nach einem Jahre ihres entfernten freundschaftlichen Umganges, sehnte ich mich von ihr und von meinen griechischen Philosophen fort; ich war zwei Jahre beschäftigt gewesen, alle Knoten zu lösen, welche die Faulpelze den griechischen Knaben bei griechischer Sonne geschürzt haben, und fand am Ende, daß ihr ganzes künstliches Netz, worin sie so manchen Fisch gefangen, nichts als ein ganz ordinairer Bindfaden sei.

„Nun, nun," sagte der Graf, „das beste Gemälde ist ja, in all zu großer Nähe betrachtet, nichts als eine Sammlung von bunten Flecken."

Durch die Mittheilungen der Professorin lernte ich jene Freundin, die Gräfin Limonie näher kennen; sie hatten mit einander eine phantastische Freundschaft gestiftet, einander alles, was sie berührte, frei zu bekennen. Doch schien es, als wenn die Gräfin

Limonie nur in der Traurigkeit ein Bedürfniß sich mitzutheilen fühlte; immer enthielten die Briefe trübe Klagen über unerreichte unmögliche Wünsche, immer Dank für den mächtigen Trost, den ihr die Freundin verliehen. Es soll gewisse Menschen geben, bei deren Anblick die Wahnsinnigen, wenn auch nicht vernünftig, doch stille werden; es giebt andre, die über jede Art Schmerz gleiche Gewalt haben; es gehört dazu eine gewisse Verschiedenheit zwischen dem Kranken und dem Arzte, die sich auch reichlich zwischen den beiden Frauen fand. Mit dem schönsten Empfehlungsbriefe meiner Liebesprofessorin in der Tasche trat ich in den Ferien, als ich von der Universität abging, meine Reise zu der Gräfin Limonie an, die sich auf ihrem Gute, welches vortheilhaft zwischen den angenehmsten Städten gelegen, während des Sommers aufhielt. Ich war zu Pferde und allein, als ich mich dem Gute näherte; ich fragte einen Mann in ordentlichen Kleidern, der Dünger am Wege abladete, wo der Weg zur Gräfin ginge. Der Mann sah mich an und sagte: „Wollen Sie selbst zu meiner Schwester?“ — Ich freute mich seiner Bekanntschaft und bejahte seine Frage. — „Hören Sie,“ fuhr er fort, „da gebe ich Ihnen den wohlgemeinten Rath, ziehen Sie sich ganz um, oder sie spricht nicht mit Ihnen; der Geruch von Pferden macht ihr Krämpfe; ich habe sie seit Jahren nicht im Zimmer gesprochen; es ist eine Närrin, aber sie ist nun einmal so." — Ich dankte ihm befremdet für die Warnung; er zeigte mir den Weg, und ehe ich auf den Schloßhof ging, zog ich mich, seinem Rathe gemäß, im Wirthshause ganz um. Dort erfuhr ich, daß der Bruder alle Güter der Gräfin verwalte, und von ihr wie ein Lastthier gebraucht und verspottet werde. Ich begab mich zu ihr. Der Thürsteher nahm bei aller Höflichkeit doch eine sehr umständliche Untersuchung mit mir vor; ich gab ihm das Empfehlungsschreiben der Professorin ab, worauf mich der Mann in ein recht artiges Zimmer führte, bis das Schreiben gelesen. Dies schien kaum vollendet, so führte mich ein Kammerdiener mit sehr vielen Verbeugungen in ein prachtvolles Zimmer und erbat sich meine Befehle, was ich zu meiner Erfrischung bedürfe. Ich verbat mir alles; es dauerte aber nicht lange, so wurden mancherlei Erfrischungen, Chokolade, Kuchen, Wein gebracht, die Thüren blieben halb geöffnet und es schien mir deutlich, daß ich aus der Ferne von allerlei Leuten beobachtet werde. Nach einer Stunde kam eine Gesellschafterin der Gräfin mit vielen verbindlichen Grüßen von ihr; ich wurde eingeladen, wenn ich nicht mehr ermüdet von der Reise, oder sonst durch keine Kränklichkeit verstimmt wäre, nach dem Gesellschaftssaale zu kommen, wo ich mehrere Verwandte der Gräfin versammelt finden würde; sie selbst könne erst am Abend sichtbar werden, weil sie gestern ihre Andacht gehalten und heute sehr erschreckt worden wäre. Ich erkundigte mich mit Theilnahme nach der Ursache dieses Schreckens, ich konnte aber nichts erfahren. Die Gesellschaft fand ich recht lustig, so bald sie die Gräfin vergaß, kaum wurde ihrer aber erwähnt, so nahm jedes eine ernsthafte Miene an, wie einer, der in der Kirche sich vergessen und leise vor sich ein Liedchen gepfiffen, es wurde von ihr, von ihrem Schrecken, von ihrer Güte gegen den Unglücklichen gesprochen: ich verstand nichts davon, und man wollte es mir auch nicht aufklären. Abends wurde jeder einzeln in das Zimmer der Gräfin gebracht, ich zuletzt. Das Zimmer war durch eine dünne Florwand in zwei Hälften getheilt: ich trat diesseits ein, sie lag jenseits geschmückt mit kunstreichem Kopfaufsatz auf einem langen Schäferstuhle, ihre Füße waren mit einer Spitzendecke zugedeckt. Erst brannte nur ein kleines Licht auf dem Tische ihr zur Seite, doch brachte der Druck ihrer Hand einen hohen Feuerstrahl hervor, der sich in einem brennenden Bogen niedersenkte: es war Spiekwasser, das künstlich durch die Flamme gedrückt also brannte und duftete. Sie sagte mir, daß ihre Scham es den Tag nothwendig gemacht hätte, sich von der Gesellschaft zu trennen; ich möchte die Scheidewand von Flor verzeihen, ich wäre ihr sonst so ganz willkommen wie der kühlende Hauch des Abends; sie glaubte in mir die Seufzer ihrer Freundin zu hören, die so viel, so unendlich viel bei ihrem kranken Kinde gelitten. — Ich Unglücklicher, der den rechten Ton nicht treffen konnte, sagte ihr zur Berichtigung, die Krankheit sei ein unbedeutender Husten gewesen und die Professorin habe keinen Augenblick darum besorgt geschienen. — Gräfin. Ja daran erkenne ich meine Freundin, an dieser Selbstverleugnung und edlen Verstellung, um ihren Freunden allen Schmerz zu verbergen; es ist eine starke Frau, aber dieser Kampf mit ihren Gefühlen muß sie doch endlich erschöpfen. — Ich merkte jetzt, daß sie durchaus bedauert sein müsse, und sagte: „Es ist ein Kampf mit dem Schicksale, und wie Jakob nach dem Ringen mit Gott sich erlahmt fand, freilich, so vernichtet sich endlich jeder in so edlem Streite." Ich weiß nicht, wo ich die Phrase gelesen, sie kam mir nicht aus dem Herzen, zog aber die ganze Aufmerksamkeit der Gräfin auf sich. — Gräfin. Wahr, sehr wahr und besonders bei dem Kampfe der Jugend mit dem Tode, die welkende Kinderblüthe: es ist ein so rührender Anblick, wie das Veilchen am Wege, das der müde Wanderer niedertritt; ihre Klage, wie die letzten Töne einer ablaufenden Flötenuhr, der langsam der Athem ausgeht; wer möchte so eine kleine Leidende nicht wie eine Ätherwolke zum Himmel heben, zu Gott blicken, seufzen und fragen: muß die Schönheit, die Unschuld, die Frömmigkeit schon so früh leiden? — Ich konnte mich nicht enthalten, in diesem Augenblicke an die dicken schmierigen Pausbacken der Professorskinder, an ihr bestialisches Schreien, an die Birkenruthen, die hinter jedem Spiegel steckten, zu denken, sagte aber mit niedergeschlagenen Augen: „In den irdischen Leiden der Unschuld zeigt sich ihr himmlischer Friede.“ Sei es nun, daß es Täuschung, oder hatte ich mich unwillkührlich selbst gerührt, oder war es ein Nervenzusammenhang, etwas Feuchtigkeit in der unrechten Kehle, oder ein naher Schnupfen, genug, es lief mir eine Thräne die Backen herunter. — Gräfin. Ich sehe in Ihrem Auge etwas schöneres glänzen als Diamant; bei diesen Worten drückte sie und der Florvorhang rollte auf. Sehn Sie in meinen Augen den Wiederschein; vergessen Sie dieses Augenblicks nicht, eine reine Thräne badet uns von allem Staube der Welt rein. — Ich. Thränen sind ein Himmelsthau, den Psyche mit ihren Flügeln aus dem Kelche der Blumen schüttelt. — Gräfin. Das sind schöne Thränen, aber es giebt auch trostlose, wie die Tropfen der Aloe bitter, Thränen, wie ich sie heut vergossen, es verschwimmt die Welt darein. — Ich. Und sind die Thränen umsonst, ist keine Rettung möglich? — Gräfin. Ich weiß, ich werde es mit der Zeit verwinden, aber warum bin ich Schwächste ausersehen, alles Unglück der Welt zu tragen. Mein werther Freund, es sind nicht die Hammerschläge des

Schicksals, nein die Nadelstiche, die immer wiederkehren, woran ich verzweifeln möchte. — Ich. Blicken Sie empor, der Himmel tröstet alle Tiefbetrübten. — Gräfin. Weh meine Nerven! Lydia, laß den Farbenbogen drehen, der Schwindel kommt mir sonst. — Es drehten sich bei diesem Ausrufe eine Art chemischer Feuerwerke, dem Regenbogen sehr ähnlich; die Gräfin stützte sich matt auf, und ich wollte gehen. — Gräfin. Auch Sie wollen mich verlassen, Sie können das Leiden nicht sehen? — Ich. Ich fürchtete nur zu belästigen. — Gräfin. Aber daß Sie dieses fürchten, wie kam das, darüber müssen wir uns noch expliziren; morgen werden wir uns sicher besser verstehen; gute Nacht mein neuer Freund, ich fühle mich noch sehr schwach von dem Schrecken. — Ich wollte mich entfernen, die Gräfin rief mich zurück: „Vielleicht erleichtert mich die Musik; Sie spielen Fortepiano, schreibt meine Freundin, ich will Ihnen etwas vorspielen; es ist nichts, aber die Art, wie ichs vortrage, ist mir eigen.“ — Die Gräfin setzte sich zum Fortepiano, präludirte mühsam langsam, bald aber gleiteten ihre schönen Hände mit großer Schnelligkeit, und unermüdlich über das Elfenbein; ich stand in tiefer Bewunderung und küßte am Schlusse, nachdem sie wohl zwei Stunden mit außerordentlicher Kraft gespielt hatte, die Hände, das Einzige, was mir an der Frau ganz verständlich war. Beim Nachtessen, wo ich zuletzt mit der Gesellschafterin allein blieb, nachdem die Verwandten einzeln hinausgegangen waren, um die Gräfin in den Schlaf zu lesen, fand ich, daß der ernste Ton in dieser ältlichen Mamsell nur angenommen; sie trank gern ihr Glas und lachte dann über die Gräfin. Hier wagte ich es, über den Schrecken mich zu erkundigen, der die Gräfin heute so zerrüttet hätte. Die Mamsell lachte; sie sagte, es wäre kein weiteres Unglück, als daß der eine Kammerdiener sich ein feines Loch durch die Wand gebohrt hätte, um die Gräfin im Badezimmer zu sehen; heute habe sie plötzlich ein glänzendes Auge an einer Stelle der Mauer bemerkt, wo gerade ein heller Sonnenstrahl hingeschienen; sie sei in dem Queergang aus dem Bade gestiegen und habe selbst, beschämt wegen ihrer Blöße, den verzückt hinstarrenden Kammerdiener gefunden, der sich ihr zu Füßen geworfen und eine unwiderstehliche Leidenschaft vorgeschützt habe, die ihn schon seit Jahren verzehre; sie habe gegen Leidenschaften viel Mitleid und sei so gezwungen worden, den Menschen, den sie für immer verbannen möchte, dessen Auge ihr ein steter Verräther seiner unverschämten Neugierde sei, um sich zu dulden. Ich mußte über die Mordgeschichte herzlich lachen, und trank ein Glas übers andre; die Mamsell schenkte auch nichts der Flasche; die Ermüdung der Reise wirkte nach: kurz ich erwachte den andern Morgen auf dem Stuhle mit bedeutendem Kopfweh, die

Lichter waren abgebrannt, die Mamsell lag mit der Nase in ihrer großen Tabacksdose auf dem Tische und hatte mit ihrem Athem allen Taback über die Reste des Deserts geblasen. Ich schlich mich leise auf mein Zimmer,, später hörte ich, daß Mamsell wegen ihrer Ohnmacht von der Gräfin herzlich bedauert wurde. Ich hatte von dem halben Schlafe wirklich eine leidende Miene und konnte mich nicht gleich wieder in die Sprache der Gräfin versetzen, die mir gewaltige Beschreibungen von einem Sturmwinde machte, der Nachts vor dem Fenster wie ein Riese vorüber gerannt, und die Nacht verfolgt habe, bis sie ihre Sternenkrone fallen lassen; da sei die Sonne aufgegangen und die Beschämte habe sich mit ihm in eine Höhle unbewußt geflüchtet. Dergleichen poetische Prosa war mir noch nicht ganz geläufig und ich meinte in mir, das möchte wohl jenes schreckliche Schnarchen der Mamsell gewesen sein, das allen Taback über den Tisch geblasen. Da die Gräfin sah, daß ich nicht antwortete, so beschloß sie, sich mit mir zu expliziren; sie explizirte zwei Stunden, ich wußte nicht was; zu meiner großen Qual diente es gewiß, denn es war schönes Wetter; aus Ärgerniß küßte ich sie, das sollte wieder explizirt werden. Ich armer Unglücklicher war nahe daran, mich aus dem Fenster zu stürzen. Sie erzählte mir nun so Vieles, was ihr eigen sei, daß mir die ganze Welt uneigentlich vorkam; das Eigenste war aber, daß sie eine unwiderstehliche Schwachheit für mich seit dem ersten Abende gefühlt hätte, die mir aber ganz unbekannt blieb, weil ich in ihrer Nähe immer in meine lächerliche Rolle verfallen mußte. Um nicht zu weitläuftig zu werden, will ich statt einer ausführlichen Erzählung der einzelnen Angriffe und Ausfälle, nur die Hauptstellen aus dem Belagerungsjournale entlehnen, das sie mit großer Aufrichtigkeit ihrer Freundin, der Professorin, jede Woche überschickte und das ich nachher zu lesen bekam, als ich aus Überdruß über das langweilige Leben zur Universität zurückkehrte. Eines Tages schrieb sie: Meine Schwachheit für ihn ist leider nur zu gewiß, ein Zittern wirft mich nieder in seiner Nähe; gestern las ich ihm eine Beschreibung des Schlafes vor nach dem Englischen, und er schlief ein; wie ist er so ganz in meiner Gewalt. Bald darauf: Wehe mir, die Jahreszeit, die Einsamkeit, alles erleichtert ihm seine Kühnheit, ich wollte einen stolzen Ernst gegen ihn annehmen, aber meine Blicke verrathen ihm meine Schwäche; was sind wir Menschen mit einem weichen Herzen, und doch ohne dieses Herz, was wären wir! Einige Tage später: Seltene Tugend eines Jünglings seines Alters, seiner Schönheit, in unsrer Zeit; er vertraute mir heute, daß er noch nichts vom Glücke der Liebe wisse; ich gab ihm einen Kuß, daß er ihm ein Siegel der Tugend werde; wehe mir, wenn ich ihm die

die Ruhe raube, dem Armen, der so früh schon seine Ältern verloren hat. Zuletzt schrieb sie: Noch ein Tag wie dieser in der Sommerlaube und ich bin verloren; morgen schreibe ich Dir vielleicht: Es ist geschehen, ich athme kaum, — ich denke nicht, voll Schlaf und Traum ist mein Gesicht. Nun gute Nacht, nun guten Tag, ich bin verwacht, nichts mehr vermag. —

Ist das Journal über ihren Seelenzustand nicht wie der Bericht des englischen Kapitains über sein brennendes Schiff? den er von Stunde zu Stunde ans Land schickt, bis er mit dem letzten aufgeflogen. Doch dazu ließ es meine qualvolle Langeweile nicht kommen; von ihrer Neigung zu mir hatte ich gar nichts vernommen, denn ihre Liebe bestand gegen alle eigentlich nur darin, sie recht strenge in ihre verrückte Art und Weise zu zwingen. Ganz zermartert von allen Explikationen des vorigen Tages zog ich frühmorgens an jenem bedenklichen Tage meine Stiefeln an und ritt davon, nachdem ich einen Brief zurückgelassen, worin ich allerlei verblümte Worte von der Macht des Frühlings gesagt hatte, der mich zu ihr und von ihr zöge; ohne die Seelengröße zu haben, die ihren Flug erhebe, hätte ich doch den Wunsch, ihr zu folgen und so sei ich in ihrer Nähe wie ein sterblicher Mensch an einer Göttertafel. — Sie nahm das alles in ihrer Manier auf, als fliehe ich sie, um nicht ihre Keuschheit durch sinnliche Anmuthungen in Gefahr zu setzen; sie hielt mich für einen der größten Tugendhelden. So schrieb sie an meine Professorin und ich kühlte meine Eigenliebe, als ich bei ihr über die große Freundin spotten konnte. Das sei für heute genug.

Wirklich war es auch dem Grafen überflüßig genug. Er hatte während der letzten Erzählung einen solchen Widerwillen gegen den Prediger bekommen, daß er ihm beim Abschiede wie ein kalter Satanas erschien, der nach seiner Frauen Unschuld strebte, als er ihr noch einmal seine Prophezeihung wegen des Kindes vorschwatzte. Als er allein war mit seiner Frau, drückte er diesen Widerwillen ohne Rückhalt aus; sie begriff ihn gar nicht; sie hatte die Erzählung ganz unterhaltend gefunden. „Nun," sagte der Graf, „das muß wohl von seinem verruchten Anblicken gekommen sein; allerwärts sah ja seine böse Lust und seine Eitelkeit hervor, und dabei wette ich, die Hälfte ist nicht so wahr; das hat er sich alles weiß gemacht, um in sein armseliges Leben doch irgend eine Begebenheit einzuflicken; um doch auch sich ein Gefühl zu machen, lügt er sich die Haut voll. So lange er von Andern erzählte war er erträglich, kaum sprach er von sich, da war mirs, als wenn man einen berühmten Poeten von Angesicht sieht; man glaubt nicht, daß er so gemein aussehen könne. Und der verruchte

Blick: die Idee ist mir ganz verhaßt, ich habe ihn erst allmälig deswegen angesehen; ich dachte erst später darüber nach. Wenn Du niederkommst in neun Monaten, so erkenne ich das Kind nicht an, und den verruchten Pfaffen laß ich als einen Zauberer verbrennen."

Eilftes Kapitel.

Großer Streit zwischen dem Grafen und der Gräfin.

Es war allerdings etwas Scherz in dem Eifer; aber der Graf fühlte doch wirklich so eine Art wunderlicher Eifersucht gegen diesen geistigen Verführer, ungefähr so wie mancher einfache Mann gegen die gelehrten Bekannten seiner gelehrten Frau. Die Gräfin versicherte ihm, sie halte ihn für hypochondrisch krank; den ganzen Tag habe er nichts getrieben, als ihr jedes Vergnügen abzudisputiren, und jetzt wäre er sogar eifersüchtig auf einen Mann, dessen breites glänzendes Gesicht sie gar nicht ansehen möchte; ob denn nicht jeden Tag schönere Männer in zierlicher Uniform bei ihnen durchmarschirten? — Der Vorwurf, krank zu sein, brachte den Grafen ganz auf, der sich von Kopf bis zu Fuß kerngesund fühlte; der Ärger wollte sich Luft machen: „Siehst Du," fiel er ein, „ob ich nicht recht habe, eifersüchtig zu sein, also siehst Du doch nach schönen Männern und eine züchtige Frau muß eigentlich gar nicht wissen, ob ein andrer Mann als der ihre schön ist; auch nach Uniformen siehst Du; es ist merkwürdig, wie ein Paar bunte Farben, ein Paar Tressen alle Weiber bestechen, derselbe Mensch in Uniform ist ihnen nicht mehr derselbe." — „Du bist unerträglich," sagte die Gräfin, „wenn Leute von so schlechten Sitten, von so thörichtem Argwohn, wie Du, in der Uniform wären, wir Frauen würden sie schon zu unterscheiden und zu meiden wissen." — „Ich will Dir zuvorkommen," sagte der Graf, sprang fort in sein Zimmer, und die Gräfin weinte stille vor sich; ihr beleidigendes Wort war ihr leid, denn es war ihr erster großer Streit; aber sie war zu stolz, um ein besserndes Wort nachzurufen. Der Graf war aufs Feld gelaufen und die Gräfin aß allein zu Nacht, und ließ die tolle Ilse dann zu sich kommen, die ihr lächerliche Geschichten erzählte, wie sie einmal einen Schäfer, der mit seinem Mädchen in einem Schäferwägelchen geschlafen, vom Berge herab in einen kleinen Teich habe rollen lassen, daß die beiden nothgedrungen in ein kühles Bad hätten gehen müssen: und tausende dieses Schlages, die sie an der Schnur hatte; sie mußte die Gräfin ins Schlafzimmer begleiten, als es spät wurde, und der Graf noch immer nicht heimkehrte.

Der Graf hatte in seinem Ärger allerlei Geschäfte gemacht, auch manchen Arbeiter sehr unverdient gescholten. Er wollte es nicht sich selbst gestehen: die vielversprechende Ehestandsglückseligkeit, die nach seiner Überzeugung alle Unruhe aus seinem Herzen tilgen sollte, fand sich doch in gewissen Stunden unwirksam; auch sie war kein fest bestehender Zustand, sondern mußte immer neu wiedergewonnen werden; er sah ein, daß wohl manches in seiner Frau zu berichtigen sei, was er längst für ausgemacht in ihr gehalten; dagegen fand er aber auch für manche ihrer Äußerungen eine bessere Deutung. Ganz verzeihen konnte er doch ihre letzte Beleidigung nicht; als er spät nach Hause kam, wollte er sich deswegen nicht gleich zu ihr begeben; sicher meinte er, sie würde ihn aufsuchen, nachdem sie ihm vom Meiden gesprochen. Er wartete, aber sie kam nicht, ungeachtet er noch Licht im Schlafzimmer sah; wäre er dahin gegangen, so wäre er vielleicht heftig gegen sie geworden. Er blieb also zum erstenmale von ihr weg, streckte sich auf sein Sopha, deckte den Mantel über sich hin, und schlief erst spät ein.

Zwölftes Kapitel.

Versöhnung. Lorenz, der Edelknabe und Rosalie, die Kammerjungfer.

Der Graf erwachte beim ersten Morgenschimmer. Alles ruhte noch im Schlosse, doch hörte er allerlei Stimmen auf dem Hofe; leise schlich er sich ans Fenster und horchte durch die sacht geöffnete Fensterspalte. Er sah Dolores im Fenster, so reizend, so wunderbar reizend, wie sie im Morgenschein ganz eigenthümlich roth schimmerte; sie sprach mit einem armen Edelknaben, der seit einiger Zeit zur feineren Aufwartung der Gräfin vom Grafen angenommen worden, und mit ihrem ältern Kammerfräulein Rosalie; und bald erklärte es sich, daß die Gräfin beider Liebschaft belauscht habe, während jene ihr Bad bereitet hatten; erst schalt sie ein wenig ihre Sorglosigkeit und fragte sie, wovon sie leben wollten; dann ohne ihre Antwort abzuwarten, warf sie einen Geldbeutel ihnen zu, befahl ihnen, gleich am Tage ihre Hochzeit zu machen, und seufzte zu ihnen mit einer schönen Thräne: „Seid glücklicher als ich!" Dieser Ausruf der schönen Frau durchschnitt des Grafen Herz. Warum war sie nicht glücklich, sie vermißte ihn; einige Stunden Trennung von ihm machten sie unglücklich. Nein, er hielt sich nicht, er eilte in das Zimmer seiner Frau und statt ihr zu verzeihen, bat er sie tausendmal um Verzeihung. Sie war nicht eigentlich böse, nicht hart, nicht grausam und ihre Versöhnung war so leicht, so schön, daß beide den ganzen Tag nicht von einander lassen wollten, wie an ihrem ersten Vermählungstage. Doch sie mußten sich trennen, um Bestellungen zum Feste der beiden jungen Leute zu machen; der Graf nahm alle Verantwortung wegen des versäumten dreimaligen Aufgebots auf sich; er sendete drei seiner Kutschen in die nächste Landstadt, wo ein Paar Dutzend adliger Fräuleins in einem protestantischen Stifte versammelt waren; er war gewiß, daß ein Dutzend kommen würde, und versprach sich im voraus vielen Scherz von ihrem altjüngferlichen Wesen. Dann ließ er den Hof dielen und mit Blumengewinden behängen und ordnete ein kleines Spiel an, wozu er die Worte und Musik mit der ihm eignen Leichtigkeit gab.

Dreizehntes Kapitel.

Hochzeit des Lorenz und der Rosalie.

Die Glocken läuteten schon, als alles kaum angeordnet war und die drei Wagen voll Stiftsfräuleins und die Bauern im besten Sonntagsstate anlangten. Jetzt sah er erst, wie hübsch Rosalie von der Gräfin aufgeputzt war; hier neben den alten steifen großgenaseten, höckrigen Stiftsfräuleins schien das leichte Kind im weißen Atlaskleide mit Rosabändern, mit ihrer schönen Myrthenkrone wie aus einem überirdischen Geschlechte herabgestiegen, und als hätten jene ihr boshaft die Flügel abgeschnitten, um sie unter sich zu bewahren; und doch verschwand sie wieder so ganz neben Dolores, daß er ihr ohne allen bösen Willen auf ein auszuübendes Herrenrecht einen Kuß geben konnte. Auch Lorenz, der arme Edelknabe, nahm sich in seiner Jägertracht recht gut aus; so frisch, frei, sicher, als hätte er diese Gunst lange vorausgesehen; das war ihm noch von dem Glücke seines Standes geblieben, als ihm der Krieg Ältern und Vermögen entrissen. Sein Zwillingsbruder Otto, der schon längere Zeit Jäger auf einem entfernten

Vorwerke des Grafen geworden, traf kurz vor dem Beginn der Feierlichkeiten ein; er schien sehr verstört und sprach mit seinem Bruder ganz heimlich; dann ging er zu dem Grafen und sagte ihm, daß er Soldat geworden und daher seinen Dienst verlassen müsse; der Graf drang darauf, die Ursache zu wissen, aber er beschwor, daß er sie nicht angeben könne, er sei unschuldig daran. Wolf, der Schreiber, erklärte dem Grafen nachher, daß Rosalie erst diesem älteren Bruder Hoffnung auf ihre Hand gemacht, so wie sie es ihm auch schon gethan habe; er wolle aber kein Narr sein, davon zu gehen, wer wüßte, was ihm noch für Glück würde. Der Graf ermahnte ihn zum Bessern und benutzte beide Charaktere für den Schluß eines Gesanges, den er zur Nacht eingerichtet hatte. — Wir wollen uns nicht mit der Beschreibung des feierlichen Zuges nach der Kirche aufhalten; die zwölf Fräulein gingen mit einer Andacht der Braut nach, als könnte es hier wohl noch nach dem alten Gebrauche der Hochzeiten gehen, der hundert künftige bei einer wirklichen verspricht. Die Rede des Geistlichen war wohl gedacht, und ermahnte sie zur Treue gegen ihre Gutsherrschaft, der sie ihr Glück dankten; dann fuhr er fort: „Belehret einander, denn Ihr werdet künftig im Walde (er war zum Förster ernannt) einsam leben. Du Mann schlage nicht, (hiebei schob er dem Bräutigam die Faust in die Rocktasche), du Weib schmähe nicht, (dabei legte er ihren Finger in ihren Mund), denk daß ein Höherer Dich sonst auf den Mund schlägt. Betrachtet oft den Ehering an Euerem Finger; er verklagt Euch, wenn Ihr aufhöret einander zu lieben." *) Auf dem Rückwege schallte Allen ein frohes Lied, das der Graf zu Hochzeiten eingeführt; es wurden Blumen gestreut und das ganze Fest wurde mit einem sehr kunstreichen Volkstanze der Gegend eröffnet, der vom Walzer ausgehend und wieder dahin zurückkehrend, die wachsende Zärtlichkeit zwischen den Paaren auf tausend Arten durch Bewegung und Gesang ausdrückte; dann traten zwei hervor, die wie Braut und Bräutigam gekleidet waren; der Graf selbst aber erzählte vortretend, wo ihr mimisches Spiel nicht ganz zu verstehen war.

Der Graf.

Ei Du lustiger Edelknecht!
Wie spricht die Welt von Dir so schlecht,
Du machst Dir gar nicht viel daraus;
Du trittst zu Liebchens Thür hinaus,
Von ihr noch alles düftet,
Dein Wämslein ist gelüftet.

O Du seliger Edelknecht!
Nun ist Dir alles eben recht;

*) Die ganze Trauungsrede ist zu finden in dem braven Buche von Sailer: An Heggelins Freunde. München, Lentner, 1803.

Hier ist die Welt Dir weit genug,
Hier ist Dein Bett Dir eng genug;
Vor ihrer Thür darnieder
Du streckst die müden Glieder.

O Du schläfriger Edelknecht!
Du bettest Dich nicht gerne schlecht,
Dein Himmelbett ist der Sternensaal,
Die Himmelsleiter im Erdenthal
Steht auf der Thüre Stufen,
Hörst Liebchen im Traume rufen.

Ei Du schnarchender Edelknecht!
Dein Schlaf ist heute gar nicht schlecht,
Du liegest kaum und schnarchest laut;
Daß alle Knöpfe Dir springen auf;
Die flatternden Fledermäuse
Erzittern auf ihrer Reise.

Ei Du lässiger Edelknecht!
Ei das ist wahrlich gar unrecht,
Daß Dir der Schlaf noch immer gefällt,
Da früh sich die Gräfin ein Bad bestellt;
Heut mußt Du das Bad bezahlen,
Die Gräfin ist böse zumalen.

Und Du listiges Jungfräulein!
Spät wachst Du mit klaren Äugelein;
So röthlich Dein lieb Angesicht,
Wie eine Rose die eben aufbricht,
Du öffnest erst die Thüre;
Als ich schon lange die Sonne auf Dächern'
all überall auf glänzendem Wagen spüre.

Das Jungfräulein.

Ich fühl mich umwinden
Von eilenden Winden,

Aus träumender Nacht
Mir alles erwacht!
O Lautenschlag,
Du Liebesschlag,
Schlags nicht in den Wind.
Komm Amor süß Kind,
Dir will ichs verkünden,
Du sollst uns verbinden.

Der Graf.

Ei Du heimliches Jungfräulein,
Was flog von Deinem Hütelein?
Jetzt scheint es blaß gleich wie der Mond,
Der Morgens noch am Himmel wohnt.
Wars Amor? Wars die Taube?
Schütz Deinen Kranz vorm Raube.

Das Jungfräulein.

O Sonnenschein helle,
Du trittst auf die Schwelle,
Aus träumender Nacht,
Aus Wolken erwacht.
O frommes Glück!
Der Liebe Blick;
Was zeigest Du mir,
Er ruht an der Thür,
Die Hand unterm Haupte,
Im Tuch, das er raubte.

Ei Du schelmischer Edelknecht!
Hier hast Du wohl geschlafen schlecht?
Komm fülle das Marmorbad,
Komm trete das Wasserrad,
Wir wollen das Bad schnell füllen,
Am tiefen Brunnen im Stillen.

Der Edelknecht.

O ich seliger Edelknecht!
Den Liebchen und Sonne erwecken recht;
Kaum kann ich sehen, so lichterloh
Glänzt es in meine Augen froh;
Wie dien ich doch so willig,
Die Herrschaft ist so billig.

Der Graf.

Ich höre die Bronnen
Mit spiegelnden Sonnen
Im ruhenden Hof;
Die Fenster im Schloß
Sind alle noch zu
In Liebesruh;
Am Giebel so fein
Manch Stimmelein klein;
Die Beiden das Becken
Erfüllen mit Necken.

Mit Blumen sie's streuen,
Die Gräfin zu freuen;
Die Gräfin nicht schlief,
Sahs alles und rief:
„Die Morgenstund
Hat Gold im Mund.
Schau Knabe herauf,
Fang alles Dir auf,
Bestelle Dir Geigen,
Tanz hochzeitlich Reigen."

„Nun Jüngferlein spröde,
So macht es doch jede,
Verstelle Dich nicht,
Und zeig Dein Gesicht.

Nun küsset Euch
Nur beide gleich:
Denn, durft es geschehn,
Eh ich es gesehn,
So küßt Euch nur tüchtig,
Da ich Euch ansichtig."

Wie soll ichs beschreiben,
Es glänzen die Scheiben
Vom frohen Gesicht
Der Gräfin, die spricht.
Sie küssen sich oft,
Es hallet der Hof,
Sie drücken die Händ
Und finden kein End,
Und können nur danken
In sel'gen Gedanken.

O Du seliger Edelknecht!
Nun geht nicht aus Dein schön Geschlecht;
Vom Abend bis zum Morgen früh
Zur Hochzeit wird getanzet glüh.
Was hast Du von dem Tanze?

Der Edelknecht.

Die liebe Zeit vom Kranze!

Vierzehntes Kapitel.

Geschichte der Fräulein Lila, der Fräulein Mirrha und der Fräulein Walpurgis.

Hier endete sich das Spiel mit einem zärtlichen Kusse, den die Gräfin ihrem Manne gab, und er fühlte sich so reichlich für allen kleinen Kummer des vorigen Tages entschädigt; auch die Stiftsfräulein sahen mit Rührung ein Glück, dessen Hoffnung ihnen so ferne lag, und konnten nicht lassen, es zu rühmen. Kaum hatte der Graf und seine Gesellschaft die ersten Ehrentänze gemacht, so hielt auch seine Dienerschaft und sodann das ganze Dorf mit Braut und Bräutigam einen schnell abwechselnden Umtanz, an dessen Schlusse nach alter ländlicher Gewohnheit eine Verkleidung ausgeführt wurde. Die tolle Ilse kam in geistlicher Kleidung, eine Perrücke von ausgeblasenen Eiern auf dem Kopfe, eine lächerliche Maske vor dem Gesichte und versicherte, das neue Ehepaar sei noch nicht ordentlich und vollständig getraut. Alle stellten sich erschrocken und die Neuverheiratheten mußten demüthig um eine vollständige Trauung bitten; die Maske erfüllte nach vielen Umständen, „warum

man

man sich nicht gleich an sie gewendet," diese Bitte, das Trauungsceremoniel wurde lächerlich parodirt, einigen unanständigen Liedern folgte eine lange Rede voll Zoten, die von Allen herzlich belacht wurden, weil jeder sie seit Jahren kannte; des Grafen zierliches Spiel war aus dem Gedächtnisse aller verwischt. Nach dem Ende des Spiels sagte der katholische Geistliche, daß er nun schon zwanzig Jahre vergebens daran arbeite, diesen anstößigen Spaß abzubringen, aber jede Hochzeit vermehre ihn mit neuen Einfällen; die ernsthaftesten, gesittetsten Leute des Dorfs beständen eben so sehr auf die Beibehaltung, als das junge, lustige Volk. Der Graf dachte darüber nach, und sah, daß die Leute nicht unsittlicher nach dem Spaße, als vorher aussahen, da fuhr es so aus ihm heraus, er wußte selbst nicht, ob er an das glauben sollte, was er sprach: „Der rohe und meist der unschuldigste Mensch läßt seinen Scherz gemeinhin über die Verhältnisse der Geschlechter aus, weil sie ihm am deutlichsten und wichtigsten unter allem sind; uns sind andre Verhältnisse, der Staat, die Gesetze, der Krieg wichtig geworden, wir reißen damit im fröhlichen Augenblicke unsre Zoten, und wer weiß, welche die besten sind; eine gute Zote erfordert auch ihr Talent; ich wüßte keine zu machen, sie hält Leib und Seele zusammen; — überhaupt, worüber man einmal mitgelacht hat, das sollte man nicht mehr verdammen dürfen." — Der Geistliche war sehr beschämt, denn er hatte wirklich von ganzem Herzen gelacht; der Graf lenkte wieder ein: „Freilich das Ehrenwerthe der Religion, der bessere Scherz, die feinere Unterhaltung muß darüber nicht zu Grunde gehen, insbesondre muß man bedenken, daß die Zote ihrem Grund und Boden leibeigen ist, und daher nicht in die Welt eingeführt werden kann, ohne eine Ungerechtigkeit gegen die edle Unterhaltung zu begehen." — Der Geistliche bejahte das, und der Graf führte seine Gesellschaft von Damen nach der Weinlaube, wo ein Tisch mit Zuckerwerk, Erfrischungen, Weinen und Früchten jeder Art für sie gedeckt stand. Dort brachte er sie unbemerkt auf Erzählungen von ihrem Stifte und dessen innern Verhältnissen; endlich eröffnete er ihnen geradezu, sie wären seit einigen Tagen im Schlosse in ein so allgemeines Geschichterzählen gekommen, daß er sich durchaus wenigstens ein Paar Lebensgeschichten von ihnen erbitten müsse. Die armen Fräuleins zierten sich gewaltig; eine wollte der andern die Last aufbürden; es wurde aber nichts daraus, bis eine anfing von der andern zu erzählen. Da erschienen nun viel alltägliche Historien von Stiefeltern, die ihnen den Aufenthalt im Hause verleidet, von Vätern, die erschossen worden: nur ein Paar finden wir des Aufzeichnens werth. Fräulein Lila warf der Fräulein Mirrha vor, sie könnte glücklich verheirathet sein, wenn sie nicht die Stunden des Verlöbnisses versäumt hätte, wie sie noch jetzt alle Tage zum Essen zu spät käme und von der Äbtissin in Strafe genommen würde; ja selbst zu dieser Fahrt, zu welcher sich alle gefreut, sie eine halbe Stunde habe warten lassen. — Mirrha leugnete das nicht, „aber,“ fuhr sie fort: „ich kann es nicht lassen, und glaubt Ihr, daß ich nur mit Aufopferung dieser Gewohnheit eine glückliche Ehe hätte erreichen können, wahrhaftig, sie wäre mir so unerreichlich geblieben, wie der Himmel auf Erden. Von meiner ersten Kindheit hatte ich diese Gewohnheit, wenn es nicht gerade Zeit war zum Aufstehen, so machte ich mir noch ein andres Geschäft: spielte, strickte im Bette; erst, wenn die Glocke schlug, wo ich in der Lehrstunde sein sollte, konnte ich zu dem Entschlusse kommen, aufzuspringen; dann eilte ich mit der größten Hast, verwarf darüber Kamm oder Fingerhut, und mußte suchen; während des Suchens gerieth ich auf etwas, das mich unterhielt, ein Buch zum Beispiel, fing halb angezogen an, darin zu lesen, bis mich heftige Verweise von meinem Zimmer trieben, wohin ich sicher wieder ein Paar mal umkehren mußte, weil ich immer das Nothwendigste vergessen hatte. Als ich verliebt war, da nahm dieses Übel zehnfach zu, in jedem Geschäfte fiel mir zehnerlei von meinem Bräutigam ein, was er mir gerühmt hatte, ein Kleid, eine Arbeit, ich mußte es besehen, oder eine

Stelle aus seinen Briefen, die mußte ich nachlesen, von einem las ich zum andern bis zum ersten, und dieses unglückselige Lesen war es, was mich eine Stunde lang in meinem Zimmer zurückhielt, während Alle zur Verlobung feierlich versammelt waren. Niemand glaubte mich auf meinem Zimmer, weil ich schon unten gewesen war; meine Mutter rief mit großer Sorge im Garten umher, ich war aber in meinen Briefen so vertieft, daß ich es nicht hörte. Mein Bräutigam war zu argwöhnisch, um dieses Ausbleiben einem Zufalle zuzuschreiben; er ritt fort und reiste in der Stunde noch in die weite Welt, um seinen Schmerz und die Lächerlichkeit für andre zu vergessen, die durch dieses öffentliche Verschmähen auf ihn haftete. Er hat mir viel Thränen gekostet und Du, Lila, hättest mich nicht daran erinnern sollen, während Du selbst auf keine klügere Art um Deine drei Freier gekommen bist.“ — Wir drangen in sie zu erzählen; Fräulein Lila mochte ihr zuwinken, so viel sie wollte. — Mirrha fuhr auch ruhig fort: „Es ist ja gar kein Vorwurf für Dich, liebe Lila, Du hattest Dich blos von unsern Modedichtern anführen lassen, die alle Liebe über einen Kamm scheeren und weil sie wahrscheinlich nie selbst eigenthümliche, sondern nur eingebildete Liebe erfahren, alle ihre Copien nach einem Paar ganz einzelner Originale machen, die aller Welt durch den Zufall besonders kund geworden. Da meinen sie, die erste Liebe müsse plötzlich beim ersten Anblicke auflodern, keine Ruhe lassen, keinem Zweifel Raum geben; es soll keinen Augenblick geben, wo man weniger verliebt sei, wo ein Anderer einem in die Augen fiele, wo man einem Andern gefallen möchte. Sehen Sie, solch ein strenges Liebessystem beherrschte Lila; sehr brav war sie entschlossen, niemand zu heirathen, den sie nicht liebe, aber daß sie ihn nun gerade so lieben wollte, das war zu viel; immer glaubte sie, wo ihr jemand wohlgefallen, ihr sei der große Wurf gelungen, und traurig fühlte sie wieder im nächsten Monate, daß sie immer noch nicht genug liebe; und so entließ sie einen Freier nach dem andern: denn, unter uns gesagt, sie war wunderschön, und eigentlich jedermann in sie verliebt." — Lila klatschte strafend den vollen Rücken der Erzählenden, und sagte: „Neulich, als ich mich im Spiegel betrachtete, da fand ich, daß Augen, Mund, Kinn und Backen noch nicht häßlich, aber die le nez, die le nez, ich weiß nicht, wie mir die Nase so besonders hervorgewachsen, als sähe sie sich immer weiter in der Welt um, doch habe ich das schon öfters bei alten Jungfern bemerkt, die Nase wächst ihnen zu einer ungeheuren Größe." Wir lachten Alle über das gutmüthige Mädchen, die so heiter über sich selbst spotten konnte, nur eine blasse Fräulein Walpurgis blieb ungerührt. Der Graf bat sie um ihre Geschichte, wenn es ihr nicht schmerzhaft sei. „Keinesweges," antwortete sie; „allzu bekannt, um sie in meinem Herzen zu verschließen, theile ich sie gern meinen Bekannten mit, daß sie mir um so leichter gewisse unangenehme Minuten verzeihen. Ich war in früheren Jahren sehr heiter, leichtsinnig und muthwillig; in keinen Menschen, selbst in die, welche ich liebte, ging ich tief genug ein, um ihre heimlicheren, oft wesentlichsten Charakterzüge kennen zu lernen. So war ich auch einem jungen Edelmann verlobt und herzlich in ihn verliebt, ohne daß ich glaubte, was er mir sagte, könne ernsthafter, bedeutender sein, als was ich ihm zu sagen hätte; ich schwatzte froh in alles hinein und bemerkte nicht, wie er verlegen wurde, wenn ich oft querfeldein über die wichtigsten Gegenstände, über Politik, über Kunstwerke meine Worte auslaufen ließ; es bedeutete mir gar nichts, denn ich hatte damals ein solches Bedürfniß, zu reden, daß ich oft allein mit den Wänden conversirte. Warum er mich gebeten, vergaß ich eben so leichtsinnig, wie alles das, worin er mich belehrte, und das hatte ihn endlich zu dem Entschlusse gebracht, mich auf die Probe zu stellen. Er sagte mir eines Tages, als Abends ein kleiner Ball in der Stadt gehalten werden sollte, er müsse den Tag verreisen, ich möchte ihm etwas versprechen, woran er sähe, daß ich ihn liebte: ich möchte ihm versprechen, den Abend nicht auf dem Balle zu tanzen. Ich lachte über das leichte Versprechen; der Tanz war gar nicht meine Leidenschaft und der Bälle so viele, daß dieses Ausruhen gar keine Entsagung zu nennen; ich versprach es bei meiner Liebe und gab ihm die Hand darauf. Abends auf dem Balle dachte ich der ganzen Geschichte nicht mehr; zwar war es mir, als hielte mich bei einer Aufforderung eine geheime Hand, daß ich abschlagen sollte, aber ich hatte einmal zugesagt, und als mir nachher mein Versprechen einfiel, fürchtete ich, lächerlich und beleidigend zugleich bei meinem Tänzer zu werden, der in der ganzen Stadt mit seinem Urtheile galt. Ohne Sorge tanzte ich meinen schottischen Tanz herunter; als ich unten außer Athem anlange, steht mein Bräutigam mit ganz verwirrtem Auge vor mir, frägt mich, ob ich ihn sehe, ob ich ihn kenne, ob ich mich meines Versprechens erinnere, das ich eben gebrochen, ob mir je zu trauen sei, nachdem ich in erster Liebe ihn getäuscht? Dann versicherte er mir, ich sähe ihn zum letztenmal und in Gegenwart der ganzen Gesellschaft schwöre er mir, er wolle seiner Ehre verlustig sein, wenn er sich mir je nähere, wenn er je die Verbindung mit mir wieder anknüpfe, von der er sich so viel Seligkeit versprochen. — Bei diesen Worten stürzte er zur Thüre hinaus, und ich ohnmächtig und in Krämpfen auf dem Boden nieder. Noch jetzt, nach so vielen Jahren, empfinde ich, ohne zu wissen, was die Glocke sei, gegen diese Zeit eine Traurigkeit, daß ich mich von den Menschen wegwende." — Sie stand bei diesen Worten auf und ging den Gang hinunter. — Jeder äußerte nun seine Meinung über das Verfahren des Bräutigams; die Gräfin nannte ihn einen grausamen Barbaren, von dem sich jede Frau nachher hätte zurückziehen sollen. Der Graf schwor, er hätte es sicher in gleichem Verhältnisse ganz eben so gemacht; wer ein solches Versprechen vergessen könne, den müsse man wieder vergessen können; die Gräfin widerstritt ihm das, nannte dies Vergessen eine Kleinigkeit, ja es hätte selbst nichts zu bedeuten, wenn sie mit Absicht ein so thörichtes Versprechen gebrochen hätte, und so geriethen der Graf und die Gräfin in einen lebhaften Streit mit einander. Eine kleine runde Stiftsdame, die eine Störung des ganzen Festes von diesem Streite befürchtete, legte sich auf einmal mit ihrer metallenen Stimme so laut dazwischen, und versprach eine so lustige Erzählung, daß niemand mehr der traurigen Geschichte denken sollte. Alle baten eifrig um die Geschichte und sie begann recht fröhlich zu improvisiren.

Funfzehntes Kapitel.

Geschichte des Mohrenjungen.

Pripert war ein mächtger Herzog
Von dem großen Volk der Pirpen,
Saß auf einem hohen Schlosse
Bei dem dunklen Karpfenteiche,
Wo die braunen Frösche hüpfen;
Seine Schwester hieß Fikette,
Fidibus sein schlankes Weibchen.
Als die Schwester in den Jahren,
Wo sie könnte sich vermählen,
Denn verliebt war sie schon lange,
Fordert er von seinen Ständen
Ihre Ausstattung ganz schleunig,
Sammt und Seide wie gewöhnlich,
Und die Stände bringen Beides.
Doch nachdem er es befühlet
Scheint ihm Beides also köstlich,
Daß er es gern selbst behielte,
Um sich einen neuen Schlafrock
Statt des alten, der zerrissen,
Zu der Cour daraus zu schneidern;

Und die schöne junge Schwester
Sendet er nun als Äbtissin
Nach dem großen Fräuleinstifte,
Daß sie es nicht fordern könne.
„Sammt und Seide sind jetzt theuer“
Sagte ihr der gute Bruder;
„Kommen gar viel fremde Prinzen,
Wie es bei der Werbung möglich,
Geht mehr Hafer, Weißbrot, Kuchen
Auf an einem einz'gen Tage,
Als Du ißt im ganzen Jahre;
uch die Livereien
Sind dann nöthig umzuwenden,
Mancher Knopf geht da verloren,
Mancher Flecken kommt beim Essen:
Darum ist es mehr gerathen,
Daß Du bleibest unvermählet.“
Traurig fährt Prinzeß Fikette
Nach dem alten Fräuleinstifte,
Doch gedenkt sie, da zu finden
Holde liebliche Freundinnen,
Denen sie sich kann vertrauen;
Ach was findet sie für alte
Ausgedürrte, ausgeschriene,
Gelbe Tabacksschnupferinnen,
Die im ewigen Gezänke
Ihr das Blau im Aug abstreiten;

Alle fluchten wie die Landsknecht',
Kommen stets zu spät zum Singen;
Keine wollte Brot anschneiden,
Keine das Gebet hersagen.
Wenn sie dann in ihren Nöthen
Zu dem tapfern Stifteshauptmann
Hat gesendet ihre Diener,
Da begann erst recht die Fehde,
Und der Hauptmann war noch fröhlich,
Wenn er ohne Nägelmale
Zu der Thür hinaus geflüchtet;
Sicher fand er Reihen Zähne
In dem Rocke fest verbissen,
Ziegenhaarige Perrücken,
Lappen Flor in seinen Händen;
Ach es sind zu alte Sünder,
Um sich jemals noch zu bessern!
Zählt zusammen ihre Jahre,
Steigen sie zu vielen tausend
Bis zu Medern und Assyrern,
Und Methusalem dagegen
Ist ein elend junges Bürschchen.
Also war der Stamm beschaffen,
Also war ihr reines Leben;
Denn unheilger ist wohl nimmer
Auf der Erd ein Stift gewesen,
Und geplagter war auch keines.

„Sagt, was spotten denn die Männer
Über uns die alten Jungfern
Also frech von allen Seiten,
Ist es nicht die Schuld der Männer,
Unser Wille war es nimmer!"
Also seufzte manches Fräulein,
Das recht tückisch war genecket,
Wenn die Knaben aus dem Städtchen
Mit den flinken Blaseröhren
Ihren Kater niederschossen,
Der zum Nachbarhaus geschlichen,
Auf den Dächern kühnlich irrte.
Gab es Schnee, so standen morgens
Weiße Männer vor dem Fenster;
Jeder Baum, der in der Nähe,
Ward bezeichnet mit Skandalen,
Und die Früchte weggestohlen;
Und für so viel stete Leiden
Was war die Entschädigung?
Keine reichen Nadelgelder,
Keine Leckerei beim Schmause,
Gleiche Kost an jedem Tage,
Täglich Ziegenfleisch und Erbsen,
Damit war das Stift dotiret: —
Schwere Kost für alte Magen!
Darum suchte jedes Fräulein
Ihre mächtgen Portionen

Heimlich solchen zu verkaufen,
Die dafür was Leckres brachten;
Darum schlichen viele Leute
Abends durch des Stiftes Garten,
Um zu tauschen, um zu kaufen
Ziegenfleisch und gelbe Erbsen,
Heimlich, daß doch die Äbtissin
Nichts von dem Erwerbe wisse.

Arme, arme Fürstentochter!
Die in ihren frühen Jahren
Mit so manchem schönen Pagen
Ein Versteckens oft gespielet,
Und nach ihrem frohen Sinne
Sie genecket und geküsset.
Ach noch denkt sie an den Einen,
Der so oft am gläsern Wagen
Neben ihrem Sitz gehangen
Und mit seiner heißen Liebe
Ihr das Spiegelglas behauchte,
Bis er ihr darin verschwunden:
Ach er ist nicht ganz verschwunden!
Seit er ist herangewachsen,
Reitet er nach der Parade
Täglich bei dem Stift vorüber,
Als ein prächtiger Dragoner
Mit dem Degen an der Seite,

Mit der Feder auf dem Hute,
Mit den schönen blanken Stiefeln,
Mit der weißen Kraus' am Hemde,
Mit der hohen schwarzen Binde,
Mit dem Rock Vergißmeinnicht,
Mit den Wangen Milch und Blut,
Mit dem schwarzen Knebelbarte;
Kommt geritten, sie begrüßend,
Seinem Pferd hat er gelehret,
Sich zu bäumen und zu wiehern,
Daß der Puder weit aufflieget,
Hat er ab den Hut genommen —
Also weicht er von dem Stifte
Wie ein schönes Wolkenbild.
Alle Nächte denkt sie seiner,
Wenn das Dunkel Frieden stiftet,
Und kein Blick sie mehr belauschet,
Wenn sie wandelt in dem Garten,
Süßes Schmachten in dem Herzen,
Holde Töne auf den Lippen,
Denen sie sich gern vertrauet,
Weil sie nicht als Zeugen dienen,
Sondern alsogleich versinken
Wie der Traum, der sie geschaffen.
Leise singt sie ihre Lieder,
Wie die Quellen zu den Veilchen,
Und im Hauche dieser Veilchen

Scheint der Liebling ihr zu nahen,
Mit dem Degen, mit dem Hute,
Mit der Krause, mit den Sporen,
Mit dem Zopfe, mit dem Puder;
Und mit ausgespannten Armen,
Wie mit Segeln zu dem Hafen,
Stürzt sie in den Arm des Theuren:
Und da sind es leere Lüfte,
Eine Hand, die faßt die andre;
Traurig singt sie leise flüsternd:

Gesang der Äbtissin.

Soll ich's mir wie Strahlen denken,
Wie die Veilchen ferne düften
Und den Lüften
Doch die nahe Wollust schenken?
Will der Wind sie zu mir lenken,
Muß ich denken
Meiner Lieb' in allen Sinnen,
Träumend ihn in Liebe grüßen;
Ihn zu küssen
Mein' ich und mich einzuspinnen
In des Vielgeliebten Armen;
Süß Erwarmen!

Seine Lippen Hyazinthen
In dem frischen runden Schnitte

Und die Mitte
Ist ein Kelch, den zu ergründen
Tausend schöne Worte dienen!
Welch Erkühnen!
Alle möchte ich ergreifen,
Ihn zu finden unter allen;
Ich muß fallen
In ein wüstes leeres Schweifen!
Wiederum ein Jahr vergangen
Im Verlangen!

Etwas muß der Mensch doch lieben,
Süßer Duft, du mußt vor allen
Mich umwallen,
Flieh die Blumen, die betrüben,
Weil von jenes Frühlings Scherzen
Zeugen schwärzen;
Süßer Duft, nimm mein Vertrauen,
Denn zu hart sind die Gespielen
Den Gefühlen,
Daß sie nie die Liebe schauen;
Lieblos sich dem Himmel geben,
Ist ihr Leben.

Alles hab' ich dir gegeben
Schönes fernes Bild im Herzen,
Lust und Schmerzen,

Nahe endlich, nimm mein Leben! —
Wie die Reben niederhängen
In den Gängen,
Die ich sonst um feste Bäume
Mit der eignen Hand geschlungen!
Ach umschlungen
Hab' ich oft, o süße Träume,
Diesen Baum, der dir geweihet,
Tief erfreuet!

Also sang die Frau Äbtissin,
Glaubt den dunklen Stamm zu fassen,
Den sie dem Geliebten weihte,
Doch von ihrer Gluth getäuschet
Hat sie einen Mann umfasset,
Der da heimlich sich gestellet,
Als ob er ein Baum gewesen,
Daß sie ihn nicht möchte sehen.
Und sie meint, sie thäte Wunder
Und belebte liebend Bäume;
Das ist Schwärmerei, nicht Sünde,
Denn sie war sonst sehr moralisch;
Doch zu groß ist dieses Wunder
Für die liebekranke Seele!
Ist der Baum zum Menschen worden,
Kann sie ihm doch nicht entziehen,
Was ihm schon als Baum so eigen,

Ihrer Liebe schönen Glauben;
Und so sehen wir hier wieder,
Daß die Phantasie verbunden
Mit der Wahrheit falschem Bilde
Sei wie Pulver in der Bombe,
Die von Unschuld aufgelesen,
Wie alt Eisen in das Feuer
Wird geworfen und zersprenget
Schuld und Unschuld, falsche Wahrheit,
Wahre Phantasie und falsche.
Daß der Mann kein Baum gewesen
Muß sie endlich doch wohl glauben,
Daß es aber der geliebte,
Prächtig glänzende Offzirer,
Dem wie Milch und Blut die Wangen,
Glaubt sie mit demselben Glauben.

Traurig und verlangend schmachtet
Die Prinzessin noch zwei Monden,
Müde ärgerlich sie fühlet
Sich in ihrem Stift verschlossen,
Und in ihrem Innern treibet,
Was wohl nicht verschlossen bleibet.
Kühnheit haben schwangre Frauen
Und Entschluß in den Gefahren;
Die Prinzessin setzt sich nieder
An den Schrank von bunten Masern,
Schneidet eine Pfauenfeder,
Schreibt dem Herzog, ihrem Bruder.

Die Äbtissin an den Herzog.

Bruder, Du hast mich verschlossen
In dem alten Fräuleinstifte
Um die Ausstattung zu sparen,
Sammt und Hafer, und das Weißbrodt,
Von den Ständen mir geschenket.
Sieh, zur Strafe von dem Himmel
Bist Du ohne Kind geblieben,
Das er mir zur Straf' bescheeret;
Doch es stammt von einem Helden,
Also wird's ein Held auch werden,
Darum seid geneigt dem Rathe,
Den ich Euch in Demuth gebe.
Euer Reich fällt heim den Feinden,
Und mein armes Kind muß sterben,
Und ich geh in Schand verloren,
Wenn Ihr diesem Rath nicht folget,
Nicht mein Kind, in Schuld empfangen,
Mild zu Eurem Kind annehmet.
Eure Frau, die Herzoginne
Muß sich stellen guter Hoffnung
Und ich komme dann im Schlosse
Heimlich nieder: Gott wird helfen!
Und mein Kindlein wird getragen
Heimlich zu der Herzoginne,
Als ob sie es hätt' geboren.
Denkt darüber nach in Liebe

Und dann seid Ihr überzeuget,
Fühlet recht den Willen Gottes,
Wie er Böses gut hier mache,
So verzeihet der Äbtissin.

Als der Herzog dies gelesen,
Schloß er sich in seinem Zimmer
Ein mit Ärzten und mit Räthen
Und nach dreien schweren Tagen,
Wo sie ohne Schlaf verhandelt,
Ist der kühne Plan gebilligt
Und mit ihnen angeordnet,
Wie er leichtlich auszuführen.
In dem Schlosse, wo er thronet,
Nach dem Astronomen-Thurme
In der Mitt vom Karpfenteiche,
Tragen sie den Thron, den weichen,
Als Geburtsstuhl ihn zu richten;
Aus dem astronomschen Werkzeug
Wird die Zange bald geschmiedet
Und im Spiegelteleskope
Sei die Wiege für das Kindlein.
Als dies alles angeordnet,
Setzt er sich zum Tisch von Pappe,
Der mit Goldpapier bezogen,
Schreibt mit einer Kasuarfeder:

Der Herzog an die Äbtissin.

Pripert Magnus, Herzog aller
Groß' und kleinen Karpfenteiche,
Euch entbietet Gruß und Gnade! —
Schwester, seid Ihr ganz des Teufels,
Doch es sei Euch dies verziehen,
Möchte Euch nicht gern erschrecken,
Könnte Eurer Frucht sonst schaden;
Euer Vorschlag ist genehmigt
Wegen Eurer klugen Listen,
Und Ihr sollt ins Kindbett kommen
Auf dem Astronomen-Thurme;
Heimlich reiset Ihr zur Hauptstadt,
Als ob Ihr zum Bade reistet
Wegen eines innern Übels
Von der schlechten Kost im Stifte;
Schreiben ist nicht meine Sache,
Sprechen läßt sich alles besser,
Ich bin wohl affectioniret.

Also hat sie ungesäumet
Sich zur Reise angeschicket.
Und die Fräuleins alle möchten
Mit ihr ziehen nach dem Bade,
Doch sie läßt sie all zurücke.
Nächtlich kommt sie nach dem Schlosse,
Wird vom Leibarzt hingeführet

Nach dem hohen Schmerzensthurme.
Ach wie viele müß'ge Stunden
Sind ihr nun von tausend Uhren,
Die im ganzen Hause ticken,
Vorgerechnet, wo sie müßig
Legt im Schvoß die schönen Hände,
Und sie will Kalender machen,
Schauet, kalkulirt und rechnet
Mit den Ärzten ganze Tage.
Während sie so eng verschlossen,
Trägt die Herzogin die Zeichen
Ihrer guten Hoffnung mühsam:
Wird begrüßt von allen Ständen,
Die nach dem Gelüsten fragen,
Was sie wünsche, was sie fordre.
Äpfel, indiansche Nester,
Marzipan und Pfeffernüsse,
Alles wird herbeigeschaffet,
Alle Edlen sind in Sorgen,
Alle Landeskirchen beten
Um die glückliche Befreiung.
Doch die Herzogin viel lieber
Wär befreiet von dem Panzer,
Den die Ärzte ihr bereitet,
Ihr den schlanken Wuchs verstellend:
Denn sie war so zart gewachsen,
Wie ihr Name es bezeichnet;

Wie ein Fidibus für Pfeifen
Schien sie sonst im weißen Kleide,
Mit den kranken rothen Wangen.
Stolz ging jetzt der dicke Herzog
Auf und nieder in dem Schlosse,
Strich sich seine goldne Weste,
Meinte, daß ein jeder sehe
Nun auf ihn, weil bald ein Kindlein
Würde auch nach ihm genennet;
Denn nach allen Glückwünschungen
Meinte er sich wirklich Vater,
Sprach von nichts, als von der Ehre,
Von der Würde eines Vaters,
Von der Mühe, es zu werden;
Gnädig ließ er sich die Hände
Küssen von der Herzoginne,
That, als wenn er Vater wäre
Aller Kinder in dem Reiche.

Endlich naht der Tag der Freude,
Alle Telegraphen spielen,
Kanonier mit brennenden Lunten,
Und der Herzog wie ein Puthahn
Kullernd in dem ganzen Hause,
Und die Herzogin verlegen,
Und die Ärzte ängstlich laufend,
Daß man ihren Weg nicht sehe

Nach dem Astronomenthurme;
Und die alten Fraun vom Hofe
Sehr erbittert, daß man ihnen
Allen Zutritt hat verschlossen;
Jede hat ein volles Dutzend
Lieblicher Historien
Aus dem Rauch dazu genommen,
Und nun müssen sie einander
In der Kürze alles sagen,
Weil es kalt ist auf den Treppen, —
Der Effekt ist ganz verloren.

Endlich seht das große Zeichen
In den tiefen nächt'gen Stunden,
Und der Marschall mit dem Schnupftuch
Winket zweimal aus dem Fenster,
Von den Fackeln wohlbeleuchtet.
Also ist ein Prinz geboren,
Und die Kanoniere schießen,
Daß die Scheiben aus den Fenstern,
Menschen aus den Thüren fliegen;
Und es giebt ein frohes Jauchzen,
Daß die Frösche in dem Teiche
Nicht alleine nächtlich singen.
Als das Wappen eingebrennet
Unserm Prinzen an den Hüften,
Daß man ihn nicht mög vertauschen,

Merkt man eine eigne Farbe
In der Haut, die schwer zu nennen;
Doch das ist gar oft an Kindern
Die erst neu zur Welt gekommen,
Eins ist grün, das andre bläulich,
Das vergeht in wenig Wochen.
Als die Glückwünschung empfangen,
Und die Taufe ist verrichtet,
Und noch vierzehn Tage später
Dauert unsers Herzogs Freude.
Doch da wird der Prinz viel schwärzer
Als des Herzogs Dintenfinger,
Den er braucht zum Unterzeichnen,
Und der Herzog sieht mit Schrecken,
Daß es sei ein Mohrenjunge,
Was noch keiner von den Ärzten
Hat gewagt, ihm zu verkünden.
Und der Herzog will verzweifeln,
Beißet sich auf seinen Finger
Und der schmecket gar nach Dinte;
Und die Herzogin erboßet,
Daß ihr guter Ruf könnt leiden,
Wüthet ein auf die Prinzessin, —
Doch es muß verheimlicht werden.
Traurend wird des Thrones Erbe
Bei dem Volke todt gesaget,
Und ein Affe wird geschlachtet

Von den beiden flinken Ärzten,
Wohlrasirt und angezogen,
Mit dem Myrthenkranz und Dégen
In ein kleines Sarg geleget,
Schwach beleuchtet ausgestellet,
Und mit großem Leichenzuge
Beigesetzt in der Kapelle.

Ach Du Ärmste der Prinzessen,
Wie viel Schimpf mußt Du ertragen,
Heimlich wirst Du ausgekissen
Von der bösen Herzoginne,
Und Du sehnst Dich nach dem Stifte.
Kinderlos bleibt so der Herzog,
Doch genügte ihm am Ruhme,
Daß ein Kind von ihm entsprossen;
Nur zum Schein hat er gescholten
Die Äbtissin, daß sie frevelnd
Sich mit Heiden abgegeben.
Sie beschwört die eigne Unschuld,
Will doch nicht den Vater nennen,
Weil sie ihn nicht hat gesehen,
Weil sein Leben ihr noch theuer,
Hat er's Kind gleich angeschwärzet.
Sie erzählt nur wie im Garten
Sich belebte jener Nußbaum,
Meint, daß sie sich hab' versehen

An der Nacht, die gar zu dunkel,
Oder daß, wie grüne Schale
Von den Nüssen schwärzt die Finger,
So auch dieses Kind des Nußbaums
Sei in seiner Haut geschwärzet,
Und man hätt' es schwefeln sollen,
Doch das ist nun viel zu späte: —
Als sie ganz gesund zur Reise
Kehrt sie heim zum Fräuleinstifte,
Alle Lieb ist ihr vergangen
Seit sie Sternenkunst getrieben;
Und sie hält sich zu den andern
Schwätzend, spielend, zankend, putzend.

Bei dem Landvolk aufgezogen,
Unbewußt, woher er stamme,
Wächst der kleine Mohrenjunge
Und durch seine Wundergaben
Alle Nachbarn fast erschrecket.
Während noch die andern Kinder
Mit ihm spielen ihres Gleichen,
Wer gestohlen konnt er wissen,
Wer zu Nachte umgegangen,
Wer vom Morgen abgepflüget,
Welcher Schneider in die Hölle
Hat gepeitschet große Lappen,
Welche Kühe würden kalben,

Welche Tauben sich verfliegen,
Alles wußt er zu errathen,
Und der Kuckuk war vor allen
Ihm gewogen mit dem Rufen.
Wie ein rechtes Meereswunder,
Wurde dieser schwarze Flecken
In der Ehre der Prinzessin
Rings im Lande vorgezeiget;
Also kam er auch zum Stifte,
Machte schamroth alle Fräuleins,
Daß sie ihn ermorden wollten.
Doch er bittet, eh er sterbe,
Daß ihn höre die Äbtissin
Ganz allein in ihrem Zimmer,
Was sie endlich ihm gewähret,
Ahndend daß es sei ihr Knabe;
Und da zeigt er ihr sein Wappen,
Das ihm eingebrannt so frühe
Und zu löschen ist vergessen,
Er begrüßet sie als Mutter.
Und sie frägt ihn freundlich küssend
Trotz der aufgeworfnen Lippen:
„Da Du alles kannst errathen,
Sage mir, wer war Dein Vater?
War es nicht der Herr Offzirer,
Der so oft vorbei geritten
Mit den Wangen röthlich weißlich?"

Und der Knabe spricht mit Lächeln:
„Nimmer nein, es war ein Pauker,
Cipripor, das war sein Name,
Bei dem Regiment Dragoner,
Wovon jener war der Oberst;
Sicher habt Ihr ihn gesehen,
War ein Mohr, ein schwarzer Teufel,
Und der Teufel war im Vater,
Als er Euch in schönem Dunkel
Überraschte und besiegte;
Also teuflisch sind die Kräfte,
Die er mir damit verliehen;
Doch weil Ihr in reiner Unschuld
Seid gefallen von dem Guten,
Nur von Einbildung befangen,
Wohl, so sind mir alle Kräfte
Nun zum Guten hingewendet." —
Nun erzählt er ihr ausführlich,
Wie der Vater, wenn es dunkel,
In des Stiftes Garten kommen,
Ziegenfleisch und gelbe Erbsen
Von den Fräuleins einzuhandeln,
Was zu reichlich war dotiret:
Und so hab ihn da Frau Mutter,
In dem Wahnsinn alter Liebe,
Schmachtend ihn im Kuß umfangen,
Hab geglaubt es sei der Oberst.

Das sei gar nicht zu verwundern,
War doch seine Stimm' nicht schwärzer
Als von allen andern Männern,
Trug er doch so gut den Degen
Und die Feder auf dem Hute,
Schwere Stiefel, Klappersporen,
Und die Binde und die Krause,
Wie der schönste Stabsoffizirer.
Die Moral ist nun gewesen:
Dieser kleine Mohrenjunge,
Der mit recht beredter Zunge,
Jetzt geschützt von der Äbtissin,
Trat zu ihren alten Fräulein
Und mit rechtem scharfen Besen
Aus den Winkeln der Gemüther
Hat gefeget weltlich Leben.
Die Äbtissin schickt ihn heimlich
Zu dem Herzog, der gealtert
Jetzt nun gar nichts denken konnte,
Sondern alles unterschriebe,
Seine besten Freund' ließ hängen,
Wenn nur zu der rechten Stunde
Ihm das Mittagsmahl bereitet.
Und der Herzog läßt ihn kommen,
Frägt ihn lächelnd, was er könne,
Ob er auf dem Seile tanze,
Oder Kartenkünste mache,

Ob er unverbrennlich wäre?
Alles dreies macht der Knabe,
Und der Herzog wählt ihn gnädig
Sich zum ersten Staatsminister,
Und will gerne mit ihm reden
Von der wahren Staatsverfassung.
Wie ein Buch spricht da der Knabe,
Doch der Herzog hat noch nimmer
Acht gegeben, was gesprochen;
Und der Knabe kann auch singen,
Nun verstehet ihn der Herzog,
Aber ich verschweig dies Liedchen,
Denn es riechet gar zu mystisch.
Es beweiset die Verwandlung
In dem Kopf des alten Herzogs,
Weil er sei der Stein der Weisen,
Der Metalle kann verwandeln,
Daß zum Chaos alles kehre.
Als der Herzog dies vernommen,
Wird ihm bange und beklommen,
Sieht, wie schon in den Gedanken
Alles Runde sich verwandelt
Und die Krone ihm als Mühlrad
Und als Suppendeckel scheinet,
Während viele listge Feinde
Nach der einen Krone trachten,
Die auf seinem Haupte wackelt.

Klüglich nimmt er an den Jungen
Sich zum Hof- und Staatspropheten,
Daß er ihm die Krone halte:
Der nun alles weiß was künftig,
Bringt die Welt gar bald zum Ende.
Und so endet mein Gedicht.

Die ungemeine, fast männliche Lebhaftigkeit und Freimüthigkeit der kleinen runden Dame hatte alle Zuhörer überrascht; fast schien sie der kleine Mulatte selbst zu werden. Prediger Frank warf heimlich die Frage auf: Woher es komme, daß Niemand einen Anstoß an der Erzählung genommen habe, während sie eine andre Frau in gemischter Gesellschaft schwerlich nacherzählen könne. — „Das kommt von der lauten metallenen Stimme unsrer Freundin; was sich so laut sagen läßt, ist sicher sehr unschuldig gemeint,“ sagte der Graf eben so laut, „was in der Welt geschehen ist, auch wieder zu erzählen, nur in der rechten Art, denn wenn sich Gott nicht geschämt hat, es zu dulden, warum wir?“ — Die kleine Runde, statt sich darauf einzulassen machte allerlei Thierstimmen so geschickt nach, daß Mehrere erschraken; überhaupt wußte sie ihr Wesen mehr durch Unerschütterlichkeit, als durch Witz zu behaupten, und die andern mußten sich drein finden. Fräulein Walpurgis, die sich schon während der Geschichte des Mohrenknaben wieder bei der Gesellschaft eingefunden hatte, suchte diese luxurirende Lustigkeit, in der sich ihre Freundin leicht übernehmen konnte, wie eine Parze abzuschneiden; sie zog aus einer weißatlassenen, mit Cypressen und Urnen gestickten Brieftasche ein Packet Papiere heraus und sagte: „Man sollte nicht allein die Übel protestantischer Stifter rügen, wo die Ehelosigkeit freilich kein Verdienst sei, auch die katholische Zeit ihres Klosters habe andre Nachtheile gehabt, das allzu hohe Anrechnen dieses Zustandes habe zu leerem Stolz auf eine vorgebliche Heiligung geführt, wo sogar krankhafte Zustände für Heiligung gegolten." — Der katholische Geistliche gab ihr darin Recht, und machte die Nonnen aller Art lächerlich. Frank vertheidigte sie. — Der Graf sagte: „Ich glaube die Religionssysteme tauschen sich aus." — Fräulein Walpurgis erzählte nun, daß sie alte Briefe in ihrem Kloster gefunden, welche eine Mohrin angingen, die von einem frommen Einsiedler bekehrt, eine Nonne geworden wäre, und einen recht grellen Gegensatz zu jener Mohrengeschichte darstellten. Der Graf nahm die Papiere und wollte sie vorlesen, aber der Prediger Frank fiel schon nach dem ersten Briefe der Sammlung sehr laut ein, indem er seine ganze Aufmerksamkeit auf die heilige Gewalt richtete, die ein Mann auf ein Mädchen ausüben könnte, das selbst noch keine Anlage zur Heiligkeit habe, und erzählte darüber viele Beispiele von Lavater, den er gekannt hatte; er führte diese

Wirkung auf eine allgemeine Regel zurück, möglichst viel und eigenthümlich auf Andre zu wirken, um ihnen alle Zeit zur Gegenwirkung abzuschneiden, wenigstens die Besonnenheit dazu; nun sei aber nichts eigenthümlicher im Menschen, als die heilige Äußerung, also beschäftige und verwirre diese andre Leute am meisten; sie habe immer die Wirkung eines Einfalls und lasse am wenigsten einen Plan im Betragen durchscheinen, der jedem Mädchen besonders verhaßt wäre. — Der katholische Geistliche, der sich Xaver nannte, bewunderte den Scharfsinn Franks; er versicherte ihm, daß er wohl hundert Kunstgriffe aller Art wisse, um die Leute der Religion zu unterwerfen, und während er ihren innern Glauben schärfe, schaffe er allmälig, wenn auch nur alle fünf Jahre etwas von den alten thörichten Glaubenslehren weg. — „Aber,“ fragte der Graf ernsthaft, „ist denn unsre Religion, die so viel auf Erden gewirkt, größtentheils nur eine Sammlung alter Thorheiten?“ — Die beiden Prediger entwickelten im Wettstreite ihrer Menschlichkeiten so viele Mysterien, daß die kleine runde Stiftsdame das Zeichen gab zu einem allgemeinen Gelächter, das immer stärker anwuchs, trotz aller List des Einen, trotz aller Menschen- und Weiberkenntniß des andern.

Sechszehntes Kapitel.

Schluß von Lorenzos und Rosaliens Hochzeit.

Zum Glück für die beiden Priester begann der große Kranztanz, der die vornehmere Gesellschaft wieder mit in die Schranken des Tanzbodens rief; der Graf behielt mit Erlaubniß der Fräulein die Briefe: wir werden ihrer nicht vergessen. Der Tanz begann mit aller seiner Fackelnpracht. Die Braut mußte mit allen Männern, der Bräutigam mit allen Frauen in der Runde tanzen, bis sie beide zusammentrafen und mit einander verschwanden. Der Graf hatte für diesen Augenblick einen neuen Gesang veranstaltet, in welchem die Gräfin die Braut spielte, die beiden andern Stimmen aber von den eingeübten Dorfknaben gesungen wurden.

Die Braut.

Viel schwächer ich mich fühle
Da mir so nah die Freud,
Als da ich fern dem Ziele
In Leid und Bitterkeit;
Nacht der Nächte, süß und bittre Zeiten,
Bald wird seinen Arm der Liebste um mich breiten.

Die Jungfrau vergehet,
Die Frau dann erstehet,
Der Name des Herrn sei gelobt!

Der Myrthenkranz so lose
Mir schon im Haare spielt,
O Liebesbecher, Rose,
Wie mich dein Duft hier kühlt;
Lieb ist stärker, als der Tod erfunden,
Wie ein Lamm zum Opfer bin ich bunden.
Mein Hemdlein spielt im Winde,
Er ruft mir: Kind, geschwinde,
Der Name des Herrn sei gelobt.

Viel schwächer ich mich fühle,
Da mir so nah die Lust,
Als da ich fern dem Ziele
Ans Sterben denken mußt:
Nackt bin ich in diese Welt gekommen,
Nackt werd ich auch wieder aufgenommen.
Der Herr hats gegeben,
Der Herr hats genommen,
Der Name des Herrn sei gelobt. Amen.

Alle Gäste.

Ein Engel wird Dir decken
Die blauen Äugelein,
Ein Engel überstrecken
Sich um die Ohren Dein,
Niemand, keiner wird Dich mehr erblicken,
Löscht die Lichter; Finden ist der Lieb Beglücken!
Der Geist ist gegeben,
Er mehret das Leben,
Der Wille des Herrn soll geschehn.

Chor der Schlechten, die links fortgehen.

Ich kann sie nicht mehr stören,
So wird es dennoch wahr,
Dort gehn die Brunnenröhren
Im hellen Mondschein klar;
Ich muß gehen von der reichen Quelle
Trocknen Mundes, Wermuth an der Stelle,
Wie ist mir so wüste
Vom wilden Gelüste,
Sie denket wohl nicht, was in mir tobt.

Enteilt ihr Flitterwochen,
Ist erste Lieb vorbei,
Will ich ans Thürlein pochen,
Dann bin ich frech und frei;
Liebeszauber ist dann schon verschwunden
Und sie fühlt vom Ehring sich gebunden:
Der Mann wird dann schelten,
Da werd ich was gelten,
Im Namen des Teufels es geht.

Die Frommen, die rechts fortgehen.

Ich liebte sie so stille,
Wie Gott die Welt geliebt,
Doch es war nicht sein Wille,
Daß sie mich wieder liebt;
Ewig bleib ich dennoch ihr so eigen,
Gott Dir solls mein einsam Leben zeigen,
Er muß es wohl wissen,
Was besser wir missen,
Er wußte allein, wie sie mir lieb.

Wie Gold ins Meer versenket,
Wird in Verschwiegenheit
Die Liebe abgelenket
Von ihrem trüben Leid;

Meine Liebe muß sie nimmer wissen,
Daß sie nimmermehr mich kann vermissen,
Ihr Loos ist geworfen,
Und ich bin verworfen.
Sie liebt ihn; mein Unglück trag ich fern.

Bald bet ich in der Klause
In der Waldeinsamkeit;
Herr schenke ihrem Hause
Ach all die Seligkeit,
Die ich hoffend hatte mir ersonnen;
Sei mein Beten ganz für sie gewonnen.
Die Menschen sie denken,
Und Gott wird sie lenken,
Der Name des Herrn sei gelobt.

Der Gesang war kaum geendigt, so begannen die beiden Geistlichen einige Späße über einzelne Verse des Gesanges, den sie für einen Scherz des Grafen hielten und keineswegs für seinen besten Ernst, wie es doch wirklich war. Die Gräfin nahm das etwas übel, da sie selbst dabei thätig gewesen, sie sagte dem Grafen leise, so ungesittete Leute wären doch werth, vom Hofe hinunter geworfen zu werden, da sie überdies gar nicht eingeladen wären. Der Graf hatte einen ähnlichen Entschluß in sich verbissen, und es bedurfte nur dieses Anstoßes zum Hervorbrechen seiner Hitze; ohne weitere Erklärung nahm er die beiden Geistlichen beim Kragen, und schleppte sie mit großer Heftigkeit durch die Menschenmenge, die es für einen neuen Tanz hielt, in den Hof, und ließ die Verwunderten dort mit der Weisung stehen, nicht eher wieder seine Schwelle zu betreten, bis Geschäfte ihre Gegenwart nothwendig machten. Nach dieser Anwendung seines Hausrechts war er plötzlich ganz abgekühlt; die beiden Menschen thaten ihm leid, sie hatten es nicht schlimm gemeint, und er war durch diesen unbesonnenen Entschluß vielleicht für immer ihrer nachbarlichen Gesellschaft beraubt. Als die Gesellschaft sich entfernt hatte, fand ihn Dolores, wie er in großem Ärger das Hochzeitgedicht zerriß und zertrat. „Um ein Paar einfältige Verse," rief er, „habe ich einen Zusammenhang mit der Geistlichkeit gestört, der mir zur Bildung meiner Leute so wesentlich; sieh, liebe Frau, es ist das schönste Geschäft der Frauen, eine thörichte Leidenschaft zu bändigen und zu beschränken, künftig gieße kein Öl ins Feuer!" — Sie nahm diese Ermahnung mit einiger Empfindlichkeit auf, weil sie zum Sprechen allzu ermüdet war; sie war schon eingeschlafen, als ihr der Graf eine gute Nacht bot und der Tag endete ihm weniger heiter, als dessen Aufgang erwarten ließ. — Ist es nicht eben so im großen Leben der Natur, in der Witterung; wie könnte unser kleineres Leben sich davon los opfern und frei beten; doch wünschten wir, daß eine glückliche Ehe dies vermöchte und wenn dies unmöglich, daß sie wenigstens in ihrer Dauer und Festigkeit und übrigen Glückseligkeit dadurch nicht gestört werden könnte. Wir sagen mit Waller, den wir bald näher kennen lernen, zum Schlusse dieses Hochzeittages.

Eine glückliche Ehe vergleich ich dem Pendel der Uhren,
Der aus verschiednem Metall schon im Verhältniß gefügt,
Wenn es im Innern auch spannt im ewigen Wechsel der Wärme,
Nimmer von außen es zeigt, nimmer verwirret die Uhr;
Blinkend erscheint er im Anfang und rostig gedunkelt im Alter,
Doch sein Innres vereint gleiche Vertraulichkeit stets.

Siebzehntes Kapitel.

Geschichte des Einsiedlers und der Mohrin. Nachrichten von Klelia.

Am anderen Morgen war die Gräfin recht betrübt, daß ihr Rosalie fehlte, die jede ihrer kleinen Gewohnheiten und Bequemlichkeiten kannte, jeden Wink verstand; erst jetzt lernte sie die ausgezeichnete Fügsamkeit und Beflissenheit des Mädchens kennen, da ihr Ilse alle wesentlichsten Dienste ganz ungeschickt leistete. Sie flüchtete sich aus ihren ungeschickten Händen ganz verdrießlich zum Grafen, der bei der Durchsicht einer weitläuftigen Baurechnung der neuen Dorfkirche, die nun bald beendigt war, alle seine Aufmerksamkeit gefesselt hielt, legte sich auf seine Schulter, spielte in seinen Haaren, und erzählte ihm mit einem weinerlichen Tone, wie es doch so böse um das Heirathen der Mädchen wäre; kaum wäre ein Mädchen brauchbar, so würde es in eine ganz fremde Beschäftigung dadurch gebracht; wenn doch alle Dienste so könnten eingerichtet werden, daß die Leute sich dabei verheirathen könnten. — Der Graf sagte immer kein Wort und rechnete fort. — Die Gräfin sah ins Buch und las: drei Schock Lattnägel, Hohlsteine, lachte und sagte: „Ich glaube Du wirst noch ein Baumeister; hör, Du thust Dir noch Schaden in der glatten Stirne, die ich so gern küsse, und das leide ich nicht!“ — Dabei küßte sie ihm einen Kranz um die Stirn und dieses Entgegenkommen war bei ihr so selten, daß der Graf die ganze verwickelte Rechnung zur Seite schob, ungeachtet er sich fest vorgenommen hatte, sie noch denselben Tag zu beendigen, die Gräfin auf seinen Schooß setzte und sie herzlich küßte. — Die Gräfin aber sprang auf und rief: „Ich glaube es ist das einzige Vergnügen, was Du mir zu machen weißt, daß Du mich küssest; sonst, ehe wir verheirathet waren, brachtest Du alle Tage etwas zum Vorlesen; ja das war gute Zeit; jetzt bist Du entweder in Geschäften, oder Du denkst an Geschäfte; ich glaube, daß ich künftig Dein Schreiber werden muß, wenn ich etwas von Dir hören und sehen will.“ — „Du hast recht, liebe Frau,“ antwortete der Graf, „aber wahrhaftig, ich kann oft nicht anders; ich wollte, ich hätte mich nicht in so vielerlei Arbeit eingelassen; was ich aber einmal unternommen, daran setze ich Ehre und Leben.“ — Dolores. Und ich setze alle meine Liebkosungen, alle meine Bosheit heute daran, daß Du nicht zum Schreiben kommst; lies mir etwas vor. — Graf. Ich habe nichts. — Dolores. Da sind ja noch die Briefe, die Dir Fräulein Walpurgis gegeben. — Graf. Die werden Dich nicht unterhalten, sie sind zu ernsthaft. — Dolores. Immer zu; ich bin heute auch sehr ernsthaft. Der Graf las ihr jene Briefe, wie folget, vor.

Briefe eines wandernden Einsiedlers und einer Mohrin, welche Nonne wurde. *)

1. Der Einsiedler an die Mohrin.

Das edle Saitenspiel des heiligen Geistes, der Prophet David, war einsmals ertrunken in der Stille des göttlichen Schauens und sprach das edle Wörtlein: Mir ist gut, daß ich Gott anhange. O wohl mir, gutes Kind, was mein Mund Dir oft begreiflich gesagt hat, als ich bei Dir war, das rufet zu Dir mein Herz: Wer Gott anhängt, wird ein Geist mit Gott und verschwimmet in das Einige ein; das ist das Allerbeste und dies begehrte der Wiederglanz des ewigen Lichtes an dem letzten Nachtmahle, das er hielte mit den Jüngern: heiliger Vater ich begehr, daß sie Eins mit uns sind; als ich und du Eins sind. Und welche also mit der Allheit in Einigkeit worden sind, alle ihre Sinne kommen dann in solche Eingezogenheit und ihr Verständniß ist ein Schauen der

*) Viele einzelne Äußerungen dieser Briefe finden sich in einer schönen alten Sammlung christlicher Ermahnungen, die ich in einem Pergamentcodex besitze.

reinen Wahrheit in der Sonne des ewigen Geistes. Ach, hebe auf Dein Auge, sehe, was freuet sich jetzund Berg und Thal, Laub und Gras, wie lachet jetzt die schöne Heide! Alles wegen der klaren Sonne, zu der Laub und Gras und jedes Kindes Auge blickt und trachtet. Ach darum, mein Kind, erschwinge Dich in die wilde stille Wüste der Gottheit und Dir wird wohl sein; wisse, daß ein starkes Gemüth mit Gott einen schwachen Leib überwinden kann. Wer aber der schönen Rose Auge haben will, der muß ihre natürliche Art erwarten in Gemach und Ungemach, bis der fröhliche Tag kommen, da er sie in spielender Wonne fröhlich genießen wird nach aller Herzenslust. Darum sei geduldig meine Tochter, wenn die Heiligung Deines neuen Lebens im Kloster Dich noch nicht ganz erschließen kann, wenn Deine Stunden des Gebets noch leer an Freuden sind; jetzt ist noch Wintertag in Deiner Seele, aber Du ahndest doch oft schon den Frühling.

2. Die Mohrin an den Einsiedler.

Ich danke Euch für Euer Schreiben, so weit ich es verstehe, doch auch, was ich nicht verstehe, tröstet mich, wie damals Euer Angesicht, als ich noch traurig es anblicken durfte. Heiliger Vater! Ich bin erst vierzehn Tage von Euch entfernt und meine es wäre eine Ewigkeit. — Ich werde Euch wohl nie wiedersehen, denn Ihr wandelt mit Trost über den ganzen Erdboden, ich aber bleibe einsam in meiner Zelle. — Wie war ich so hülflos, ob Ihr gleich mit einem Segen von mir geschieden; die Schwestern sahen mich alle so neugierig an, und befühlten meine Hand, ob die schwarze Farbe darauf säße oder darunter; meine Seele umzog dann Nachts ein so trübes Licht, daß ich nicht schlafen konnte, sondern an das Fenster ging und mich über den Mond verwunderte, wie er so helle durch die Linden schimmerte; die Linden schienen ihm entgegen zu rauschen und ich fühlte mich umfaßt von der kranken Schwester Therese, die auch nicht schlafen konnte und immer Nachts durch alle Zellen schlich, und wußte Alles, wo die Nachtfalter im Mondenlichte flatterten und wo die Nachtigall sänge. Sie ist so gut, beinahe so gut wie Ihr, und klagt nur immer, daß sie mich nicht genug lieben kann. Die andern Novizen denken alle noch weit hinaus in die Welt, und wissen alle, was da geschieht; wir beide gedenken nur an Euch in unsern Gesprächen über das, was außer dem Kloster ist; Ihr scheint uns da auf der Erde umherzuwandern, wie unser Herr Gott im Himmel. Oft denken wir, wie gerne wir mit Euch lehren möchten, und könnten wir nicht lehren die Heiden, so könnten wir doch Eure Füße salben, für Euch sorgen; aber wofür braucht Ihr zu sorgen, da Ihr so wenig bedürft und Gott mit Euch ist, Ihr sorgt für uns und alle Welt. Alle Heiligen denken wir uns wie Euch, und die jungen Heiligen, wie der heilige Sebastian, gefallen uns nicht, da Ihr alt seid. Euer weißer Bart ist das Ruhekissen aller Andacht; wie war mir die Sandwüste so paradiesisch, als ich auf Eurem Barte ruhen durfte, als Ihr besorgtet für mein Leben; kein Obdach wäre mir da etwas werth gewesen, so stark auch das Unwetter; ich hörte Euer Herz schlagen, ich fühlte Euren Athem wie Thau an meiner Brust; ich war Euch so nahe. Ach wie seid Ihr nun so gar entfernt; ich denke mir rothe und grüne Länder wo Ihr durchgehet; ich liebe Euch wie meinen Himmel und liebe den Himmel, wenn er so wie Ihr fortwandelt in aller Güte. O möge Euch für die Treue an mir Maria, die Mutter Gottes, ihr Kindlein eine Stunde in die Arme geben, daß es Euch anlächle in der Wüste. Mich segnet Euer Andenken.

3. Der Einsiedler an die Mohrin.

Da der König David seine Jugend im Gottesdienste hatte verherrlicht, da begann er zu alten, da begann er zu kalten, und das sahen seine getreuen Diener, und die zogen durch alles Land und suchten ihm eine züchtige Jungfrau, und führten sie zu ihm, daß sie ihn wärmete mit ihrer Andacht, und also ward er wieder jung und ging wieder frisch zu dem

Werke des Herrn. Siehe, so hast Du mir gethan, und ich bin gestärkt durch Dich in die Welt gezogen; siehe, so thue Vielen und Andern, die noch mehr Deiner bedürfen, als ich. Es sind jetzund viele Menschen, die tragen einen geistlichen Schein und haben Gott nie scheinbar erzürnet, aber sie sind laulicht, lieblos und gnadenleer geworden; schließe Dich an sie, zu erwärmen die Kalten, und Reif wird herabfließen in Thränen und die Flur wird heller und grüner sein, denn jemals. Ein liebendes Herz spricht zu tausend andern, es thut als wilder Adler einen freien Schwung zur Sonne, daß die kalten Herzen inne werden der göttlichen Herrlichkeit. — Auch mir, Du geliebtes Kind, fehlet viel, da ich Dich nicht bei mir sehe; der volle Mond ist gebrochen, die frohe Sonne erloschen, der liebe Ostertag zum stillen Freitag geworden, ach und die heiße Sommerwärme vom kalten Reife verdrängt; doch manche Rose, die sich dem Himmelsthau lange verschlossen, gehet im kalten Reife auf, also diente ich jetzt schon mancher andern frommen Seele. — Verzweifele nicht an Deiner Heiligung, höre nur treu die Stimme des geliebten Jesus, denn seine Stimme ist süß und sein Angesicht lieblich. Ich bitte die ewige Wahrheit, daß sie in Deinem Herzen haushalte, und alles Unreine kräftiglich darausstoße, das je darinnen sich gesetzet. Wie wäre es aber möglich, daß alles Getümmel, das zwanzig Jahre an einem Orte sich gesammelt, in wenigen Tagen ausgestoßen sei. Es muß noch manches wandelbare Wetter in Dir aufsteigen, ehe die bleibende Heiterkeit sich darin setzet. Darum lässet Christus sein Antlitz leuchten über Dir, daß Du sehen mögest, wo es noch dunkel und unrein in Deinem Herzen.

4. Die Mohrin an den Einsiedler.

Heiliger Vater, Euer Brief hat mich gestärkt, daß ich zur großen Verlobung bin tüchtig geworden. Ich habe mein Gelübde gethan; ich konnte kein Haar mir abschneiden lassen wie die Andern, denn mein Haar ist nie aufgegangen, das die heiße Sonne frühzeitig versengt hatte, und mein Herz ist trocken geblieben. Ich habe nicht getanzt, wie die andern den Tag vorher, ich habe nicht geweinet, wie die andern den Tag nachher, als die Thür zuschlug, und ich in die dunkle Zelle eingeführt wurde. Ich fühlte mich nicht verändert, nicht heiliger, nicht frommer, und schreibe das der Trockenheit meines fremden Himmels zu. Ihr seid mein Führer, Ihr hörtet mich, als ich im Schandhaus ein frommes Lied sang, das ich nicht verstand, das ich blos so nachsingen lernte meiner Mutter, ehe ich geraubt wurde. Da tratet Ihr herein und fürchtetet nicht das Gespötte, nicht die Drohungen der wilden Seeräuber; Ihr riefet laut: „Hier ist noch eine arme Seele, die gerettet werden kann, denn sie wendet sich zu Gott." — Und Gott gab Euren Worten die Kraft und erschreckte die Männer und ich folgte wie ein junges Kindlein der Mutter; ich war einer großen Sünde recht nahe und wußte es nicht; nun ich es weiß, habe ich Euch erst danken lernen; Ihr habt mich an den Himmel abgegeben, aber ich wage nicht, hinaufzusehen. Sehet hinauf und betet für mich.

5. Der Einsiedler an die Mohrin.

Die Weinstöcke haben Augen gewonnen und geben ihren Geruch; die Turteltaube läßt sich hören in unserm Lande. Mit welchen Freuden meinst Du, daß sich der Herr in den schönen Weingärten ergeht; ach ihr jungen schönen Weinstöcke des himmlischen Vaters, ihr schönen holdseligen Turteltäubelein des göttlichen Gemahls, gedenket wie lange Zeit ihr seid wüste gelegen, wie manchen schönen Tag müßig! — O wehe des kalten Windes unnützer Worte! Mein frommes Kind, was soll ich mehr schreiben. Es freuet sich mein Herz über Dein angefangenes heiliges Leben; ehe Du aber erstarket bist, mußt Du Dich umzäunen, als ein junges Bäumelein gegen das grasende Vieh. So schaue in Dich, statt der Andern Thun und Lassen zu vergleichen, warte der himmlischen Harfen, die im Gemüthe, wie die Vögel der Luft, unsichtbar dem in sich Verlornen klingen. Auch sollst Du gewarnet sein, so die schönen Weingärten aufblühen, daß auch dann die Bremsen und leidigen Käser beginnen zu stürmen, und wo der böse Geist mit sich selber nicht kann zukommen gegen einen frommen Menschen, da lässet er ihn reizen von seinem Gesinde mit bittern Worten und ihn selbst mit falschen Weissagungen in Lieb oder in Leide. Und darum, mein junges Kind, mein zartes auserwähltes Kind, stehe fest in Gott, denn er lässet Dich nicht.

6. Die Mohrin an den Einsiedler.

Heiliger Vater! Ich bin demüthig und meine Freude ist, Allen zu dienen, und doch werde ich verschmähet. Wie können sie mich verachten, da Ihr mich gewürdigt habt der Lehre. Bei der Pfingstprozession traf mich die Reihe, ein Fähnlein zu tragen, mit dem Bilde Mariens geschmücket, aber die weißen Schwestern rissen mir die Fahne aus der Hand und ich — wie eine Aussätzige mußte ich hinterher allein gehen, denn auch Therese hatte sich da einer anderen gesellt. Und ich konnte vor Schaam nicht roth werden, daß sie ein sichtbar strafend Zeichen ihrer Bosheit sähen; ich bin schwarz und von Gott zur Nacht verstoßen. Heiliger Vater, wie bedarf ich so sehr Eures Trostes, daß ich auch hier nicht tauge, wo ich meinte selig zu werden; ich muß weinen um andrer Leute Stolz, ist das nicht Hochmuth? Ich habe an Euch und an den himmlischen Bräutigam zu denken, und denke immer meiner Mitschwestern, und zwinge mich wohl, für sie zu beten, aber mein Herz wird vom Zorne überwältigt; umsonst geißle ich mein Fleisch — ich hatte einen schlimmen Herren auf der Insel — es ist zu gewohnt der Schläge und fühlt sie nicht mehr. Hörte ich nur ein Wort von Euch, heiliger Vater, so würde ich ruhig sein.

7. Der Einsiedler an die Mohrin.

Die Töchter Jerusalems hatten ein Angaffen, daß König Salomos auserwählte Frau schwarz war, und ihm doch wohl unter vierzig und hundert Frauen die liebste. Da antwortete sie ihnen jugendlich: „Ich bin schwarz, aber gar schön wie die Teppiche im Tempel.“ — Liebe schwarze Tochter, mir ist lieber eine gnadenreiche Schwarze, denn der Schein einer gnadenlosen Weißen; wer sich auf der himmlischen Heide ermaiet hat, der achtet nicht viel auf das zeitliche Maiengewand. Mein Kind, mein Kind, werden Dir auch meine Worte was helfen, da Dein Auge voll Wasser, Dein Herz voll Zornes ist. Lieber Gott, es ist so leicht zu sprechen und rathen, es thut aber gar wehe, ein Gegenwärtiges zu empfinden. Ach, mein Kind, ich muß Dir eines erzählen, daß Du Deines Leides vergessest. Siehe, es geschahe einmal, da war ich in großem verschmäheten Leiden, da saß ich in meiner Zelle und sahe einen Hund, der lief mitten in den Kreuzgang und schleifte da ein Gebetbuch, und warf es nieder und biß darein und spielte damit. Also, liebes Kind, war ich in der Brüder Mund. Das Gebetbuch läßt sich behandeln, wie es der Hund will, aber ich erkannte es und nahm es auf und legte es in mein Käppelein neben meinen Stuhl und schicke es Dir nun zum Troste; höre an diese edle Trutznachtigal meines Bruders Spee; das irdische Geschrei muß dieser himmlischen Stimme schweigen, die Dich immerdar mahnt; Hast Du ein Herz, wie das meine, so schwinge Dich auf durch Nebel und Schlossen. — Mein Kind, wir sind nicht allein die Verschmähten, die Verstoßenen in der Welt, die Mehrzahl des himmlischen Hofes war es einst viel mehr; gedenke der vielen Märtyrer. Sind wir den Leuten unnütz? Das Weidenholz ist auch unnütz; man schnitzet aber nach dessen Absterben heilige Bildnisse daraus, die man werther hält als Cedernholz.

8. Die Mohrin an den Einsiedler.

Heiliger Vater! Ihr wandelt wie die seligen Engel unermüdet weiter und beglücket wunderbar alle Menschen, bei denen Ihr zusprechet, sehet aber nicht zurück auf die, welche beglückt sind durch Euch. Es ist auch christliche Milde, den frommen Dank anzuhören und den Lohn seiner Thaten zu empfangen. —

Mir ist der Friede geworden; ja es scheinet Gottes Auge über mir zu weilen und mich mit einem Meere lichter Wolken zu erfüllen; kein Unfall störet mich mehr, und die Schwelle, über die ich erst gefallen, wird mir zu einer Altarstufe, der ich den Anstoß danke, um mich darauf höher zu erheben. Ich bin ungeschickt es Euch zu sagen, mag auch meine Seligkeit nicht sträflich unterbrechen mit Nachsinnen; mir ist oft als wenn ich flöge, wie eine Biene und sammelte den seligen Honig ein, ja der Himmel ist mir offen und das neue Jerusalem, wenn ich daran gedenke. Die ungläubigen Schwestern spotten über meine Gesichte, weil mein Angesicht schwarz ist, aber mich schmerzt das nicht mehr; ich weiß, daß ich Ihn habe; je mehr ich ruhe, je mehr ich begreife; je länger ich schweige, je mehr Wunder ich wirke in Seiner Macht; je mehr Seine Lust wächset, je größer meine Hochzeit; je minniglicher wir uns ansehen, je ungerner wir uns scheiden; je mehr Er mir giebt, je mehr ich verzehre; je mehr ich leuchte, je mehr Lob wird Gott zubereitet.

Ich war oft so entzückt in seliger Anschauung des Bräutigams, daß ich das Geläute der Metten nicht hörte. Sie schickten mir den frommen Abt, um mich ermahnen zu lassen, und ich sagte ihm, was ich sehe. Und ihm ward wie einer schwebenden Taube und er kniete vor mir. Heiliger Vater, kommt zu mir, es wandelt mich oft eine Furcht an vor meiner Seligkeit und Vollkommenheit, als wenn ich damit nicht leben könnte auf Erden; als wäre ich schon im Himmel wie eine rothe Abendwolke, die alle Gesichter der Menschen röthet. Schon kommen Bedrängte aus ferner Gegend, die von mir gehört haben, und wollen nur, daß ich die Hand auf sie lege, und ich lebe so selig in meiner Klause, daß mir die Welt rings ganz dunkel und öde erscheint. Ich werde von einer inneren Kraft getrieben, wie ein Saamenkorn, und wage nicht, umzuschauen, ob ich Raum habe, meine Blätter zum Himmel zu treiben. Ich sehe die Säulen an unserer heiligen Kirche und traure, daß ihre Knospen nicht blühen; wenn sich meine Blüthe erhebt, da wird die Kirche daran hängen wie ein Stein, der an den Baum gehangen worden, ihn nieder zu drücken; aber der Baum hebt endlich mit Frühlingskräften den Stein, und der Stein drückt ihn nicht mehr nieder. Kommt zu mir, heiliger Vater, und vereinigt Euch mit mir; wie soll ich mich halten gegen die Wunder. Ich will Euch dafür mit aller meiner Kraft und Seligkeit erfüllen.

9. Der Einsiedler an die Mohrin.

Liebe Tochter. Säße ein Mensch vor einem Keller an einem sommerlichen Tage, schön bedeckt mit des gelaubten Waldes grünem Staate, mit der Blumen heller Schönheit, trüge in seiner Hand einen Zyperwein in dem durchleuchtenden Glase und tränkete sich damit nach des Herzens Begierde; und ein anderer Mensch säße auf der dürren Heide unter einer rauhen Wachholderstaude und läse Beeren ab, daß er kranke Menschen gesund machte; entböte jener diesem, wie er sollte tanzen, er spräche, „der mag wohl trunken sein, mir ist ganz anders zu Muth"; wir sind ungleich geführet, mein Kind, das mag ich eigentlich zu Dir sprechen von der Botschaft, die Du mir gethan: wie eine Fackel entbrennet sei in Deinem Herzen und die Liebe Wunder in Dir wirke. Mein Kind, es steht eine große Freude auf in meinem Herzen, daß sich der Liebliche so lieblich erzeiget, und daß er Dir giebt zu empfinden, was er nur wenigen verleiht; doch merke, liebes Kind, ein Mensch, der nie zu dem Weine kam, dem ist der Wein empfindlicher, als dem, der schon oft getrunken, und gedenke, daß Dir also geschehen sei von der klaren süßen Liebe der ewigen Weisheit, die Dich nun kräftig hat umfangen. Oder ich meine auch, daß Gott Dich reize, weil er Dich bald von hinnen nehmen will in den grundlosen Brunnen, woraus Du ein seliges Tröpflein versuchet. Nehme daher wahr Deiner leiblichen Kräfte, daß Du nicht verzehret werdest vom allzu heftigen Streben nach dieser Seligkeit. Es mag sich auch fügen, daß Du vielleicht bald auf ein Geringes gesetzet wirst, denn nach langer Hitze und Dürre leuchten die Wetter prächtig und tränken die Gefilde mit Himmelsduft, aber dann ist es oft lange kalt. Fülle in Demuth Deine Zisterne und versäume nie darüber Dein Gebet, so wird es Dir nie an einem Labetrunk fehlen, den Du mit Allen theilen mußt, die da dürsten. Liebe Tochter, versäume keinen andern in Deiner Frömmigkeit, indem Du Deine Frömmigkeit und Dein Glück mir anrühmest. Ich wohne hier in der Wüste an einer sanften Quelle, die immerdar in Tropfen fließet, und habe ich ein Stündlein mit ausgestreckter Hand gesessen, so hat sich so viel des Trankes darin gesammelt, als mir gut thut im Alter. Liebe Tochter, es dürsten so viele in der Welt unter schwerer Arbeit nach einer himmlischen Labung, danke es Gott durch solchen segensreichen Zuspruch, daß Du nicht wie eine Ehefrau mit Noth und Sehnsucht wegen Mann und Kind geplagt bist, sondern daß Dein Sehnen schon Seligkeit und ihre Erfüllung der Himmel sei.

Dolores meinte am Schlusse dieser Briefe, Klelia hätte auch solche Heilige werden können, wenn sie in der alten Zeit gelebt hätte; sie sprachen von ihr, wie es käme, daß sie seit der ersten Nachricht von ihrer glücklichen Ankunft in Palermo noch gar keine Nachrichten erhalten hätten. Wie es sich aber oft so sonderbar mit ersehnten Briefen trifft, so kam der Briefbote während dieser Unterhaltung mit einem dicken Briefe zurück, den Dolores sogleich aus der Aufschrift erkannte: „Sieh, Karl, ein Brief von Klelien, den les' ich zuerst, nachher sollst Du ihn lesen." So setzte sie sich still hin, und der Graf las immer die umgeschlagenen Blätter laut ab. . . . . Der Obrist, unser Onkel, hält alle Abend von neun bis ein Uhr eine Pharobank; da kommen alle Offiziere des Regiments und die reichsten Leute der Stadt zusammen, und ich muß sie unterhalten, ich Unglückliche, der vom Schlafe oft die Augen zusinken, und dabei muß ich sehen, daß sie ihn im Herzen verachten, wenn sie es gleich nicht kund werden lassen. Zwar hege ich das feste Vertrauen zum Onkel, daß er ehrlich spielt, aber ist es nicht schon ein Betrug Bank zu machen, wenn man voraus weiß, daß nach den Vortheilen, die das Spiel erlaubt, und wegen der Unbesonnenheit der meisten Spieler die Bank immer gewinnen muß. Ich sagte das meinem Onkel, aber er wurde sehr heftig und schwor, daß er doch unmöglich ohne Gewinn seine Pacht an den Staat bezahlen, und sein Vermögen in die Bank stecken könne. . . . . Hier schlug Dolores um, und der Graf las auf der andern Seite . . . . Die Nonnen sind mein Trost, mit ihnen lerne ich viele schöne Handarbeiten; da sticken wir zusammen ein herrliches Meßgewand, das Rosaliens Kapelle auf dem Berge geschenkt werden soll; es ist aus kleinen Blumen zusammengestickt, und jede der Schwestern kann sticken, welche Blume sie liebt, doch immer, daß es sich wohl ordne. Ich sticke lauter deutsche Vergißmeinnicht, die sie hier nicht achten und bei jedem denk ich immer ganz allein an Einen von Euch, oder an unsern alten Bedienten, und lasse manche Thräne hineinfallen, und wo es einen Fleck macht, da sticke ich eine Perle drauf, damit die Schwestern nicht böse werden. .... Wiederum wendete Dolores das Blatt und der Graf las. ..... Neulich konnte ich es doch nicht lassen, einen jungen Mann zu warnen, der in thörichter Hitze seinen Satz immer verdoppelte, aber was halfs, jedermann lachte über mich; der junge Mensch spielte nun aus Eitelkeit noch wilder und bildete sich ein, ich sei in ihn verliebt. Jetzt lauert er mir aller Orten auf, so daß mich seine thörichte Leidenschaft oft zu Hause hält; denn er soll kühn sein und es giebt hier wenig öffentliche Sicherheit. Mein Onkel gab mir einen derben Verweis, wofür mich freilich die Tante so freundlich trösten wollte; lieben Freunde, sie ist gut, sehr gut, ich verstehe mich aber nicht mit ihr; ich suche die Stille, sie wünscht in ihrem Hause beständige Nekkereien, Herumlaufen, Tanz. .... Dolores drehte wieder das Blatt, der Graf las. .... So prachtvoll hier alles sein mag, unser liebes Deutschland vergesse ich darüber doch niemals. Oft, wenn ich lange nicht daran gedacht habe, da fällt es mir so schwer aufs

Herz, oft weiß ich nicht einmal, wobei es mir so einfällt. Neulich aber war ich ganz trostlos; da komme ich in unsere Küche, wo ich doch schon oft gewesen, und sehe so zufällig in dem knisternden Feuer der grünen Ölbaumäste eine schöne Figur in der eisernen gegossenen Platte, die im Hintergrunde des Heerdes aufgerichtet steht; zwar war sie sehr verrostet, aber ich konnte doch noch deutlich sehen, wie sie aus einem Füllhorne Blumen fallen läßt. Unter der Platte standen nun mehrere lateinische Buchstaben, die ich zusammenbuchstabire und immer nicht verstehen kann, weil ich auf etwas Lateinisches oder Italienisches rathe; endlich spreche ich es ganz aus, seht, da heißt es Frühling; unser lieber deutscher Frühling, mit aller seiner Wunderbarkeit, wie er aus dem Schnee hervortritt, kann mich nie so verwundert, so gerührt haben, als diese arme Frühlingsgöttin, die vielleicht seit hundert Jahren hierher verbannt, von Niemand verstanden worden; wer wird mich hier finden, der mich versteht, da ich keine Blumen ausstreue wie jene! Ich habe nicht geruht, bis ich die eiserne Platte in meinem Zimmer aufgestellt habe.....

„Die arme Klelia," rief der Graf, „wir müssen ihr gleich schreiben, sie muß zu uns ziehen; wer wird sie aber hierher begleiten? Ich begreife nicht, Dolores, wie Du sie damals hast können wegreisen lassen; sie gehört so nothwendig zu unserm Glücke:

wir haben uns doch zuweilen gestritten und einander erzürnt, sieh, das wäre gar nicht möglich geworden in ihrer Nähe; sie ist ein Engel, bei dessen Anblicke einem alle Heftigkeit und Bosheit vergeht." — „Es ist gut, daß sie nicht hier ist," sagte die Gräfin, „so wie Du jetzt gesinnt bist, würdest Du sie sicher mir vorziehen; sie störte Dich niemals, widerspräche Dir nie, was Du thätest und sagtest, wäre ihr immer recht; ich bin Dir zu aufrichtig, zu freimüthig." — „Liebes Kind, wie Du das wieder nimmst," rief der Graf, und fing schon seinen Brief an Klelien an, „es ist mir gerade das Theuerste an Dir, daß Du so fest begründet, so sicher in Dir lebst, um alle fremde Gesinnung zu verschmähen, um von niemand etwas anzunehmen, um...." doch da war er schon so vertieft in seinen Einladungsbrief an Klelien, daß Dolores, ohne daß er es merkte, das Zimmer verlassen hatte, während er noch immer einzelne Worte zu ihr redete. Er schrieb gewöhnlich emsig und schnell, und da er nach einiger Zeit jemand neben sich athmen hörte, so glaubte er mit Wahrscheinlichkeit, es sei Dolores, die ungeduldig über sein langes Schreiben ihm über die Schulter sehe. Da der Brief gleich zu Ende ging, das heißt das Blatt, das so gebietend über die Länge der Gedanken entscheidet, so wollte er sie festhalten und sie zugleich beschäftigen, indem er nach ihrer Hand griff. Wirklich faßte er auch eine

Hand und drückte sie, und seine Hand wurde zärtlich wieder gedrückt; zugleich fühlte er einen heftigen Kuß, der auf der Oberfläche der Hand haftete. Das war gegen die Art der Gräfin; er sah sich um, und fand die tolle Ilse, die ihm Hut und Stock brachte, die er gestern im Zimmer der Gräfin vergessen hatte und ihn mit dieser demüthigen Gunst gar rührend anblickte. Der Graf war in Verlegenheit, seine Gesinnung gegen das weibliche Geschlecht hob im wirklichen Leben alle Standesverhältnisse auf; sie küßte ihm noch einmal die Hand und drückte sie an ihre Brust, deren Pochen er fühlte. Er konnte ihr noch kein Wort sagen, sondern klopfte ihr mit den Händen die Backen, und murmelte so etwas: „Sie ist ein gutes Kind!" Ilse richtete sich jetzt aus ihrer gebeugten Stellung auf, und fragte: „Haben der liebe gnädige Herr was zu befehlen?" — „Nichts, liebes Kind," sagte er, und doch brauchte er Licht, um seinen Brief zu siegeln. Sie verließ jetzt das Zimmer mit einer tiefen Verbeugung, und er ging verwundert auf und ab, wie eine neue Schmeichelei so wunderliche Macht über ihn habe ausüben können. Er konnte dem Mädchen nicht mehr Böses nachsagen, wie er bisher gethan. Jede Zuneigung, auch die unerwiederte, hat in einem guten Gemüthe etwas Verpflichtendes, und jede Abneigung erscheint darin wie ein Unrecht. Die tolle Ilse war wirklich in den

Grafen verliebt, wie gemeiniglich alle Dorfmädchen in einen schönen Gutsherrn; sein Einfluß ist ihnen deutlicher, als in den Städten die ganze Macht eines Fürsten, er ist ihnen auch in guter Art viel überlegener; selbst die allgemeine Meinung giebt einer solchen Verbindung eher etwas Ehrenvolles, und die Kinder, die daraus hervorgehen, werden mit einem Stolze, wie junge Halbgötter angesehen, mehr als eheliche Kinder geschmückt und begünstigt. Es ist ihnen ein geheimer Stolz, wenn Sonntags Morgens die Knechte zu ihnen kommen und an den Kasten treten, wo sie den Sonntagsstaat heraus nehmen, mit manchem bunten Silberbande zu prunken, das sie noch wohl an die Mütze stecken könnten; solch ein Band ist oft mit dem Theuersten bezahlt, und wüßten sich nur die neidischen Mitmägde recht verständlich zu machen, sie bezahlten gern eben so theuer; aber eben in dieser Unverständlichkeit liegt viel sogenannte Tugend auf dem Lande. Es ist ein Vortheil unsrer Zeit, daß sie die Verschiedenheit der Stände, wenn auch nicht aufhebt, doch sittlich unabhängiger von einander macht; so wird auch die sclavische Liebe der Volksehre weichen.

Achtzehntes Kapitel.

Adel. Der Gerichtstag.

Solche Reihen gleicher Tage, von außen still, voll abwechselnder innerer Bewegung, überspringen wir, denn das Glück lehrt nicht: es ist ein Geheimniß. Selbst einen schönen guten Morgen, wo der Graf die Nachricht von seiner Frau erhielt, daß sie sich von mehreren Nachbarinnen überzeugen lasse, sie sei in gesegneten Umständen, wollen wir ungefeiert lassen. Doch waren sie beinahe über den Namen des Kindes in Streitigkeiten verwickelt worden, da die Gräfin einige Lieblingsnamen aus Wallers Gedichten, die sie besonders achtete, in ihre Familie einführen wollte, und der Graf unbänderlich darauf bestand, daß man in einer Zeit, die so wenig Bestehendes hervorbringe, das Angeerbte durchaus bewahren müsse, wo es nicht dagegen anstieße, denn es ruhe Segen darauf. In diesem Gespräche entwickelte sich eine Verschiedenheit politischer Ansicht, die Beiden gleich unangenehm war, weil sie ihnen eine Quelle der Unterhaltungen aus den Zeitungen verschloß. Die Gräfin, ohne irgend stolz aristokratisch zu sein, hatte doch ihre früheren geistig bestimmenden Zeiten unter der eigensinnigen Klasse von Leuten zugebracht, die sich damals in Deutschland bildete, welche blind an eine nothwendige Rückkehr derselben Verhältnisse glaubte, die lange ihnen bequem gewesen. Der Graf, der erst auf Universitäten eine bestimmte politische Ansicht gewonnen, hatte dagegen den Kopf voll rascher Weltverbesserungen, weil ihm manches Bestehende in dem Unterrichte verhaßt geworden, insbesondre war es aber sein Lieblingsplan, alles Gute und Ehrenvolle, was sich in den adlichen Häusern nach seiner Meinung entwickelt habe, allgemein zu machen, alle Welt zu adeln. Beides stritt nothwendig gegen einander; dem Grafen war es ein angenehmer Gedanke auf Du und Du mit aller Welt zu sein, der Gräfin war jede Vertraulichkeit niederer Klassen unerträglich, und die tolle Ilse wußte schon dadurch sich ihr einzuschmeicheln, daß sie jeden Vorwitz durch tiefe Demüthigungen, durch ein schnelles Rockküssen oder Niederknieen gutmachte. Diese Gesinnung kam erst bei dieser Veranlassung zur Sprache, weil der Graf seine Meinungen über die allgemeineren Begebenheiten, in deren Kreis er nicht eingreifen konnte, nur bei einem bedeutenden Anlasse aussagte. Als ihm die Gräfin heftig widerstritt, glaubte er, sie verstehe ihn nicht ganz, wollte sich aber mündlich darüber nicht weiter einlassen, sondern schrieb ihr in ein Gedenkbuch, das er im Hause gestiftet und wo Beide

das

das Bedeutendste einschrieben, was dem ganzen Hause begegnete, neben froher Hoffnung auf ein Kind.

Still bewahr es in Gedanken
Dieses tief geheime Wort,
Nur im Herzen ist der Ort,
Wo der Adel tritt in Schranken,
Wenn die Tugend in den Nöthen
Helllaut rufet mit Drommeten.

In den Schranken stehn die Ahnen,
Wenn der Zweifel Kampf beginnt,
Wie aus Fels die Quelle rinnt,
Frischend ihre Geister mahnen,
Geister werden zu Gedanken,
Halten fest, wo alle wanken.

Geister sind in jedem Hause,
Wecken aus dem Schlaf den Muth.
Also rinnt das edle Blut
Geistig, wie der Wein beim Schmause,
Daß vereinet, die getrennet,
Eine Lieb in allen brennet.

Immer mit dem größten Maaße
Mißt des Hauses Geist das Kind,
Und das Kind sich dehnt geschwind,
Will sich zeigen von der Rasse,
Was ihm Herrliches bescheeret,
Zeigt sich höher, sicher währet.

Nicht die Geister zu vertreiben,
Steht des Volkes Geist jetzt auf,
Nein, daß jedem freier Lauf,
Jedem Haus ein Geist soll bleiben:
Nein, daß adlich all auf Erden,
Muß der Adel Bürger werden.

Sie wollte ihm diese Grundsätze, die sie für anstößig erklärte, widerlegen, aber es war das erstemal, daß er mit Ernst an die Schranken erinnerte, die einer Frau zugemessen. Sie war überrascht davon, aber nicht überzeugt, besah einige Augenblicke ihre schönen Nägel, die so angenehm röthlich glänzten, und auf deren jedem ein aufgehender Mond zu schauen war; dann sagte sie spottend: „Du bist heute wohl so ernsthaft, weil Du Gerichtstag halten läßt? Hör Karl, einen Gefallen mußt Du mir thun: siehst Du wohl die alte Frau, die dort mit einem zugebundnen Teller um das Schloß schleicht, es ist eine gute Alte, sie heißt die Petschen und hat eine böse Schwiegertochter, die schlägt sie jetzt, nachdem sie dem Sohne ihr Haus und ihren Garten abgetreten hat." — „Woher weißt Du das?" fragte der Graf. — „Von meiner Ilse," antwortete die Gräfin, „die arme Frau bringt ihr für mich kleine Birnen zum Geschenk; sie hat mich so lieb." — „Ich will aufmerksam zuhören," meinte der Graf, „aber in die Aussprüche mische ich mich nicht; ich suche die Leute zu deutlicher Erklärung zu bringen und ihnen Gerichtskosten zu ersparen, alles Übrige ist dem Gerichtshalter überlassen, der mit seinem Eide den Gesetzen strenge gebunden ist. Überhaupt hasse ich dies Gerichtswesen des Adels sowohl wie der Fürsten, die Gerichte müssen im ganzen Lande von den thätigen Gewalten unabhängig sein, ganz auf freier Wahl beruhen, und wo Richter nicht genügten, müßten Geschworne zu Hülfe kommen, nur dadurch würde eine nationale Gesetzgebung entstehen, die alles Fremde, alle unnütze Weitläuftigkeit und drückende Kosten aufhöbe. Ich schwöre Dir, daß mich oft, wenn ich für einige elende Zeilen, die eine ganz überflüssige Formalität enthielten, ein Paar Thaler zahlen mußte, eine Wuth packte, das Tintefaß dem Justizkommissar in die Zähne zu schlagen, oder daß ich jeden Augenblick wartete, ob nicht ein Himmelsstrahl ihn und sein ganzes Aktengeschmiere ausbrennen würde. Wenn ich das so fühle, wie viel schärfer schmerzt solche Ausgabe die Ärmeren, die vielleicht eine ganze Woche vom Morgen bis in die Nacht für dieses Geld arbeiten mußten. Dazu kommt noch, daß bei den vielen fremden Worten, bei der Heimlichkeit der Verhandlung ihnen die Rechtspflege wie eine Art Magie vorkommt, wie eine Art Zauberspiel, wo der Zufall entscheidet, wogegen sie sich listig verkriechen. *) Die Heimlichkeit der Verhandlung habe ich aufheben können; der große Saal gestattet jedermann den Zutritt, durch Schranken sind die Zuhörer von den Klagenden getrennt; mein Gerichtsverwalter ist auch ein braver Mann, der freundlich jedem den Grund des Rechtes deutlich macht; aber das Eine fühl ich sehr beschwerlich in jedem klei-

*) Vergl. Anhang zum ersten Bande des Wunderhorns S. 438.

neren Kreise der Justizverwaltung, es ist sehr schwer sich alles Rechtsenthusiasmus zu erwehren; so wie Du für die Alte moralisch eingenommen bist, so bin ichs für andre. Heute kommt ein wunderlicher Fall vor. Ein Schneider hat von einem Mädchen, das seine Hand ausgeschlagen, schlecht gesprochen: das kommt bei einem Kindtaufsschmause zur Sprache; die Ältern ärgern sich darüber, holen eine Stiefelbürste und gehen beide in das Haus des Schneiders, stellen ihm recht ernstlich seine Bosheit vor, daß er mit seinem Munde den guten Ruf des Mädchens befleckt; versichern ihm, er habe einen unreinen Mund, sie müßten ihn erst putzen, und fahren mit den schmutzigen Stiefelbürsten, nachdem er sich mit dem Bügeleisen vergebens gewehrt hatte, ihm in den Mund, daß ihm die Nase blutet." — „Nun, da geschah ihm recht," sagte die Gräfin. — „Ich fühle das auch," fuhr der Graf fort, „und doch müssen sie bestraft werden; die Art, wie sie ihn straften, war widerrechtlich." — Der Graf wurde jetzt abgerufen, der Hof stand schon gedrängt voller Leute, die sich hier vor den letzten Stufen des Gerichtssaals noch ärger verhetzten; viele redeten vor sich, manche waren bleich, der Entscheidung harrend. Der große Gerichtsdiener schritt mit Wichtigkeit umher, und ertheilte bedeutsam seinen Rath, während er den Gefängnißthurm lüftete und die alten Gerichtswerkzeuge, spanischen Mantel, hölzerne Fiedel und Halseisen, ungeachtet sie nie mehr gebraucht wurden, sonnte, und zum Schauder Aller ausstellte; jeder Bediente des Schlosses erschien den Leuten als eine mächtige Protektion; er wurde bei Seite genommen, von dem streitigen Falle unterrichtet, ihm die Hände gedrückt und ein Schnaps zugetrunken. Nun forderte der Ruf des Gerichtsdieners die Partheien vor und die ganze Protektion war vernichtet. — Der Graf wartete ungeduldig auf die alte Frau, die ihm von der Gräfin empfohlen. Sie kam mit vielen Höflichkeitsbezeugungen; ihr Sohn, ein kleiner magerer Leineweber und eine sehr rüstige Schwiegertochter traten ihr entgegen. Es sei uns hier vergönnt, die Leser mit einem sehr traurigen Familienverhältnisse bekannt zu machen, das unter den ärmeren Klassen auf dem Lande häufig hervortritt, wo ein kleines Eigenthum, Haus und Garten, selten geeignet ist, mehr als eine Familie zu erhalten. Die Eltern, welche zur Arbeit zu schwach werden, nehmen dann gemeiniglich eins ihrer verheiratheten Kinder zu sich, sie bedingen sich ein Drittheil der Gartenfrüchte, einen Sitz auf der Ofenbank und andre ähnliche Vortheile. So lange wenig Kinder in der aufgenommenen Familie sind, geht alles in gutem Frieden; die Alten halten zwar meist sehr strenge auf ihre Forderungen, aber sie dienen auch mit allem Fleiße in der Wirthschaft; mehren sich aber die Kinder, dann überwiegt die Liebe zu ihnen die Liebe zu den Eltern, und ihr Tod wird oft ganz laut gewünscht; dies war auch das Verhältniß zwischen der Alten und ihren Kindern. Die Alte wollte gern ihre Abtretung an den Sohn aufheben, sie glaubte sich durch ein Geschenk an Frühbirnen, das sie der Gräfin durch die tolle Ilse einhändigen ließ, einzuschmeicheln, und durch dies Einschmeicheln ihren Zweck zu erreichen; auf dem Lande erscheint eine Kammerjungfer wie eine Oberhofmeisterin an großen Höfen. Ihr Drittheil an den Birnen wollte sie nicht gern allein zu diesem Geschenke anstrengen; als daher das Birnenschütteln und Theilen nach manchem Probieren auf einen Sonntag angeordnet war, schlich sie sich früh Morgens, als sich die jungen Leute noch im Bette erfreuten, auf den Baum und schüttelte und pflückte nach ihres Herzens Lust, die sich in der Arbeit mehrte. Die junge Frau sagt endlich etwas, das die Alte einem schreienden Kinde thun soll, sie erhält keine böse Antwort, verwundert sich und sieht, daß die Mutter schon aufgestanden sei. Gleich weiß sie, worauf das gehe: auch sie hatte gestern den Baum mit Sehnsucht angesehen; sie springt heraus und findet die Alte, wie sie auf dem Birnbaume wüthet. Das gab Schimpfreden, aber die Alte war so erbittert auf die Birnen, daß sie gar nicht vom Baume herunter zu bringen war, bis die Schwiegertochter sie wie eine Katze, oder wie ein

Eichhorn herunterschüttelte, und sie unten am Boden wie ein näschiges Kind abstrafte. Da Beide Unrecht hatten, die Alte als Diebin, die Tochter wegen der zugefügten Mißhandlungen, so wurden sie nach heftigem Gestreite Beide auf ein Paar Stunden ins Gefängniß gebracht; der arme Leineweber wollte aus Achtung gegen Mutter und Frau dabei verzweifeln, und ließ sich zu ihrer Unterhaltung mit einsperren. — Als der Graf seiner Frau diesen Schluß lachend meldete, fühlte sie sich doch gekränkt: „Ich finde es gar nicht zum Lachen,“ sagte sie, „wenn meine Versprache Dir so gar nichts gilt; die Leute werden mir künftig alle Achtung versagen.“ — Der Graf sah ärgerlich zum Fenster hinaus.

Neunzehntes Kapitel.

Der Dichter Waller und seine Frau, Traugott und Alonso.

Er hatte kaum ein Paar Minuten hinausgeblickt, als er seine Frau auf eine Gruppe aufmerksam machte, die den hohen Weg vorüber unter den palmenartigen Weiden wie ein Schattenspiel fortschritt. Ein wohlgekleideter Mann führte ein Pferd, auf welchem eine Frau in Betten eingepackt saß; zwei Kinder ritten auf großen langgehörnten Ziegen nebenher. Unsre beiden Zuschauer eilten herunter, die Leute näher zu betrachten, und sie wurden von dem Manne, der in einem sehr ausgearbeiteten, faltigen, verbrannten, haarigten Gesichte viel Geist verrieth, angeredet. Er klagte, daß seine Frau, der diese Lustreise zur Gesundheit empfohlen, immer kränker würde; zugleich bat er um ein Unterkommen. Der Graf erbot ihm alle seine Dienste, und führte selbst das Pferd nach einem Gartenhause, wo die Kranke keine Stufen zu steigen brauchte und doch alle Annehmlichkeit der Gegend genoß. Als sie sich auf dem Sopha eingerichtet, erhob sie den Schleier und zeigte ein so reizend sterbendes

Gesicht, etwa in der Art, wie wir auf einigen altdeutschen Bildern von der sterbenden Maria sehen; sie sprach wenig, aber dieses Wenige beschäftigte sich nach dem ersten Danke ganz mit Sorge für Mann und Kinder, daß sie die Zeit nicht ihretwegen versäumen möchten; sie möchten ihre gewöhnten Arbeiten vornehmen. Nachdem dieses wenigstens von den Kindern geschehen und beide einige landschaftliche Skizzen auszuzeichnen begonnen hatten, redete sie erst die Wirthe an und versicherte ihnen mit einer Art innerer Zufriedenheit, daß ihre Milde diesmal wohl angewendet sei, da ihr Haus durch die Gegenwart des großen Waller gesegnet werde, den als ihren Mann zu nennen ihr höchster Stolz sei. Jetzt begannen allerlei Komplimente; der Graf mochte nicht sagen, daß er seine meisten Gedichte für falsche Münze halte, welche die Eitelkeit mancherlei tönenden Worten ausgeprägt hatte; die Gräfin mochte nicht eingestehen, wie hoch sie ihn verehre; Waller entwickelte dabei in hoher Vollendung seine Manier, das Ernste spaßhaft, das Spaßhafte ernst zu nehmen, durch Sonderbarkeit zu verwirren, seine Vortrefflichkeiten als zu leicht auszuwerfen, und war bald so laut, als er vorher einsilbig gewesen. Seine Frau durfte ihrer Brust wegen wenig reden, sie legte zu ihrer Unterhaltung eine Röthelzeichnung von der Aussicht an, die alle umgab, bald ging ein Knabe hinaus, eine der Ziegen zu melken, und brachte ihr die Milch, die sie mit Lust austrank, dann gab sie beiden Kindern, dem Traugott und dem Alonso die Freiheit umherzulaufen. Ohne eines Menschen zu achten, immer mit einander beschäftigt, holten die Knaben mancherlei Spielzeug aus den Taschen und begannen im Schlosse ein Durchsuchen, ein Umklettern, wie eine Diebsbande, oder wie ein Paar neu angekaufte Hofhunde. Die Leute des Grafen wollten es ihnen wehren, er aber gönnte ihnen dieses Vergnügen, was ihm sehr natürlich in jedem Kinde vorkam, aber wundersam, insofern sie sich ihm ganz unbesorgt überließen, als wäre die Welt ihre. Küche und Garten plünderten sie durch wie Affen nur in dem Bedürfnisse des Augenblicks, ohne der Zukunft zu achten. Etwas von allen Thieren hatten sie auch wirklich in ihrer Bildung und in der Art ihrer Bewegung, vielerlei Fertigkeit, wenig Überlegung. Ihr Vater sagte mit Recht, es sind Menschen, wie die künftige Zeit sie brauchen kann, mit jeder Noth vertraut, in Arbeit und Mühe und jeder Witterung abgehärtet. Da Frau Waller Ruhe bedurfte, so ließ sich Waller mit seinen neuen Bekannten in ein Gespräch ein, wußte so schnell in alle Besonderheiten des Hauses einzudringen und sich darin zu fügen, daß er in einer Stunde mehr Herr darin zu sein schien, als der Graf. Für die Vertraulichkeiten, die er ihnen entlockt hatte, forderten sie gleiche

Vertraulichkeit von ihm, und er sprach mit einer Art Überlebung von sich: seine Frau sei früher an einen reichen Kaufmann verheirathet gewesen, er habe sich in dem Geldmangel, worin er sich seit seiner Jugend befunden, auch an dieses Haus gewendet und sei wegen seiner Spaßhaftigkeit Tischgenosse geworden. Die Frau, die älter als er, habe sich in ihn verliebt, und um sie nicht unglücklich zu machen, ungeachtet sie ihm immer fatal gewesen, habe er drein willigen müssen, daß sie sich scheiden lassen und ihn geheirathet. Wir wollen hier seine lange Erzählung zusammen ziehen. Waller war des Herumstreifens müde, er beredete seine Frau, ihr Haus in der Stadt zu verkaufen, um ganz der Kunst in einem abgelegenen Landhause zu leben, das ihn einmal auf einer Reise in der Mitte eines Tannenwaldes entzückt hatte. Sie willigte in alles; seit ihrer Scheidung lebte sie ganz ihrem Manne und der Malerei; er reiste in die romantische Gegend, kaufte das Haus sehr theuer, weil eine Familie, die dort geboren und groß gezogen, nicht aus gleichem Sinn an der Natur, sondern aus Gewohnheit sich nur großer Vortheile wegen davon trennen mochte. In wenigen Tagen richtete er sich alles nach seinem Geschmacke ein: sonnte die angekommenen Betten, stellte Blumentöpfe in die Fenster, wand eine Ehrenpforte an der Thüre aus Birken mit Bärenklau und

Feldblumen, setzte sich in den Garten und schrieb dieser Ehrenpforte eine Inschrift:

Hier fielen Druck und Sorgen
Von eines Menschen Herz,
Er kann Euch wieder borgen
Von seinem eignen Scherz.

Nur einmal Herr der Erde,
Nur einmal Herr der Luft,
Dann weichet die Beschwerde,
Dann füllet sich die Kluft.

Die offnen Augen tragen,
Wohin der Fuß nicht trägt,
Bis zu dem Sonnenwagen,
Der hoch am Himmel wegt.

Nach einem andern Wagen
Horcht hier im Sand sein Ohr,
Der soll die Freundin tragen
Durchs hohe Gartenthor.

Er sonnte still im Garten
Die Betten ganz allein,
Er mußte lange warten,
Sie tritt ins Haus herein,

Und an der Ehrenpforte
Vielbuntem Bogenzug
Liest sie die frohen Worte;
Die Eine mir genug.

Er hatte es sich aber blos eingebildet, daß sie gekommen, sie war durch ein gebrochenes Rad auf dem Wege aufgehalten; er wurde immer ungeduldiger, hatte für alles gesorgt, nur nicht fürs Essen: er mußte sich mit Brot und Milch begnügen; aus Ärger warf er endlich die Ehrenpforte zusammen, fegte die Blumen aus den Zimmern und empfing die Frau, die dazu ankam, mit heftigen Vorwürfen, wie sie ihm jedes Vergnügen verderbe. Sie suchte ihn zu beschwichtigen und er ward wieder vergnügt. Am anderen Morgen wollte er eine gewaltige Arbeit machen, zu der er sich lange einen recht schönen Tag gewünscht, wirklich war das Wetter hell, er ging auf sein Studierzimmer, aber es wollte ihm nichts gelingen, er war zerstreut; ein Paar welsche Hähne, die sich im Hofe bissen, zogen alle Aufmerksamkeit an sich; dann sah er einer dicken Magd zu, die im Garten arbeitete; dann wurde es ihm zu heiß. Es ward Mittag und er hatte nichts gethan und fand darüber alle Lieblingsspeisen schlecht, die ihm seine Frau zubereitet hatte. Jeder Tag hatte seine eigne wunderbare Geschichte, insbesondre seit er sich darauf legte, die Natur recht zu genießen; da zog er seine Frau halbe Nächte durch nebelbelegte Wiesen und kühle Waldungen herum, den Sonnenaufgang zu sehen, und gemeiniglich ehe es dazu kam, mußte einer von ihnen aus irgend einer Unbequemlichkeit nach Hause gehen und sie hatten nichts als Schnupfen und Fieber davon gehabt. Wallern war es ganz erstaunungswürdig, daß er die Natur ganz anders gefunden, als er sie beschrieben, aber die Landleute entsprachen noch weniger seinen Erwartungen; seine ländlichen Gedichte verstand keiner, sie hatten alle den Eulenspiegel viel lieber. Diese Erfahrungen machte er im Sommer, aber im Winter hatte er noch viel mehr zu lernen; vergebens schrieb er an alle Bekannte der ganzen Gegend, daß sie ihn besuchen möchten, keiner mochte die gefährlichen Wege in Schneewetter machen. Der Unmuth darüber erzeugte manches Lied, unter andern auch dieses;

Winterunruhe.

Ich räume auf für Gäste,
Sie hält mich auf dem Neste;
Die Wege sind beschneit
Und keiner kommt so weit:
„Wie Espenlaub mein Herz hat keine Ruh,
O wäre früher ich geboren, oder später Du.“

Ich sitz bei Ihr, Sie spinnet,
Mein Herz in mir, es sinnet,
Es treibt mich durch den Wald,
Wie ist der Wald so kalt:
„Wie Espenlaub mein Herz hat keine Ruh,
O wäre früher ich geboren, oder später Du.“

Die Tanne sagt vom Schmause,
Mich brausend jagt nach Hause;
Zu Hause bei dem Heerd,
Da werd ich so beschwert:
„Wie Espenlaub mein Herz hat keine Ruh,
O wäre früher ich geboren, oder später Du.“

In Ihrem Haar ich spiele,
Der Träume Schaar ich fühle
In ihrer Locken Nacht;
Doch bald bin ich erwacht:
„Wie Espenlaub mein Herz hat keine Ruh,
O wäre früher ich geboren, oder später Du.“

„Lieben Leute,“ rief hier Waller aus, „hätte meine Frau nicht ein Kind bekommen, den Alonso, ich wäre aus Langeweile toll geworden, da bekam ich doch etwas zu sprechen mit all dem närrischen Volke von Ärzten und Weisemüttern. Das hielt doch auch nicht länger vor, als bis zum Frühling, da sagte ich, daß ich auf die Leipziger Messe gehen müsse, um ein Manuscript zu verkaufen, und lief über Berg und Thal, als wenn ich gehetzt würde. Denkt Euch, in Leipzig sitze ich in guter Ruhe bei Mainoni und esse Stengelrosinen und Knackmandeln, da bringt mir der Bursche aus der Buchhandlung einen poetischen Brief von meiner Frau:

Der Liebe Furcht ist Fackel meiner Liebe,
Die meinen Traum mit Strahlen Nachts erfreut,
Damit mich nicht die Einsamkeit betrübe,
Mir Sterne auf die dunkle Erde streut,
Und meiner Liebe Flamme höher treibt,
Daß Dir ein Zeichen bleibt.

In Liebesfurcht ich seh die Wolken jagen
Dort überm Mond, daß er zu wanken scheint.
Wohin, wohin will euch der Sturmwind tragen?
Zu meinem Lieben, der es treulich meint!

Der Blume Blätter werf ich in den Wind,
Er bringt sie Dir geschwind.

Der Liebe Furcht durchbebet mich so sachte,
Zu schauen, ob mein Kind noch athmen kann,
Es sah mich an, und drehte sich und lachte,
Ich sah es schon wie Dich, wenn es ein Mann;
So schauet aus der Liebe ödem Haus
Ein frommer Geist voraus.

Wird Liebe Furcht, so laß die Furcht mich lieben,
Und liebe mich, dieweil ich furchtsam bin,
So kann die Furcht die Liebe nie betrüben,
Und Furcht und Liebe haben gleichen Sinn;
Es wächst die Furcht der Liebe zum Gewinn
In Deiner Liebe Sinn.

„Fragen Sie sich selbst, ob ich länger von ihr bleiben konnte nach solcher Einladung; denken Sie sich, mir zu Liebe hatte die liebe Frau die ersten Verse in ihrem Leben gemacht. Ich trat denselben Tag noch meinen Rückmarsch an; mein Buch wurde nicht fertig gedruckt.

Damals hab ich eine schöne Zeit mit ihr gelebt; leider daß uns die allergemeinste Ursache bald in Verlegenheit setzte. Ich hatte ein Landgut gekauft und war kein Landwirth, und meine Frau verstand bei dem besten Willen eben so wenig davon. Ich hatte viel bezahlt, verzehrte noch mehr und nahm nichts ein. Die Summe gezogen, mußte ich den Hof meinen Gläubigern überlassen und in die Stadt ziehen. Da jubelte mein ganzes Herz; meine Frau war aber

be-

betrübt, sie machte mir so rührende Vorstellungen, daß ich ihr zuschwor, recht fleißig zu werden; sie selbst fing an Kupferstiche zu meinen Gedichten recht artig zu radiren und die waren meist schon fertig, wenn das Gedicht erst zur Hälfte gelangte. Dann weckte sie mich immer früh auf, hatte schon mein Zimmer geheizt, mir Kaffee gekocht, und da sollte ich nun arbeiten, das war eine Sache zum Einschlafen; in meinem Ärger über diese Behandlung, und doch im Gefühle, wie es nicht anders gehen könne, schrieb ich eine Elegie vom Weber, den ich vorstellte und von der Spinnerin, die meine Frau bezeichnet, welche ich Ihnen mit der rechten Betonung vorlesen will; macht sie Ihnen Langeweile, so ist es meine Schuld.

Zwanzigstes Kapitel.

Der Weber und die Spinnerin.

Als ich Geselle noch war und webte geschäftig beim Meister,
Sprang ich für Augenblickslohn oft zu der Tochter hinein;
Immer fand ich die Braut beim schnurrenden spinnenden Rädchen,
Ungeduldig einmal schwieg ich tückisch in mir;
Doch sie fragte mich nicht, da brach ich das Schweigen erglühend:
„Wahrlich, die Göttin that recht, als sie Arachnen bestraft;
Denn nur Eitelkeit ist's, zu lieben und Andres zu schaffen,
Als das zierliche Werk, dessen Rädchen das Herz.“
Ungeschickter, sie sagt, ganz ruhig beschaut sie den Faden,
Stören die Hände Dich je, die beschäftigt im Werk?
Höre den ruhigen Takt, das Ungeordnete gleichend,
Und das Auge es weiß, was Dir erlaubt sei dabei! —
Wohl ich nützte auch gleich die zart mir gegebne Erlaubniß,
Und ich gab ihr den Kuß, doch nur den Backen er traf.
„Ach,“ so seufzte ich dann, „kein duldendes Weibchen ich wollte,
Sondern das harrend gelauscht, mich im Kommen umschließt!“
Bläulich blühet der Flachs, entgegnet sie, Hoffnung der Liebe,
Daß ein bräutliches Bett wachse in Blumen darauf;
Doch die Blume, sie täuschet, es fallen die bläulichen Blätter,
Und der Faden erwächst unter der Blume versteckt,
Tief gebücket wir ziehen ihn aus zum Brechen und Spinnen,
Ehe die Blumen so hell stehen im Laken gewebt.
Nun verzweifelst Du schon, noch ehe die Arbeit geworden,
Und schon mürrisch Du bist, eh noch gesponnen der Flachs. —
Und es brach ihr der Faden, da bat sie flehend um Gnade,
Spann nun selber da an, wo ihr gebrochen das Herz;
Grob ward der Faden, ich glaub es, doch hält er länger und länger,

Und sie zeigte mir ihn, streifig im Laken verwebt,
Als ich zum eigenen Heerd mir holte mein liebliches Bräutlein,
Und das Bette so weiß stand in dem Zimmer bereit.
Seit nun die webende Zeit uns einte, priesterlich segnend,
Was die liebende Brust früher gesegnet in sich.
Da vergaß ich so oft den Faden, vergaß auch die Lehre,
Denn das Eigenste ist, was sich am leichtsten vergißt.
Heute vergaß ich ihn ganz, als zürnend ich aufsprang vom Bette,
Und im flatternden Hemd schimpfte die rastlose Frau,
Die den Mund nur verschließt beim ersten Krähen der Hähne,
Um zu sagen die Stund, die mich zum Webstuhl verbannt.
„War es schimpflich dem Gott," so rief ich, „zu spinnen beim Weibe,
Ich ertrüg es so gern, denn ich säh Dich dabei.
Doch so muß ich zum Webstuhl, zu schauen die seidenen Faden
Und Du selber, Du spinnst mich wie den Seidenwurm ein,
Förderst dies flüchtige Rädchen vom Morgen bis wieder zum Abend,
Wäre dies Rädchen entzwei, würde die Liebe mir neu;
Kurzweil wird Dir zu lang, die lustgen Gesellen mir werden
Alle jetzunder so fremd, fremd wird der kühlende Wein;
Früh muß ich weben und spät noch, was Du gesponnen geschäftig,
Müßig ins Aug Dir zu schaun, wär mir ein süßer Geschäft.
Wozu hilft mir das Geld, Du sammelst sorgsam den Kindern,
Ich bin ein dienender Greif, der die Schätze bewacht."
Wüthend ergriff ich das Spinnrad und wollte durchs Fenster es schmettern,
Doch der Faden wie Gold glänzte im Morgenlicht hell,
Und die Kinder sie beteten laut im Bettchen zusammen,
Was der Ältste gesagt, spricht ihm der Jüngere nach.
Und ich horchte, er sprach: „Du Kleiner falte die Hände,
Mutter, das tägliche Brot, Vater, gieb es auch heut!"
Und sie reichte den Beiden ein Brötchen mit Butter bestrichen,
Das sie am Abend sich selbst hatte vom Munde gespart.
„O Du goldene Frau!" so rief ich, „daurend in Elend,
Ja Du spinnest in Gold Fäden zum Leben mir fest;
Zeit, die vergangen mir sonst in die Launen, die läßt mir Gewebe,
Und zur Zukunft ich werf ruhig mein webendes Schiff.
Jegliches mehrt sich bei Dir, als ruhte ein göttlicher Segen,

Wo Du helfend mir nahst, wo Du tröstend mir hilfst.
Unsere Enkel dereinst, sie sollen erstaunen des Werkes,
Das in gemeinsamem Fleiß wir zusammen vollbracht."

Mit Sorge erkundigte sich der Graf nach Wallers Umständen, ob er wirklichen Mangel leide und erbot ihm seine Hülfe. Waller versicherte ihm, er lebe recht gut von Schriftstellerei und Schulden, und werde auch seine Hülfe noch ansprechen; nachher berichtete er, daß seine Frau nach dieser Elegie sich entschlossen habe, ihn auf den Fußreisen zu begleiten, die er schon lange zur Einsammlung poetischen Stoffes projectirt gehabt; doch diese Märsche hätten, statt ihr vortheilhaft zu sein, wie er erst gehofft, ihre schwache Brust vernichtet; endlich habe er ihr ein Pferdchen anschaffen müssen, und fürchte sehr, daß sie bald auf Charons Nachen in das allerpoetischste Land der Welt, in die Hölle fahren werde, denn selig könne sie aus Mangel an wahrer Religiösität nimmermehr werden; aber das sei auch eben ihr Verdienst, daß sie für sich bestehen könne ohne Gott, wenn sie nur einen Mann hätte. — Ehe sich noch irgend Jemand nach dem eigentlichen Sinne solcher Voraussetzung fragen konnte, hatte er sich schon wieder durch einen geschickten Sprung zum Allerfremdartigsten hingeworfen; er hatte ganz die Art trostlosen Verstandes der Etymologen, die mit wenigen lächerlichen Übergangstönen die verschiedenlautendsten Worte aus einer Wurzel ableiten; der Zuhörer wußte nie, ob er einem mehr gab oder mehr nahm; er suchte nämlich seinen eignen Verstand jedem aufzudringen, indem er jedem den eignen nahm, oder verkümmerte. Unsern beiden Landleuten, denen Niemand leicht widersprach, war diese Methode ein wahres Fest; sie hetzten ihn immer mehr, mußten über alles lachen; er schüttete ihnen den ganzen Vorrath seiner Einfälle und Geschichten an einem Abende aus, die ihm sonst Monate vorgehalten. Es ist eigentlich ein Überfluß davon unter den Deutschen, aber es fehlen ihnen die Menschen, wie Waller, die unter Franzosen so häufig sind, die einen Einfall der Mühe werth halten, zu bewahren, oder das Geschick haben, ihn gut nachzuerzählen; überhaupt wird in Deutschland aus einer gewissen Trägheit und Besorgniß zu wenig gesprochen. Wurde er eitel mit Unrecht deswegen genannt, so sagte er: „Eitelkeit ist die Tugend der Kindheit, Viele bleiben ewig Kinder und ich bin es nicht, aber ich mag es gern sein. Von Mädchen wird nie Wahrheit gefordert, darum werden ihnen bedeutende Staatsämter versagt, doch findet sich von je unter ihnen viel Wahrsagerei; ich halts mit den Mädchen und gebe die Wahrheit gerne für die Wahrsagerei; wär ich nicht eitel, um gelobt zu werden, wäre ich wahr, so fragte ich Euch, Ihr bildet Euch viel auf Eure Liebe zu einander ein, aber die Liebe läßt sich nicht einbilden, wie der

Schwindel nicht mit der Vorstellung wegzubringen ist, daß man die Stufen eines Thurmes auf ebener Erde ohne Beschwerde ansteigen könne; Ihr schwindelt einander aber täglich von ewiger Treue vor, Ihr werdet Euch auch, wie Schwindelnde, aus bloßer Furcht zu fallen, sich übers Geländer stürzen, über die Treue stürzen; Sie machen ein finster Gesicht, lieber Graf, das ist noch recht, daß es Ihnen wenigstens ernst ist; die Meisten würden über meine Gotteslästerung lachen. Ob ich wirklich gotteslästerlich bin? Nein, das ist unmöglich, ein gotteslästerlicher Mensch kann nichts Gutes denken; der Gedanke ist ein Prüfstein der Menschen, das Thun ist selten zu durchschauen, es wird wie ein Gedärme durchschlungen, das Herz schlägt drein und gehört doch nicht dazu; auch kann niemand bei Thaten sehen, was er hervorbringt, denn er wird selbst erst darin, wie ein Vogel, der sich durchs Ei pickt, weil ihm das Fressen fehlt und statt des Fressens aufs Licht trifft, das ihm statt ins Maul in die Augen fällt. — In diesem Gange einer Springmaus, die blos darum ungeheure Sätze machen muß, weil ihr die Vorderfüße zu kurz und die Hinterfüße zu lang geschaffen, kam der Abend, und er wurde erinnert, seine Frau zu besuchen. Er ging hin, aber bald wurden Alle durch einen ungemein lauten Zank erschreckt. Er wüthete und tobte, daß sie ein Paar Äpfel, die ihm auf der

Reise von einer Dame verehrt worden, den Kindern übergeben. Die Kinder versteckten sich hinter der Mutter, und was diese zu schwach war zu sagen, das schrieen sie mit der unerzogensten Stimme. Die Gräfin wollte alles versöhnen, aber Waller sagte ihr sachte in die Ohren, er sei weiter gar nicht aufgebracht, doch halte er es für nothwendig, seine Meinung durchzuführen; auch wäre dies eine gute Übung für die Kinder. Und dann riß er sich wieder in den Haaren und rief: „Wer einmal das Zutrauen gebrochen, ein theuer anbefohlenes Unterpfand entwendet, wo sind da Grenzen; es ist so arg, als Simson im Schlafe die Haare abzuschneiden." — Die gute kranke Frau Waller weinte still vor sich, und Waller wendete sich sachte zur Gräfin um: „Hat sie nicht etwas von einer weinenden Mutter Gottes? Sie ist wunderschön!" — Bei diesen Worten flog er um ihren Hals und sprach ihr so traulich, so herzlich, bat so schön um Verzeihung, daß sie gerne alles verzieh und mehr. — Den Grafen verdroß doch diese widrige Gefühlsfabrik; er schwor dem Dichter, seine Gedichte würden nichts schlechter sein, wenn er statt mit lebenden Menschen mit blos gedachten dergleichen Geschichten aufführte. Dies rührte Waller bis zu Thränen: „Freund Sie treffen mein tiefstes Innere; ja ich fühle es, keine Wahrheit ist darin, und selbst indem ich Ihnen dies bekenne, ist es zum Theil Lüge, denn ich will etwas anderes damit, mir ihr Mitleiden statt des Zutrauens zusichern, das ich verloren." — Der Graf versicherte umsonst, daß wenn man sich so einer Betrachtung über die Wahrheit überlasse, immer nothwendig ein Stück fehlen müsse, nämlich das betrachtende; es würde dann immer nur zur Wahrheit einer dritten Person, die uns nichts angeht, nimmer unsre eigne. Waller schien durch diesen Scharfsinn überrascht, und weil er selten lobte, so war sein Lob schmeichelhaft.

Ein und zwanzigstes Kapitel.

Die Heimkehr des Schäfers aus Spanien.

So verging der erste Tag; spät in der Nacht brachte Waller sein großes idyllisches Gedicht in Hexametern: die Heimkehr des Schäfers aus Spanien. „Die Idyllendichter," sagte er, „sind zum Spott geworden an der ökonomischen Ausbildung des Menschengeschlechts; ich will ihnen durch ein genaues Anschließen an die höchste Ökonomie ein neues Interesse geben: hier durch die Berührung mit der Verbesserung der Schafzucht durch spanische Merinos. Die Schäferwelt ist uns so wenig untergegangen, als die Kreuzzüge; sie lebt nicht blos in ein Paar Schriftlein, die uns ein großes Schicksal übrig gelassen, es leben alle Zeiten in unsrer ganzen Ausbildung, in dem Gedränge des Mannigfaltigen noch fort, das unsre Zeit bezeichnet. Dies hat mich oft getröstet, wo ich mich einsam mit einem Paar tausend Sternen in der dunkeln stürmischen Nacht betrauerte, nachdem die Kriegsfurie mir helle Augen vorgehalten hatte, die mehr blenden als erleuchten, und ich fühle dies noch jetzt, umgeben von den Zerschmetterten, so lange ich mich selbst stark und gesund fühle. Nur die Übelthat der Schwäche ist unheilbar, die sich aufgiebt, weil ein andrer ihr nie ganz helfen kann, den sie nun darum haßt; alle anderen Versehen unserm Volke zu schulmeisterlich vorrechnen, ist eben so anmaßend als leer; viele haben sich geopfert und die übrigen werden durch sie leben. Wenn Einer im glühenden Abendroth das Volk versammelte und schritte auf Stelzen über dasselbe einher, und versicherte den Leuten, er sei unser Herr Gott, und die Leute glaubten nicht daran, und könnten nicht zum Entschlusse kommen, ihren Kopf wegzuziehen, freilich, da würde er ihn manchem einschlagen, indem er über alle hinfiele; machen sie ihm aber Platz, so geht er die wenigen Schritte, die er auf Stelzen zu gehen hat, ruhig fort, und muß dann doch herunter, und ist dann ein Mensch wie alle; nur hafte keiner an der Erdscholle, wo er geboren, lieber werfe er damit auf ihn. Völker müssen wandern, müssen steigen und sinken. In der Thätigkeit schweigt der Jammer, und der Jammer ist das ärgste Übel. Darum hasse ich alle politischen Laubfrösche, die sich prophetisch schreiend verkriechen, wenn ein Ungewitter naht, und sich das als Weisheit anrechnen: jene ewigen gleich falschen Drehorgeln, die auf allen Messen klagen. Wer den Finger hebt zur wirklichen Hülfe, ist mehr werth. Jene aber sind ganz des Teufels, die ihr Zeitalter in eine philosophische Abtheilung schrauben, und es nachher durch und durch verdammen. Achten wollen wir um so höher, was in uns, was in der Zeit die Probe bestanden, denn die Probe war hart.“ —

Bei diesen Worten fiel der Graf Wallern um den Hals und drückte ihm beide Hände. Waller fuhr mit neuem Eifer fort:

„Eine spanische Schafheerde, die in vielen Jahren aus einem Paare aufgebracht ist, das mühsam den weiten Weg geführt wurde, hat einen größeren Einfluß auf die Zukunft, als eine gewonnene Schlacht, die doch nie in ihren Folgen ersetzen kann, was die Menge gemordeter Menschen hätte schaffen können. Überhaupt ist alles Zerstören ganz leer und unbedeutend, aber das Schaffen ist des Höchsten Werk; auch giebt es kein herrlicheres Gefühl, als dieses Schaffen und Erfinden, sei es in Thaten oder in Gedanken: es ist ein heiliges Ehebett mit der ganzen Welt. In heiliger Ehe lebe ich mit jedem meiner Werke, wir lernen von einander, und es ergreift mich, ehe ich zu einem die Feder ansetze, oder ehe ich zum Vorlesen desselben übergehe, eine Furcht, ob es auch die rechte Zeit, ob meine Wahl auch glücklich sei, und so versäume ich leicht die Zeit ....

Wirklich erinnerte auch die Gräfin gähnend, daß es spät sei.

.... wirklich ist es auch heute zu spät, der schönen Gräfin noch meine Schäfer-Odyssee vorzulesen. Der schöne gewogene Takt meiner Hexameter brächte sie ganz zum Schlafe; es sind die besten, die je in deutscher Sprache verfaßt worden. Ich habe ein eigenes Ohr dafür, selbst Voß hat mir längst den Preis zuerkannt; kraft sechzig destillirter Eierschnäpse bin ich hinter das Geheimniß dieses Pfiffes gekommen. Sie glauben nicht, wie unterhaltend die Reise des Schäfers durch Spanien, Frankreich und Deutschland, wie lächerlich er alles in seiner Einfalt faßt, wie wunderlich er sein Haus wiederfindet, wo unterdessen der Feind gehaust." — Mit diesen Worten ging er zur Thüre, blickte aber noch einmal mit seinen verdrehten Augen zurück, und sagte: „Ein Glas Punsch hätte ich gerne getrunken." — „Lieber Waller," antwortete der Graf, „warum sagten Sie das nicht zur gehörigen Zeit, jetzt schlafen alle meine Leute." — „Nun, es schadet auch nichts weiter," rief er, und ging fort. Der Graf konnte sich doch nicht enthalten, auszurufen, als er bedachte, wie viel der Mensch so bedeutsam geallerleit und doch so gar nichts gegeben, dieser sei eigentlich kein Fantast, sondern ein Faselant, der mit einer ganzen Möbelkammer alter Fantasien herum hausire.

Zwei und zwanzigstes Kapitel.

Tod der Frau Waller und Wallers vergebliches Verlöbniß.

Der Morgen des folgenden Tages wurde jammervoll erweckt; Waller hatte seine Frau, als er sie zum Frühstücke erwecken wollte, todt gefunden, und lag seitdem in einer wunderbaren Raserei an ihrer Seite auf dem Bette. Der Graf scheute sich erst, seinem tiefen Schmerze zu begegnen, nur die Zeit vermag für jeden wirklichen Verlust zu trösten; bald wurde er aber von den schönen Elegien angezogen, die den Lippen des Unglücklichen entströmten; da fehlte keine Silbe in den Versen, trotz der schreckenvollen Erscheinungen, die sie ausdrückten. Leicht ließ er sich überreden, was er vorher durchaus nicht zugeben wollte, daß der entseelte Körper in ein andres Zimmer gebracht würde, nachdem der Graf ihm versichert, daß die Ausdünstung der Todten die Lebenden nachzöge. Noch bestrich er dreimal eine Warze über seinem Auge mit der kalten Hand der Todten, daß sie ihm noch einen Liebesdienst erweise; dann überließ er sie den fremden Gewalten, und erbat zu ihrer Einsetzung den Prediger Frank als den nächsten evangelischen Geistlichen zu sich. Nun wurde er selbst in ein anderes Zimmer des Schlosses getragen, denn er glaubte sich zu schwach zum Gehen. Die Kinder blieben in fürchterlichem Weinen bei dem Grafen, der in die angefangene Zeichnung der Gegend schaute, die halb von der Verstorbenen ausgewischt war; die Semmelkrumen lagen noch umher. Es war ihm heilig, dieses Bild, als der letzte Lichtfunken eines schönen Malertalentes; er ließ alles an derselben Stelle liegen, und führte die beiden Kinder in seinen Garten. Nichts war im Stande, sie zu trösten, - der Strom der Thränen schien seine lindernde Kraft an ihnen nicht auszuüben, kein Geschenk sie zu erfreuen. Endlich fiel der Graf auf den guten Gedanken, sie zu einer Angelbank zu führen. Dies Geschäft war ihnen ganz neu; das Suchen der Regenwürmer, das Aufstecken, das Warten auf die Bewegung des schwimmenden Federkieles, zerstreute sie in wenigen Minuten so ganz und gar, daß sie ausgelassen lustig wurden — wie leicht trösten sich Kinder um ihre Eltern. In dieser Beschäftigung erhielt er sie den Vormittag, dann ging er mit ihnen zurück, ohne daß sich ihre gute Laune gemindert hätte. Der Graf trat in das Zimmer, wo Waller auf dem Bette lag. Der Prediger Frank und drei schöne Landmädchen, die Töchter eines sehr reichen Amtmanns in der Nähe, standen umher und hörten mit Thränen seinen Schwärmereien zu. Waller begrüßte die drei Mädchen in recht anmuthigen Versen als die drei Grazien, die gekommen wären, ihn für den Verlust der Geliebten zu trösten. Sehr lebendig malte er sein verlorenes Glück, beschrieb seine künftige Einsamkeit, seine verlassenen Kinder; dann glaubte er die Stimme seiner verstorbenen Frau zu hören, er wiederholte schauerlich ihre einzelnen gebrochenen Worte, die ihm geboten, die Hand der schönsten von den drei Mädchen zu ergreifen und seinen Trauring daran zu stecken, sie könne, sie würde ihn trösten; ihr zeichnete er ein reizendes Künstlerleben vor. Der Graf glaubte, es sei schon etwas Entschiednes zwischen Beiden vor dem Tode der Frau gewesen, um so mehr staunte er, als die drei Mädchen ganz bleich das Zimmer verließen und die Erwählte den Grafen ängstlich bat, als er sie zum Hause hinaus begleitete, er möchte ihm den Ring zustellen, und ihm sagen, daß sie ihn sehr hochachte, daß sie ihn aber unmöglich heirathen könne, denn dazu gehöre doch mehr; daß sie von je, seit er in diesem Hause gewohnt, seine unglückliche Frau bedauert, die er mit seinem Unsinn zu Tode gequält, und daß sie jedem Mädchen von einer Heirath mit ihm abrathen würde. Mit diesen Worten verließen die entschlossenen Landmädchen das Haus und der Prediger Frank, der neben dem Grafen stand, lachte aus vollem Halse.

„Ich bin in Geschäften hier, Herr Graf,“ sagte er, „also nicht gegen Ihren Befehl, aber ich hätte nicht erwartet, mein Geschäft so reichlich bezahlt zu sehen.“ — Der Graf bat ihn um Entschuldigung jener Beleidigung am Hochzeitabend, die sein beleidigter Dichterstolz aus ihm gesprochen. „Heute,“ fuhr Frank fort, „sollen Sie noch ganz andere Erfahrungen über den Dichtercharakter machen; bringen Sie nur in aller Ruhe Herrn Waller den Gruß der Mädchen.“ — Der Graf trat ein und berichtete mit möglicher Vorsorge in vollkommener Treue. Waller schien wie aus einem Traume zu erwachen, er fragte die anwesende Gräfin, was er gethan; er verwunderte sich, als ihm die Verlobung erzählt wurde, lächelte, sagte, es sei eine schöne milde Täuschung seiner Sinne gewesen; sprang frisch und gesund vom Bette und schrieb laut lesend:

Willst Du nicht den Ring bewahren,
Den die Freundin lange trug,
Der geschmückt mit ihren Haaren;
Nahmst Du ihn aus bloßem Trug?
Schickest ihn mit klaren Sinnen
Und mit ernstem Wort zurück!
Kann ich mich doch nicht besinnen,
Was ich dacht in Deinem Blick,
Tröstend ist es mir gewesen,
Was ich damals zu Dir sprach.
Denn ich bin davon genesen
Und ich war vorher so schwach.
Warum willst Du nicht behalten,
Was ich gern im Traum verlor,

Kann

Kann ich doch nichts fester halten,
Denn ich bin und bleib ein Thor.
Nimm statt eines beide Ringe,
Daß ich nicht mein Unglück seh,
Halt mich nicht so ganz geringe,
Daß ich Dich mit List umgeh.
Alles Glück hab ich empfunden,
Mit der Liebsten schwand es hin.
Immer bluten meine Wunden,
Bis ich ganz verblutet bin.
Glück soll Dir die Hände bieten,
Unglück brächte meine Hand,
Denn gefallen sind die Blüthen,
Und ich bin vom Schmerz verbrannt.

Diesem Briefe legte er beide Trauringe bei, und bat den Grafen dringend, sie fortzusenden; dann legte er sich wieder aufs Bette und schnarchte so lächerlich, daß Alle sich auf die Lippen beißen und das Zimmer verlassen mußten.

Im Vorzimmer fing sich eine lange Untersuchung über den wunderlichen Menschen an. Den Grafen hatte diese Geschichte von ihm zurückgeschreckt; die Gräfin fand darin viel Rührendes und Prediger Frank hatte sie schon zu seiner Menschenkenntniß anatomirt und alles Fehlerhafte sauber eingeschlagen, um es in dem ewigen Spiritus seines unverwüstlichen Gedächt-nisses aufzubewahren. — Frank. Ich glaube, wir lesen die ganze Geschichte bald gedruckt; ein Dichter von der Art wie Waller erlebt selten etwas, wo-von sein Buchhändler nicht auch Vortheil oder Schaden hätte. Gräfin. Ich fürchte immer noch, er thut sich ein Leides an; sein Zustand war nicht natürlich, er war heftig und schrecklich, mehr als ein Mensch ertragen mag. Frank. Haben Sie nicht sein Gesicht gesehen, wie viel wunderliche Falten auf der Backe über den Augen; ich kenne Wallern; in einer Tragödie, die er liest, macht er zehnfach ärgere Gesichter noch, als er heute um seine Frau angelegt, ob er gleich mit Jedem, der ins Zimmer trat, noch eine Falte aufzog, noch ein Stück Holz in sein Trauerfeuer legte. Graf. Sie haben Recht, das ist mir ganz verhaßt, daß er mit keinem ein daurendes wahres Verhältniß ungestört durch die Gegenwart Anderer bewahrt; aber während er noch vertraulich mittheilend mit Einem im Augenblicke sprach, ward dieselbe Sache ihm gleich zum Spotte, wenn z. B. meine Frau hereintrat. Frank. Sehen Sie, Herr Graf, das ist eine Eigenthümlichkeit des Künstlercharakters, vieles Traurige und Lustige, Ernst und Spaß wie eine Chimäre zusammen zu denken. Die Frauen sind zufrieden, wenn man ihnen nur etwas zu thun macht, sie mit Hülfe und Mitleid anstrengt. Gräfin. Nicht zu allgemein. Frank. Das Pflegen eines ausgezeichneten Menschen, der sich leidend stellt, setzt die Frauen in eine gewisse Autorität gegen ihn. Gräfin. Ich kann keinen Kranken pflegen und wär er mein eigener Mann. Nicht wahr, Karl, das hast Du erfahren, als Du ein Paar Tage nicht wohl warst? Schon die eingeschlossene Zimmerluft ist mir verhaßt. Graf. Du hast Recht. Ich mag mich auch von keiner Frau pflegen lassen. Frank. Und doch waren Sie so allseitig um den großen Dichter beschäftigt; es ist unglaublich, wie ein großer Name wirkt; denn aufrichtig gesprochen, haben Sie etwas anders von ihm vernommen, als Unsinn Graf. Nein, mein Herr Prediger, viel Schönes hat er uns vorgetragen, aber freilich in einer Art, die sich unter einander vernichtet, wie jene zwei Löwen, die sich so lange bissen, daß endlich nichts als die beiden Schwänze übrig blieben. Frank. Sehr wahr, und das ist wieder Künstlercharakter; dieses Hetzen in sich, dieses ewige Kritisiren, das in aller Berührung mit der Welt durchaus tödtet und nie belebt, jedes Spiel verdirbt, jeden frohen Gesang ängstiget, ob er auch an seiner Stelle. So wirkt die frische Literatur, wie die frischen Zeitungen, gar böse auf die Augen; ein junger Dichter glaubt, es sei seine Schuldigkeit, einer ganzen Gesellschaft alle eigenen gewohnten Straßen der Fröhlichkeit mit seinen gezwungenen Verrenkungen sogenannter Laune, Phantasie, Humors, Witzes und Genies zu verleiden, indem er sich wie ein Gallsüchtiger quer drein legt. Graf. Da müssen wir ja die Künstler absondern von aller Gesellschaft, wie der ägyptische König die dreißig Kinder in eine Wüste verpflanzte, damit sie die Ursprache erfänden. Frank. Ja wohl, lieber Graf, wie die Bildhauer von dem Staube leicht die Schwindsucht, die Maler vom Farbendunste die Malerkolik bekommen, Tonkünstler leicht taub werden, und mit diesen Krankheiten alle die anstecken, die in ihren Werkstätten hausen, so theilen die Dichter ihren Dichtersparren gar leicht den Menschen mit, die sie sich zu ihrer Werkstatt erlesen, und dazu ersehen sie in ihrer Thorheit die ganze Welt und denken nicht daran, daß ihnen nachher keine Leser übrig bleiben. Gräfin. Sie wissen, ich sage meine Meinung. Sie sind ein Verstandesmensch, Sie wissen nicht was Begeisterung sei, wie ein Mensch darin im Augenblick über alle erhaben die Welt überschaut, wo sie uns verschlossen mit Bergen und Wolken; muß er da nicht hart sein gegen die, welche ihn nicht verstehen und seiner Gaben sich nicht erfreuen. Frank. Haben Sie nie Verse gemacht oder sonst in Worten etwas dargestellt? Gräfin. Nein, ich wagte es nie, die Worte waren mir immer entfernter als Musik und Zeichnung. Frank. Nun kann ich es mir erklären, wie Sie Dichter für so ganz besondere Menschen halten. Erst in eigener Übung lernt man bei aller Kunst das Übereinstimmende augenblicklicher Eingebung mit jahrelangem Streben erkennen; wie die Körper nur flüssig auf einander wirken, so bedarf das Geisterreich einer vieljährigen lösenden Wärme, ehe es seine edlen Metalle in einem

Geiste niederschlägt und frisch kristallisirt in einem Augenblicke allen zur Bewunderung herstellt. Ob einer unter Büchern, oder auf einsamer Heide, oder in sich verschlossen unter einer Menschenmenge, dieser Sehnsucht seines ganzen Herzens nachhängt, das kommt auf eins: dieses sind die wahren Dichter; jene aber, die, wie Waller, auf halbem Wege stehen bleiben, möchten ohne eine Sehnsucht nach dem Herrlichsten diese heilige Gabe immerdar empfangen, und so wird jede Thorheit, die ihnen durch den Kopf geht, als eine heilige Gabe von ihnen geachtet und ausgeschrieen. Die Welt tauscht diese Thorheit mit anderer Thorheit ein, so ist es ein ewiges Rühren und Erquicken zwischen der mittelmäßigen Welt und den mittelmäßigen Dichtern. Gräfin. Denken Sie auch, was Sie mir darin sagen. Frank. Ich darf es sagen, denn Sie denken eigentlich höher und tiefer, aber Ihr guter Glaube, Ihr Wohlwollen nimmt Ihnen das ruhige Urtheil über Waller.

Die Gräfin stellte sich ärgerlicher, als sie war; sie ging zu Waller, der gewaltig nieste und etwas zu essen begehrte. Der Schlaf schien den Mann verwandelt zu haben, während er mit großer Begierde aß und trank, ließ er schon seiner ganzen Lustigkeit den Zügel. Die Kinder mußten ihm ein Puppenspiel bringen, das er von einem Freunde, dem Puppenspieler Rubald, zum Geschenke erhalten hatte, nachdem dieser wieder in den Krieg gezogen. „Ein großer wunderlicher Kerl,“ so beschrieb ihn Waller, „in allen Welttheilen hatte er schon gefochten und mit Puppen gespielt; er zeigte mir einmal seine Brust, da war jede Schlacht und jedes neue Puppenspiel mit Pulver einpunktirt, die er mitgemacht; keinen anderen Orden hatte er bewahrt. Ein Hufeisen trug er wie einen Ringkragen um den Hals, das hatte er dem Hinterfuß vom Pferde seines eignen fliehenden Feldherrn, um ihn aufzuhalten, abgerissen, und war dabei mehrere Schritte weit halb todt fortgeschleift worden. Er hatte einen thörichten Haß gegen die Juden; vergebens stellte ich ihm oft vor, daß sich die Juden in unserer Zeit in jeder Tugend, in jedem Talente bewährt hätten; noch sein letztes Stück war zum Theil gegen eine reiche Judenfamilie gerichtet, die sich in der Art, wie sonst reiche adliche Häuser, in einer Residenzstadt gegen den verarmten Fürsten aufgelehnt hatte, nachdem sie durch Lieferungen schnell reich geworden.“ — Alle baten, er möchte das Stück geben, denn nach aller Beschreibung ginge es auf ihren ehemaligen Fürsten, den in seiner Residenz gleiches Schicksal betroffen. Waller hatte das ganze Stück und war bereit, es aufzuführen. Sein Theater wurde hinter einer Thüre aufgeschlagen; Jeder half dabei was er konnte, und die Meisten standen dabei im Wege. Am Abend, als Licht angezündet wurde, war der geheimnißvolle Vorhang schon vorgezogen und Waller in seinem Zimmer versteckt. Nach einer kurzen Musik, die er mit Händen und Füßen und dem Mund-Waldhorne klapperte und brummte, erhob sich der Vorhang, und die Zuschauer sahen den großen Kopf des Waller, der das Theater fast füllte, durch Schminke und Schwärze lächerlich charakterisirt.

Drei und zwanzigstes Kapitel.

Übersicht der Tragikomödie von dem Fürstenhause und der Judenfamilie.

Prolog des Dichterkopfes.

Was ist für Freude noch bei großen Bühnen,
Da ist nichts Lustges mehr, kein wild Erkühnen,
Auch ich war einst dabei, hab mitgemacht,
Und hab in Jahren nicht dabei gelacht.
Die guten alten Spieler werden schwach,
Und ach, das junge Volk wächst schwächlich nach,
Was kann die Welt für Lust an Kindern haben?
Es dankt das Publikum für künftige Gaben,
Will Fertges sehn; was sich erst bilden soll,
Das mache kein Geschrei, sonst heißt es toll.
Den Kindern springt die Quint, wie ichs gehört,
Das Publikum ward ganz von Haß bethört,
Es pocht, es lärmt, und keiner schien mehr recht,
Es flohn die Schauspielleut aus dem Gefecht.
Da nahm ich nun mein Tuch, macht einen Knoten,
Und hab ein Kinderspiel dem Volk geboten,
Und wackelte damit und ließ es tanzen,
Ich ward vergnügt und es gefiel im Ganzen.
Ich nahm das Buch recht wie ein Kind in Lehre,
Als obs das Publikum, das edle wäre,
Und fragt es aus, wie es uns möchte haben?
Da sprachs so viel von hohen Künstlergaben,
Doch wußt es nicht, wo die zu Kaufe waren;
Da mußte ich es billig drin belehren:
„Die Kunst ist frei, sie brauchet viel Theater,

Das Eine bild' das Kind, dies zeig den Vater,
Wenn jenes reif, da tret' es hier erst ein!
Doch weil für jetzt dies Schauspielhaus allein,
So müßt Ihr auch den Schülern gnädig sein."
Auf dieses Wort folgt Klatschen allgemein,
Ei, dachte ich, und konnt es gar nicht fassen,
Dies Schnupftuch kann jetzt mehr, als Künstler spaßen;
Die Künstler sind zum Spaß zu vornehm worden,
Und doch nicht groß genug zum trag'schen Morden.
Ich ging davon und machte kleine Puppen;
Viel hatt ich nicht zu brocken in die Suppen,
Doch essen auch nicht viel die kleinen Leut,
Sie sind zu jeder Rolle stets bereit,
Um Kleider ist kein Streit, auch nicht um Tugend,
Auch nicht um Liebhaber, auch nicht um Jugend.
Sie sind so alt, wie ich sie eben brauch,
Die weißgenasten häng ich in den Rauch.
Mein Kopf füllt mein Theater ganz allein;
Sind meine Menschen gegen mich nur klein,
So bin ich darum wahrlich groß zu nennen,
Kann sie verbinden, und sie trennen,
Nach Eigensinn und nach Verstand,
Und bin ein rechter Gott in diesem Land;
Weiß ich nichts mehr aus meinem Kopf zu sagen,
So brauchen sie nur tüchtig sich zu schlagen,
Und weil mein Casperl trefflich Tritte giebt,
So schweigt Kritik und ich bin stets beliebt,
Ein Jeder lacht, ein Jeder giebt sein Geld,
Jetzt ist mein Casperl hier der größte Held.

Casperl kuckt bei diesen Worten neugierig in ein Fenster, wo eine ansehnliche Judenfamilie unter versetzten Sachen bei einem Gewitter kauert. Sie glauben, der Messias komme, worüber die Tochter Rachel hochmüthig lächelt; aber nun springt Casperl herein,

Alle erschrecken und die ohnmächtige Tochter bittet um ein Zuckererbschen aus dem silbernen Büchschen; Casperl giebt ihr einen Nasenstüber und giebt sich für den Messias aus. Der Jude frägt, woran er ihn dafür erkennen soll; Casperl giebt ihm Tritte wegen seines Unglaubens, der alten Jüdin einen Kuß und so glauben Alle an ihn. Er wird ungemein mit Räucherungen geehrt, nimmt ihnen aber das Opferfleisch vor der Nase weg, und sagt ihnen, das sei also die neue Mode im Himmel. Nachdem er gut gegessen, will er zu Bette; der alten Jüdin sagt er heimlich, er wolle sie heirathen und dem jungen Mädchen gleichfalls. Sie geben ihm ein großes Bette, da erschrickt er über die Decke, worauf das fürstliche Wappen gestickt; er ruft Alle herein, wie sie dazu gekommen. Sie sagen, das müsse er in seiner Allwissenheit auch wohl wissen, daß sie es im Versatz hätten. Er sagt, daß er nur der Ordnung wegen gefragt und schickt sie wieder fort. Nun hebt er einen Judenschlafrock auf, dessen Saum mit Cymbeln besetzt ist; er fängt die Cymbeln an zu bewegen, Alle laufen zusammen und fragen nach der Neuigkeit. Er sagt ihnen, es sei blos der Wachsamkeit wegen; sie gehen ärgerlich ab. Nun besieht er seine Leibwäsche, die er ausgezogen und die voll Löcher, und zieht ein Judenhemde an, das voll Flicken, den Schlafrock mit den Cymbeln drüber und so geht er fort aus dem Fenster, um seinen Herrn, den Prinzen von Mesopotamien, zu bedienen, dem er im Gasthofe Quartier machen sollte. Die beiden Jüdinnen, Mutter und Tochter, kommen jetzt herein und wollen zum Messias, und eine hält die andre dafür; der alte Jude hat sie aber vermißt und kommt mit Licht; da erkennen sie sich und der alte Jude meint, der Messias wäre wegen ihrer Unkeuschheit davon gegangen; sie aber sagen, er sei vor ihnen gen Himmel gefahren; der Jude wird böse und will sie schlagen, wird aber jämmerlich von ihnen am Barte gezaust. So schließt der erste Akt, und der zweite beginnt, indem eine Lerche nachgeahmt wird. Es ist Morgen, des Fürsten Schloß auf dem Berge wird von der Oberhofmeisterin Grethel ausgefegt, sie will dabei allerlei geistliche Lieder singen, doch fällt ihr immer der verlaufene liebe Mann Casperl ein; dann schimpft sie auf ihren schweren Dienst und erzählt von ihren Erziehungsgrundsätzen, wie sie die beiden Prinzessinnen Spaßine und Ernestine klug gemacht. Spaßine und Ernestine kommen gelaufen; jene bringt einen Apfel, worin ein Gesicht geschnitten und frägt sie, wem es gleiche? Grethel fängt an zu weinen: so sehe ihr lieber verlaufener Mann Casperl aus. Nun lassen sie sich von ihr den Mann beschreiben;. sie erzählt unter andern, daß er vom Reiten auf Abentheuer schöne krumme Beine gehabt, seine Nase dabei als Meilenzeiger, die

Augenbraunen als Regenschirm gebraucht habe. Hierauf kommt der Fürst mit Jagdzeuge beladen von der Jagd zurück, er hat einen Zaunkönig geschossen und der soll zum Mittagessen gebraten werden; dann macht er sich bequem und examinirt seine Kinder, was sie gelernt und gethan: „Nun liebe Ernestine," sagt er, „Du hast was auf Deinem Gewissen, bekenn es nur, Du bist so still heute. Wie? Du fängst bitterlich an zu weinen, hab ich Dich mit dem Kamm gerissen? Sieh ich muß mit weinen, und das kostet mir mehr als Dir." Ernestine. Weinen Sie nicht, lieber Vater, ich will Alles sagen, aber Sie müssen mich nicht so anblicken. Fürst. Sprich nur, liebes Kind, ach Gott gieb mir Kraft, was werde ich hören müssen. Ernestine. Ich war in den Garten hinuntergesprungen, ganz traurig bin ich zurückgeschlichen. Fürst. Du armes Kind. Ernestine. Weil er weggegangen. Fürst. Je wer denn? Ernestine. Ei nun der Bettler, dem ich den Kuß gegeben. Fürst. Ein Bettler? Ist denn mein Bettlermandat nicht angeschlagen? Ernestine. Lieber Vater, ich hatte gar nichts, ihm zu geben, Sie wissen ja; und es war so ein schöner junger Mann, den ich ohne Trost nicht weglassen durfte, da fragt ich, ob ihm ein Kuß nicht zu wenig wäre — und da sagte der gute Mensch, er sei ihm nicht zu wenig, und da gab ich ihm doch zwei, und den dritten nahm er sich, und den vierten gab ich ihm obenein, und den fünften in den Handel, und den sechsten, weil ungerade Zahlen nicht gedeihen und . . . Fürst. Der Bettler muß Dir was angethan haben. Ernestine. Er hat mir was abgenommen, meine Ruhe; aller Orten suche ich ihn und singe: Wo suchen Dich, Herzliebster, meine Gedanken? Es findet Dich nirgends mein Blick, Dein Bild bleibt vor mir im Schwanken, wie's Glück. O Du mein einziges Glück, Dir nach meine Seufzer rufen! Dir nach die Seufzer grüßen, mein Mund folgt nach dem Kuß, den Deine Lippen küssen, und Deine Küsse sind Luft; der Wind kann sie nicht wegnehmen, er müßte sich ja schämen, daß er mir Alles nähm, das wär ja unverschämt. Fürst. Ach, was ist das für ein Unglück; die Armuth will ich doch gar nicht mehr in meinem Lande dulden; es soll alle Armuth freien Abzug zum Nachbar haben. Spaßine. Vater, da müßten wir und Sie ja auch zum Lande heraus. Fürst. Schweig, in Regierungssachen mußt Du Dich nicht mischen; Ihr macht mir heute vielen Kummer. Ernestine, blase die Gedanken weg, heute kommt Dein Bräutigam, der Prinz von Mesopotamien; schlag Federball, das vertreibt Dir die bösen Gedanken. Ernestine. Ich kann nichts anders denken, als ihn, ich kann niemand anders heirathen, als ihn; den Prinzen kann ich nicht lieben. Fürst. Ei was lieben, darauf kommts beim Heirathen nicht an, das Heirathen ist eine Sache für sich; Deine Mutter selig war mir ganz abscheulich, ich habe sie doch geheirathet. Ernestine. Lieber Vater, ich kann ihn nicht nehmen; ich würde eine Lust bekommen, ihn umzubringen. Spaßine. Lieber Vater, wenn die Schwester den Prinzen nicht haben will, geben Sie ihn mir; ich möchte gar zu gerne heirathen. Fürst. Ei, meine Tochter, so was müßt Ihr gar nicht sagen, wenn das unten bei den reichen Juden bekannt würde, die ließen es in ihre Zeitungen und Journale einrücken; Frau Grethel, sag Sie mir doch, was hat Sie den Kindern für Sachen in den Kopf gesetzt; merk ich so was von Ihr, so geb ich Ihr eine Backpfeife, daß es Ihr noch lange vor den Ohren summen soll. — Frau Grethel setzt hierauf ihre Pestalozzische und Vaccinations-Erziehungsmethode auseinander; der Fürst will die alte Methode vertheidigen, sie zieht aber den Pantoffel aus und weiset ihn zur Ruhe. — Während dieses pädagogischen Gefechtes tritt Casperl in den Kleidern seines Herrn, der ausgeblieben, mit einigen Reden, die seinen Spaß erklären, herein und giebt sich für den Prinzen von Mesopotamien aus. Gleich erkennt er seine Grethel; sie hat aber zu viel Respekt gegen ihn und seufzt vor sich, daß es Schade sei, ihr Casperl habe doch nie so was Vornehmes an sich gehabt. Der Fürst und die Töchter sind sehr verlegen; doch faßt sich Spaßine und giebt die Schlägerei für ein Pantoffelspiel aus; der Fürst bezeugt auch sein Vergnügen an dem schönen Spiele, und sucht seine blutende Nase zu verstecken. Casperl dankt für dergleichen Spiel und schlägt ihm dafür das große Eßspiel vor. Als ihm dies nicht gewährt werden kann, weil der Zaunkönig noch nicht gebraten, so soll er inzwischen rathen, welches seine Braut; Spaßine macht ihm viele Artigkeiten und Ernestine weiset ihn sehr hart ab; er bestimmt sich also aus Respekt gegen das Pantoffelspiel für Spaßine, die ihm auch von dem Fürsten für seine Braut angegeben wird. — Der Fürst will darauf seinem Eidam das Reich vom hohen Thurme zeigen und Casperl frägt, ob auch kein starker Wind, daß er etwa über die Grenze geweht werden könnte? — Ernestine bleibt allein zurück und stellt sehr tiefsinnige Betrachtungen in ganz philosophischer Sprache über die fürstlichen Heirathen an, die alle Fürstenhäuser verderben, indem sie aus Naturen nie in Leidenschaft die falsche Richtung wegschaffen, die sie auch in sich gefühlt habe, ehe sie geliebt; nur in der Liebe sei Wahrheit, Volkssinn, der sich Allem anschließe, Alles verstehe, selbst den Bettler. Sie setzt sich nieder und weint. — Der wahre Prinz, der am Morgen als Bettler verkleidet ihr die Küsse abgenommen, tritt in anständiger Tracht herein und bemerkt sie nicht. Er erzählt von seinen Absichten, eine Heirath aus Liebe zu stiften und wie er so ganz seeleneigen dem armen Mädchen geworden, das in diesem Schlosse diene und ihm nichts, als ein Paar Küsse, habe geben können; der Prinzessin wolle er entsagen, die ihm bestimmt, dies arme Mädchen aber aufsuchen, — so recht vertraut, haarklein ihr aufzuzählen, was mir so taglang, so nächtelang thät fehlen, Vertrauen, ewiges in Lieb gebunden, im armen Mädchen hab ichs nun gefunden; die Krone will ich ihr zu Füßen legen, kommt Kuß dem Kuß, der Blick dem Blick entgegen, und daß dies alles sei kein Augenblick, wie jener Kuß, der noch mein ganzes Glück, nein die Gewohnheit aller meiner Stunden durch heilges Band auf Leben und Tod gebunden. — Indem er so deklamirt, ist er mit seiner Hand der Prinzessin so nahe gekommen, daß er ihr ins Gesicht schlägt; sie schreit auf: eine Scene des freudigen Wiedererkennens und der Verzweiflung, sie beleidigt zu haben. Doch sie vergiebt ihm mit vielen dicken Küssen. Die Scene verwandelt sich in das Eßzimmer des Fürsten, der sehr böse ist, daß seine Tochter Alle auf sich warten läßt. Casperl frißt heimlich alle Schüsseln aus, und sagt immer, das habe nichts auf sich, sie könnten immer noch warten. Endlich wird Spaßine nach der Schwester geschickt und kommt mit der Nachricht wieder, daß sie in den Armen eines fremden Ritters liege. Der Fürst fordert Casperl auf, die Ehre seines Hauses, dem er nun bald verbunden, mit

dem

dem Schwerte zu vertheidigen. Casperl will nicht, weil er kein Blut sehen könne, er verflucht die thörichten adeligen Sitten. Alle dringen in ihn mit Gabel und Messer, daß er ihre Ehre vertheidige; endlich zieht er sein hölzernes Schwert, als aber der Prinz mit Ernestine hereintritt, wird er gleich rückgängig und fällt ihm zu Füßen. Der Prinz reißt ihm seine Kleider ab, und nun erscheint er in dem jüdischen Schlafrock, dessen Saum mit Cymbeln besetzt ist. Grethel erkennt ihn und wird unmäßig böse und zärtlich gegen diesen ihren verlaufenen Mann. Sie machen einander schöne Vertraulichkeit, ihre Kinder haben alle öffentliche Stellen am Pranger bekommen; endlich fangen sie sich an zu schlagen, und die Cymbeln klingeln so laut, daß die ganze Judenfamilie erscheint, ihren Messias und ihren Schlafrock aufzusuchen. Sie wollen ihn mit Gewalt der Grethel entreißen, und der Fürst, der nun durch den fremden reichen Schwiegersohn Muth gewonnen, bestraft sie für diesen frevelhaften Eingriff in eine glückliche Ehe mit dem Verluste der Schuld für das verpfändete fürstliche Ehrenbette. Die Juden bringen mit Lamentiren das große Bette aufs Theater; der Fürst segnet die liebenden Verlobten; Casperl schlägt an seinen Cymbelnrock, und die ganze Judenschaft muß tanzen.

Die Zuschauer hatten alle des Stücks herzlich gelacht, besonders die Kinder, nur die beiden Söhne Wallers hatten oft während des Stücks bitterlich geweint, und als sie um die Ursache befragt wurden, sagten sie, daß sie die Reden der Ernestine so oft von der Mutter hersagen gehört. Der Graf gewann die beiden Kinder sehr lieb; so auffallend ihm im Anfange ihr wildes, neugieriges, ausspürendes und nachahmendes Wesen geschienen, so bedeutsam wurden ihm jetzt manche ihrer Fragen. Die Gräfin theilte diese Neigung nicht; seit sie selbst an den ersten Beschwerden der Schwangerschaft litt, und ihre sonst unzerstörbare Gesundheit geschwächt fühlte, sogar fürchtete, einen ihrer schönen Zähne einzubüßen, haßte sie alle Kinder, und schwor ihrem Manne im Übelbefinden ihres Magens, womit sich dieser Tag schloß, nie wolle sie mehr als dies eine Kind haben, das ihr schon so viel Noth bereite.

Vier und zwanzigstes Kapitel.

Traugotts erste Erinnerung.

Gleich am andern Morgen, als Waller noch schlief, fand der Graf die beiden Knaben schon mit Angeln beschäftigt, sie wiesen ihm mit Jubel einen kleinen Fisch. Hier erfuhr der Graf, daß nur der jüngere Knabe, Alonso, Wallers Sohn sei; der andere, Traugott, war ein Kind erster Ehe; die Mutter hatte sich aber durch keine Gewalt von ihm trennen lassen. Alonso hatte die Nacht geträumt, die Mutter sei vom Himmel herunter gestiegen und habe in ihre schwarz seidene Schürze, die sie gewöhnlich zu tragen pflegte, den Traugott eingewickelt und mit sich geführt. Der Traum setzte den Grafen in Verwunderung, da beide Kinder eben kein träumerisches Ansehen hatten, doch schien Traugott den Tag viel stiller als sonst; er mußte ihm etwas aus seiner früheren Geschichte erzählen. Weil er nun noch nie darnach gefragt war, so lag Alles sehr bunt unter einander, wie die Umgebung es ihm zurückrief. Viel sprach er von einem Wasser, worin er einmal gelegen; der Bruder sagte aber, das sei nicht wahr, man habe ihnen blos erzählt, der Storch hätte sie aus dem Wasser geholt, davon käme die Geschichte. Traugott ließ es sich nicht abstreiten, er sagte, daß er ganz allein gewesen und daß ihn ein unbekannter Mann herausgezogen. Dann erzählte er viel von einem kleinen Fürchtegott, mit dem er als Kind gespielt; der sei älter gewesen und habe immer alles im Spiele so schön einzurichten gewußt, daß er noch jetzt die Palläste nicht beschreiben könne, die jener aus Bausteinen und ausgeschnitztem Papiere mit einem durchscheinendem Lichte hervorgebracht habe; er werde nie wieder die künstliche Pracht sehen; er habe soviel Ehrfurcht vor ihm gehabt, daß er jeden Schlag von ihm als eine Gnade angenommen, und sich Gott nicht anders, als wie seinen Fürchtegott gedacht habe; ihm habe er alles geschenkt, was er bekommen an Geld und Früchten, ungeachtet er bei dem Anblicke eines Apfels schon ein begehrliches Zucken im Munde verspürt. Diesem Fürchtegott hätte er auch seine Kleider gegeben, und als das der Vater wahrnahm, hätte jener nicht mehr zu ihm gedurft, und da habe er sich todt hungern wollen. Nachdem er einen Tag gehungert sei er Morgens früh aufgewacht, er hätte den Druck einer Hand gespürt, die ihn erweckt, hätte aber nichts Lebendes um sich gesehen, als den hellen Morgenschimmer, der in der leeren Luft mit unzähligem Staube Ball geschlagen. Sein Blut habe gewallt, sein Herz gepocht, sein Auge sei geblendet gewesen, und er hätte geglaubt, sich zu sehen, ganz elend, wie die Leute ihm aus Mitleid seinen Fürchtegott zugeführt hätten. Nachher habe er nichts vor seinen Augen gesehen, als eine feste grüne Wolke im rothen Felde, dann sei die Wolke roth und das Feld grün geworden. Unwiderstehlich habe es ihn in den Schloßgarten gezogen, der Vater habe noch geschlafen, das Schloß sei ganz still gewesen, und er habe Niemand auf den Treppen gesehen, als ein Paar weiße Mäuse. Vor dem Schlosse habe er unter zwei himmelhohen Linden gestanden, die mit weißen Blüthen und summenden Bienenschwärmen bedeckt gewesen. Die Bienen hätten sich endlich davor gesammelt, wie eine braune Wolke und langsam tief ihren Zug weiter in den Garten genommen, er aber sei ihnen nachgefolgt, wo ihm sonst nie erlaubt, hinzugehen, weil er von vielem freien Gewässer durchschnitten. Er sei ihnen erst zagend gefolgt, aber der Schmerz der kleinen Steine an den Sohlen habe ihn endlich entschlossen gemacht. So kam er zwischen eine Reihe weißer Menschen in weißen Kleidern ohne Augen, die unbeweglich blieben, auf seinen Gruß nicht dankten, dann zwischen Bäume, die schmal und breit wie eine Mauer auf eine weite Aussicht geführt hätten; aber plötzlich habe er seinen Kopf gegen Bretter gestoßen und statt der Aussicht nichts als bunte Flecken vor sich gesehen. „Es muß eine sonderbare Kunst sein," sagte Traugott hier, „die etwas macht, das zugleich ist und nicht ist, oder ist etwa alle Kunst also?“ — Die Bienen hatte er über diesen Anstoß und über diese Aussicht ganz aus den Augen verloren; er sah aber seitwärts ein schwarzes Schild, das von vielen Armen getragen wurde; da fand er in der Mitte einen großen Stein umgeworfen, und einen wunderlichen duftenden Haufen von trockenen Kiehnnadeln, worauf viele Ameisen liefen, die er wohl kannte. Da huckte er sich nieder, doch mit großer Vorsicht, daß ihm keine ankrieche, sah dann zu, wohin sie so eifrig liefen, konnte aber nichts finden, warum sie also beweglich; da rührte er in den Haufen, um ihnen doch eine Ursache zur Unruhe zu geben. Weil ihnen nun die Decke ihres Hauses fehlte, hatte er Mitleiden mit ihnen und warf eine Menge trockner Nadeln, die in der Nähe unter einem Baume lagen, darauf. Die Ameisen brachten sie schnell in Ordnung, und nun wurde er dem Völkchen so gut, daß er einem Strohhalm in die Mitte hineinsteckte, auf daß sie sich in der Gegend umsehen könnten. Gleich stiegen viele hinan, und wie eine oben, trieb sie wieder eine andere hinunter; er aber wollte, daß eine bleiben sollte, und warf mit Erde drein, und da wurden alle böse und hatten ihn heimlich beschlichen und kniffen ihn so unleidlich, daß er davon lief, immer blindzu, bis er in einem kühlen Wasser stand mitten unter Wasserlilien, und aus jeder Wasserlilie sah Fürchtegott heraus; aber so wie er dazu kam, war er wieder fort, und saß auf einer weiter weg und lachte über ihn. Über ihm rief aber ein alter Mann mit einem glühenden Gesichte aus einer grauen Wolke, in die er ein Loch gerissen, und da verschwand Fürchtegott; der alte Mann rief immer fort: „Traue Gott, fürchte Gott und scheue Niemand!" — Bei diesen Worten hob ihn eine Hand aus dem Wasser, und er lief frierend von Nässe in die Sonne, damit die Mutter nicht sähe, daß er im Wasser gewesen. Und da schien es ihm in der Sonne, als ob er selber anfinge zu leuchten, und lebte draußen außer sich auf allen Blumen, die er ansah, auf allen bunten Steinen, die vor ihm glänzten, und das alles sah künstlicher aus als alles, was Fürchtegott ihm gebauet, und Fürchtegott war ihm auf immer ganz gleichgültig; und als er in der Sonne trocken geworden, ging er zurück ins Schloß, wo noch alles schlief, legte sich in sein Bett, frühstückte mit den andern, und sagte lange Niemand davon.

Die Historie hatte den Grafen wunderlich ergriffen; er war an manche kleine Begebenheit seiner eigenen Jugend dabei erinnert worden; er ging zu Waller und fragte ihn, der noch im Bette lag: wozu er den Knaben bestimme? Waller sagte, daß er ihn dem rechten Vater wieder zustellen wollte, so wie er seinen eigenen Sohn den Amtmannstöchtern überlasse, die den Tag vorher die wunderliche Geschichte mit ihm gehabt. Der Graf bat ihn, den Knaben doch diesen Sommer bei ihm zu lassen, er scheine sich bei der Landwirthschaft zu gefallen. — „Es ist ein Allerweltsjunge," sagte Waller, „recht gerne, behalten Sie ihn, der giebt sich mit Allem ab; Sie sollten einmal sehen, ganze Pakete Gedichte, Tragödien schmiert er zusammen, und ich kann Ihnen versichern, daß ich Manches darunter zu meinem Gebrauche bearbeitet habe; denn Alles hat freilich etwas sehr Unreifes, Abgerissenes." — Die Annahme des Knaben war aber mit der Zustimmung Wallers noch nicht ausgemacht; die Gräfin war sehr dagegen, sie scheute die kleine Mühe der Oberaufsicht; doch nach mancher Zärtlichkeit des Grafen gab sie endlich zögernd nach.

Fünf und zwanzigstes Kapitel.

Waller und die tolle Ilse. Abentheuer einer Nacht.

Waller hatte unterdessen sich mit den sämmtlichen Hausbewohnern bekannt gemacht, und mit der tollen Ilse ein besonderes Verständniß eröffnet. Ihr Wesen war ihm neu und gehörte in die Reihe seiner inneren Abbildungen; er schien sie unbegreiflich zu reizen durch die zierliche Art von Hofmachen, die ihr von Knechten und Jägern und andern Hofleuten noch nicht geboten. Waller trieb so etwas mit großer Hitze, als müßte mit der untergehenden Sonne alles beendigt sein, und wirklich brachte er sie auch in wenig Tagen so weit, daß sie ihm eine nächtliche Zusammenkunft gestatten wollte, insofern er eine schwere Gartenleiter an ihr Giebelfenster legen könnte. Jede Stunde hatte er aufgeschrieben, wie weit seine Liebschaft gediehen; bei dieser Aufforderung stand ein Seufzer und die Worte: „das ist unmöglich, die Leiter rücke ich kaum von der Stelle, vielweniger kann ich sie aufheben und anlegen." Nach vielem Umhersinnen kam er auf den Prediger Frank, der ihm ein weltlustiger Vogel geschienen, daß er ihm diesen kleinen Dienst leisten sollte. Gleich ging er hinüber zu ihm, und Frank wußte sich gleich zu fassen, ging in Alles ein, und versprach sich davon recht vielen Spaß. Heimlich machte er den Grafen mit seinem Auftrage bekannt, und verabredete sich mit ihm. Abends gegen zwölf Uhr stellte er sich vor Waller Zimmer ein, der ungeduldig schreibend seiner wartete. Er war vom Kopfe bis zu den Zehen bewaffnet, im Stiefel hatte er einen Dolch versteckt, in jeder Rocktasche eine Doppelpistole; sein Testament legte er versiegelt auf den Tisch, küßte ein Gemälde seiner Frau, ergriff seine Guitarre und ging in höchster Spannung stillschweigend voraus, unserm Frank den Weg zu zeigen. Die Nacht war dunkel, der dunkle Baumgarten nur durch sein Rauschen von dem stillen Himmel zu unterscheiden. Bei dem unerwarteten Aufschrecken eines Vogels rief er einmal: „haben Sie was gesagt?" Und als ihm ein Käfer gegen die Backen flog: „Wie war das gemeint?" — Alles ward still bis auf ein Paar Frösche, die sich im Teiche bei einer Serenade verspätet hatten, und selbst diese gaben ihm Argwohn, daß er Lust bekam, seine Pistolen in das Wasser abzufeuern. Der Graf und die Gräfin saßen in einer Laube versteckt, und lauerten auf Ilsens Fenster, das erleuchtet war und durch zwei vorgesetzte kleine Pillenbäume anzeigte, daß sie ungestört des Liebhabers warte. Der Graf sang leise vor sich:

Lustig ist die Ilse,
Wenn ich sag, ich willse,
Lustig ist meine Ilse nicht,
Wenn ich sag, ich will sie nicht.

Welche sonderbare Lust liegt darin, einen andern in seiner Liebschaft zu belauern? — Waller zog die Leiter mit des riesenhaften Predigers Hülfe glücklich heran, lehnte sie an die Mauer und sang ganz schwach ohne Begleitung der Guitarre:

Es schlug die Uhr,
Die Nacht war tief
Und alles schlief,
Gott Amor nur
Er wacht
Und lacht,
Und keinen stört,
Denn die ihn kennt,
Von Liebe brennt
Und ihn schon hört
Beglückt
Entzückt.

Ilse gab ihr Zeichen: ein dreimaliges Klatschen der Hand. Waller stieg hinauf, wobei seine Guitarre zuweilen gegen die Leiter klapperte und Ilse bei dem ersten Erscheinen die Äußerung entlockte, ob er etwa ein Kästchen mit Geschenken bei sich trage. Doch hatte er wirklich ein artiges seidnes Halstuch seiner Frau in der Tasche, das er ihr sehr zierlich überreichte. Frank und der Graf waren ihm inzwischen nachgestiegen und sahen durch das Fenster, doch unbemerkt von den beiden Liebenden, um bei jeder Unordnung zwischen zu treten. Diese Vorsicht war unnöthig. Ilse hatte eine eigene Art, ihre Zärtlichkeit auszudrücken; sie lachte die Leute an, spottete über sie und ärgerte sich dann, wenn sie nicht verstanden wurde. Wallern dagegen, sobald er sich erhitzte, fielen eine Menge schöner Lieder ein, die er auf allerlei Gedankenbilder verfertigt hatte; da brauchte er oft nur blaue in braune Augen zu verwandeln, um alles paßrecht zu finden. Das Feuer dieser Lieder durchdrang Ilsen, die tiefe Stimme, das leidenschaftliche Wesen Wallers, die Zaubereien der Nacht ringsum ergriffen ihr wunderliches Gemüth, sie kniete vor ihm und drückte seine Beine an ihr Herz. Aber statt ihre Umarmung zu erwiedern, verschlang sich sein Lied immer künstlicher, immer neue Reichthümer seines Innern erschlossen sich ihm, immer mehr Personen traten auf in seinem Wechselgesange über ihre Schönheit; das nahm kein Ende, die kalte Nachtluft wehte durch das halboffene Fenster herein und Ilse, kalt wie Eis in ihrer leichten Bedeckung, nahm einen Mantel um, und setzte sich ihm gegenüber, um zu warten, bis das verfluchte Gesinge endlich ein Ende nähme. Nun schloß er sein unendliches Lied, während dessen dem Grafen auf den schmalen Leitersprossen die Füße fast erlahmten, mit den Worten:

Die leichten Töne,
Sie werden mir schwer,
So macht das Schöne....

Hier fiel sie ein:

Herzen so leer!
Ihre Finger brennen,
Mein Herz wird kalt,
Wir müssen uns trennen,
Sonst werd ich bald alt....

Gleich fiel er ein:

Die Finger brennen,
Mein Herz so brennt,
Die Saiten zerklingen,
Mein Herz zerspringt.

Sie hielt den Mantel auf, um die Stücken seines Herzens aufzufangen, er aber war entzückt über ihr Einfallen, er hatte gar nicht geglaubt, daß sie auch Verse machen könne. Er vergaß darüber seine ganze Liebesangelegenheit und erzählte Ilsen von nichts, als von einigen Liebesliedern vor den Fenstern, die er in sehr glücklichen Nächten gedichtet. Sie machte ihm den Vorschlag, ob er die nicht vor dem Fenster singen wollte, sie würden sich dort viel besser als in der engen Kammer ausnehmen. Er war gleich bereit, und der Graf und Frank hatten kaum Zeit, von der Leiter zu kommen, als er schon hinunterkletterte, und gleich unten auf seiner Guitarre vorspielte, und dann mit begeisterter Stimme einfiel.

Sieh der Morgen scheidet laulich,
Was am Abend lieb und traulich,
Nur in meinem Herzen wallen
Noch der Liebe volle Gluthen,
Meine Sehnsucht muß erschallen,
Wie ein Sturz der wilden Fluthen,

Ob er jemals wird vernommen,
Ob ihn Liebchen je erhöre!
Rastlos ist er fort geschwommen,
Trostlos nach dem hoffnungsleeren Meere.

Ilse sang oben, daß es wohl der Graf, aber nicht der begeisterte Sänger hörte.

Ach was giebt es für Liebhaber,
Seht bei jedem ist ein Aber,
Doch vor allen muß ich lachen
Meines ew'gen Musikanten,
Ewig will er Flammen fachen
Die mich doch schon lange brannten,
Und wenn mir das Herz will springen
Von den zärtlichsten Gefühlen,
Thut er nichts als Klingen Singen,
Und mit zärtlichen Gefühlen spielen.

Waller hatte unterdessen ruhig fortgesungen:

Nein die Liebe ist zu luftig,
Zwischen Erd und Himmel duftig,
Lohnt sie Schmetterling im Garten;
In den Zimmern, in den Betten
Lohnet sie wohl nie die Zarten,
Leget sie wohl nur in Ketten,
Aber in der Zitter Klängen,
Fühl des Herzens süßes Leben,
Fühl des Busens zartes Drängen,
Und des nahen Athems schwebend Leben.

Hierauf antwortete die tolle Ilse ganz laut:

Wär ich Deine Zittersaite,
Fühlte ich wohl manche Freude,
Doch was kannst Du mir gewähren,
Willst Du immer Dich nur hören?
Hör, ich würde mich verzehren,
Würde ich Dich nimmer stören;

Hör, wer irgend eifersüchtig
Und vor jedem Mann erschrocken,
Dem wärst du zum Wächter tüchtig,
Hört an Deinem Hals der Glocke Locken.

Bei diesen Worten schlug sie das Fenster zu; vergebens stieg Waller wieder die Leiter hinauf und sang ihr vergebens, als sie ihn gegen die Scheiben gelehnt auslachte.

Mein Liebchen hinterm Pillenbaum
Versteckt ihr liebreich Angesicht
Mit ihren beiden Händen,
So meinte sie, sie säh mich nicht,
Und sieht mich durch die Finger kaum,
Und trüge mich doch gern auf beiden Händen.

Aber er täuschte sich, sie sah ihn an, machte ihm ein Kompliment, putzte das Licht aus, und er mußte ganz mißmuthig die Leiter hinabsteigen. Ohne an Frank zu denken, ging er im Dunkel ärgerlich vor sich hin, und machte einzelne rasche Griffe auf seiner Guitarre; er war mit sich beschäftigt, wie er dies verkehrte Abenteuer sich selbst am vortheilhaftesten erzählen könne; so gerieth er in die Nähe einer Windmühle, die der Müller eben zur vorzeitigen Tagesarbeit in dem frischen Winde losließ. Der erste Flügel, der sich ihm nahete, schlug ihm die Guitarre aus der Hand in tausend Stücke; vielleicht hätte er, wie Don Quixote, seine Pistolen gegen diesen unbekannten Feind gebraucht, wenn nicht das Klappern im Innern ihm sogleich mit dessen Beschaffenheit und guter

Position bekannt gemacht hätte. Vielmehr sang er jetzt unter Begleitung der sausenden feindlichen Flügel jammervoll kläglich, hinblickend nach Ilsens Fenster:

Wenn ich zurück im Fenster wäre!
Ja wäre!
Hier unten ziehet Wind und Regen,
Mach auf, mach auf und sprich den Segen,
Bin draußen bei der Windmühl,
Wo der Müller mahlt,
Wenn der Wind geht.

Ach wär ich heut nur klug gewesen,
Gewesen!
Ich hätte Dich in Arm genommen,
So ständ ich nicht so ganz verklommen,
Hier draußen bei der Windmühl,
Wo der Müller mahlt,
Wenn der Wind geht.

Wenn ich in Deinem Herzen stände,
Elende!
Du würdest nicht das Licht ausmachen,
Und durch die Fensterladen lachen,
Und mich hier stehen lassen,
Wo die Zitter springt,
Und die Zähne klappern.

Bei diesen Worten, die der volle aufgehende Mond hell beschien, nahten sich Frank, der Graf und die Gräfin mit unwiderstehlichem Lachen dem frierenden Dichter. Er wollte sich erst böse stellen, aber das Lachen war ansteckend, er gerieth in den Lachkrampf hinein und so ganz hinein, daß er flehentlich um Schonung bat; die Thränen liefen häufiger aus seinen Augen, wie bei dem größten Unglücke; er hielt sich den Leib, und der Müller kuckte neugierig mit weißer Mütze zu seinem Fensterchen auf sie herab. „Jetzt hat der Müller das Meiste in der Mühle,“ sagte Waller, und lachte wieder, „denn sein Kopf ist doch weniger als sein übriger Körper!“ Der Müller fing an, darüber zu lachen, die Hunde schlugen an in der Gegend, die Bauern meinten, es wären vielleicht Diebe irgendwo eingebrochen und standen auf; da ward in vielen Häusern Licht angeschlagen, die Kinder erwachten und schrien, aber unsre Gesellschaft lachte noch immer fort. Unerwartet hörten sie ein Schreien mehrerer Stimmen vom Schlosse her: „Diebe, Diebe, haltet sie!“ Gleich darauf fielen ein Paar Schüsse; verwundert sahen sich unsre lustigen Leute an. Frank sagte, daß Waller Doppelpistolen in der Tasche trage, der Graf entriß ihm eine und eilte voran der Gegend zu, woher das Geschrei gekommen. Er begegnete drei Männern, grün gekleidet, die zu entkommen suchten, sie hatten durch ihre gezogenen Hirschfänger ein Paar verfolgende Bediente in einige Entfernung gehalten. Der Graf trat unter sie, und drohte, sie zu erschießen, wenn sie nicht gleich ihre Hirschfänger und Pistolen wegwürfen. Der unerwartete sehr entschiedene Feind stürzte ihren letzten Muth; sie warfen ihre Waffen von sich, und der eine der drei Männer machte sich als der häßliche Baron namenkundig und ward dafür erkannt; seine Begleiter waren der Prinzenhofmeister und der Schweizer. Der Baron gebot seinen Begleitern Stillschweigen, und erflehete demüthig vom Grafen eine geheime Unterhaltung. Frank und Waller, die inzwischen mit Bedienten und Knechten des Schlosses helfend herbei geeilt, widerriethen ihm sehr dieses Zutrauen; doch der Graf entschied sich nach seiner Art, ihn anzuhören. — Der Baron ging funfzig Schritte mit ihm fort, dort fiel er vor dem Grafen auf die Kniee, bat ihn um Schonung wegen der beiden armen Leute, die er fast gewaltsam zu diesem Unternehmen gebracht; eine wüthende Leidenschaft zur Gräfin habe ihn seit ihrem ersten Anblick gefoltert, aber auch ihn habe er immer geliebt. Als er neulich die Gräfin beleidigt, das sei Folge dieser Leidenschaft gewesen, die sie niemals in ihm erkannt, niemals aufgemuntert, der Schmerz habe ihm die harten Worte erpreßt; er habe nicht von ihr lassen können, sei wiedergekehrt zu ihr, doch als ihn der Graf neulich so hart fortgewiesen, da habe er beschlossen, die Gräfin durch gewaltsame Entführung sich anzueignen. Die tolle Ilse habe ihn von Allem benachrichtiget, sie habe durch Behorchen gewußt, daß der Graf um ihren Liebeshandel mit Waller wisse, daß er dabei gegenwärtig sein würde, daß dann in jedem Falle, was sich auch ereigne, alle Aufmerksamkeit von dem anderen Flügel des Schlosses, wo die Gräfin schliefe, abgeleitet sei. Unmöglich hätte sie und er vermuthen können, daß die Gräfin bei ihren Umständen, in so kalter Nacht, ein solches Abenteuer mit anzuschauen Lust haben könne; er habe sie in ihrem Schlafzimmer allein geglaubt, und sei von der andern Seite mit seinen beiden Leuten durch ein von Ilsen offen gelassenes Fenster eingestiegen, habe aber alles leer gefunden und sei auf dem Rückzuge von einem erwachten Bedienten entdeckt und verfolgt worden. Der Graf segnete während dieser Erzählung, die der Baron viel gestörter und umständlicher ablegte, den Vorwitz und die Unvorsichtigkeit seiner Frau, der ihn eigentlich gekränkt hatte, bei dem wunderlichen Abenteuer selbst gegenwärtig sein zu wollen; sie hatte dadurch ahnend viel Noth erspart. — Nach kurzem bald entschiedenen Nachdenken antwortete er dem Baron bestimmt, daß er nur in dem einen Falle ihm die gerichtliche Strafe seines Bruchs der öffentlichen Sicherheit schenke, wenn er sein künftiges Leben ganz dem öffentlichen Wohle widmete; er kenne ihn, daß er sich als Offizier in fremden Diensten ausgezeichnet; er möchte daher jetzt beim Wiederausbrechen des Krieges die deutsche Sache mit seinem Blut vertheidigen. Der Baron schwor ihm, diese Strafe sei so schön, daß sie fast eine Wohlthat zu nennen; er führe doch in der Einsamkeit des Landes ein unerträglich langweiliges Leben und eine thätige Änderung sei ihm wegen seiner thörichten Leidenschaft dringend nothwendig. — „Nun wohl," sagte der Graf, „Sie sind zu Hause in meiner Gewalt, wie hier, denn mein Begleiter, der Prediger Frank, hat Sie erkannt; gehen Sie nach Hause mit den Ihren, und kommen Sie zum Mittag zu mir, wo ich Ihnen einige Briefe an einen General meiner Bekanntschaft mitgeben will."

Frank und Waller waren höchlich verwundert, als die beiden andern Gefangenen vom Grafen losgemacht und ohne Strafe fortgesendet wurden; alle drei entfernten sich stummeilig, als würden sie noch verfolgt. Der Graf sprach kein Wort darüber, als daß er Alles blos für ein verletztes Jagdrecht ausgab; einem Jäger gab er heimlich Befehl, das Zimmer der tollen Ilse zu bewachen. Man drang nicht weiter mit Fragen in ihn, selbst die Gräfin beruhigte sich, denn Alle waren so müde, so erschöpft von den verschiedenen Gemüthsbewegungen, daß der Schlaf in seine Rechte eintrat, die er bis zum Mittage behauptete. Merkwürdig war es dem Grafen, als er sich angekleidet hatte und nach der tollen Ilse fragte, sie nirgends entdecken zu können, ungeachtet der Jäger sehr gute Wache gehalten. Das listige Geschöpf hatte gleich in der Nacht an dem ganzen Verlaufe der Geschichte bemerkt, daß sie wahrscheinlich verrathen sei, und war noch während der Unruhe entwichen, wahrscheinlich die Liebesleiter hinuntersteigend, dicht neben den Leuten vorbei, die alle mit den Gefangenen ganz beschäftigt waren. Nachher besah er die Art, wie der Baron in das Schloß gekommen, wo Ilse ein Fenster, statt es zu schließen, blos angelegt hatte. Nun wollte er auch die Doppelpistole versuchen, die ihm drohend so gute Dienste geleistet, aber wie verwunderte er sich, als das Pulver ohne Schuß von beiden Pfannen brannte, ungeachtet sie sehr stark geladen. Er zog den Schuß aus und fand, daß Waller in seiner gewohnten Unordnung, die eigentlich verbunden mit Verhören, Übersehen und einer grenzenlosen Unbescheidenheit das Fundament seines Witzes ausmachten, die Papierpfropfen vor das Pulver eingeladen. Und mit dieser unbrauchbaren Ladung hatte er drei wohlbewaffnete Männer gefangen! So geht es aber im kleinen, wie im großen Kriege, Zutrauen und Unternehmung besiegen meist überlegene Zahl und Waffen.

Als die Gräfin aufgestanden war, erzählte er ihr ausführlich das ganze Bekenntniß des Barons, bewunderte ihre geheime Vorahnung, die sie mit in den Garten getrieben, und machte sie fast stolz mit den reichen Artigkeiten, wozu seine Liebe nur Gelegenheiten suchte, um sich ganz ungemessen über sie zu ergießen. „Glaub mir nur immer," sagte sie, „wo ich auf etwas bestehe, habe ich sicher meinen geheimen Grund; so wußte ich recht gut, daß mich der Baron liebte, jede Frau weiß das einem Manne abzusehen; so kannte ich recht gut seinen gefährlichen Charakter und drang damals so ernsthaft in Dich, seiner im Zweikampfe nicht zu schonen. Noch immer fürchte ich, daß er zum Mittagessen entweder nicht erscheint, oder eine geheime Bosheit ausführt!" —

Sechs und zwanzigstes Kapitel.

Der häßliche Baron, Nudelhuber, Kirre und Waller ziehen in den Krieg.

Es schlug und läutete zum Mittagsessen, und es fuhr ein Reisewagen ins Schloß, aus welchem der Baron in alter Uniform mit seinen beiden lächerlichen Begleitern ausstieg; auch Waller wurde sichtbar, doch mit geborstenen Lippen, die ihm das Lachen nicht erlaubten, und zu gleicher Zeit sprengte Frank auf seinem Filialklepper herbei. Als die ganze sonderbare Gesellschaft beisammen, bat der Baron noch einmal den Grafen und die Gräfin wegen seines Frevels um Verzeihung, wobei die lächerlichen Begleiter schweigend die Gebehrden nachahmten; er zeigte ihnen in der bereits angetretenen Reise die Erfüllung seines Versprechens, zu einem thätigen Leben überzugehen. Alle verziehen, doch wurden ihm manche Fragen noch über seine sonderbare Bildung vorgelegt. „Von meiner häßlichen Bildung," sagt er, „kommt Alles; Liebe zu erwecken, schien mir von frühester Kindheit unmöglich, weil mich die eigene Mutter mit Abscheu anlachte, mit meinem Grinsen Possen trieb und mich dann im Ekel von sich warf. Ich suchte also den Leuten bedeutend zu werden, indem ich mich in aller andern Art, nur nicht im Guten, auszuzeichnen suchte; unzählige Schläge und Kränkungen machten mich noch härter und trotziger, und was Anfangs nur ein willkührlicher Versuch war, mich geltend zu machen, das wurde bald meine andre Natur und meine einzige. Hätte ich ein glattes Gesicht behalten, wie der Graf, ich glaube auch, daß ich zu allem Großmüthigen aufgelegt gewesen und geblieben wäre; und punktirte, tattovirte, bemalte und kerbte man sich hier wie bei den Wilden, so hätte ich ausgesehen wie alle andern und wäre auch ein edler Mensch; die Schönheit macht aber alles Unglück der Welt." — Dieser widrige Mensch entzückte Wallern; vielleicht mochte auch die Kränkung der vorigen Nacht, von Grafen heimlich beobachtet zu sein, nachwirken; genug er beschloß, den Baron zu begleiten, der mit rechtem Behagen seine Sammlung noch um eine wunderliche Menschenspezies vermehrte. Waller sendete gleich seinen Sohn Alonso mit einem freundlichen Briefe an die Amtmannstöchter, beschwor sie bei der Liebe, die sie zu seiner Frau getragen, bei der reinen Segnung, die ihn aus dem Himmel dieses reinen Engels herabstrahlen werde, der Erziehung dieses Kindes alle Sorgfalt zu weihen, es sei gut geartet und werde ihnen im Gedeihen reichlich lohnen. Traugott überließ er dem Grafen, doch wagte er nicht, ihm mündlich Ermahnungen zu geben, sie hätte sonst allesammt in den Lachkrampf, wie in der Nacht bei der Mühle, zurückfallen können. Nun suchte er sich im Hause zusammen, was er auf der Reise brauchen könnte, statt des Weibersattels seiner Frau legte er dem Pferde einen Sattel des Grafen auf, packte aber alle seine Sachen in Tücher gebunden nicht auf das Pferd, sondern in den Wagen des Barons; die beiden Ziegen verkaufte er dem Grafen, der sie ihm vielfach theurer bezahlte, als sie werth waren. Nachher setzte er sich zuerst in den Wagen und ließ sein Reitpferd anbinden, darüber vergaß er den Abschied; der Baron schied mit der ersten Rührung seines Lebens und setzte sich still neben ihn; der Schweizer folgte ihm mit der Versicherung, es wären doch liebe, liebe Leute, der Graf habe ihm ein paar Kupferstiche gut bezahlt. Wie erschrack aber der gute Mann, als er seinen Sitz mit den Sachen Wallers besetzt fand, ohne Anfrage warf er Alles zum Wagen hinaus. Waller fiel über ihn her, aber jener drückte ihn als der Stärkere zusammen; der Prinzenhofmeister stieg ein mit einem feinen spottenden Blicke über dies Ereigniß; der Baron rief: „fahr zu!“ und in wenigen Augenblicken waren sie entrollt und der Staub senkte sich stille hinter ihnen. Die sogenannten Sachen des Dichters bestanden aber eigentlich nur in einer Masse einzelner Papiere in Tücher gebunden wie alte Wäsche; die Tücher hatten sich gelöst und die Blätter flogen im Winde umher. Der Graf schickte alle seine Leute auf diese Schmetterlingsjagd, sie zu erfassen, aber dieser Ephemeren waren zu viele und eine so innere Flüchtigkeit in allen, daß immer zehn wieder entflogen, während eines dieser Papiere eingefangen wurde. Noch am andern Morgen fanden die Dorfkinder am Rande des Baches einzelne Blätter, in denen der Geistliche die herrlichsten S a p p h i s c h e n Oden und große Stücke aus einem kleinen epischen Gedichte über das Weltmeer entdeckte, und dieser brachte den Grafen, der gerade den Knopf der neuerbauten Kirche aufsetzen wollte, auf den Gedanken, neben tausend besseren Denkmälern auch alle diese Papiere in der großen kupfernen Kugel, dicht verlöthet, in die höheren Regionen erheben zu lassen, daß sie als ein Zeugniß der kommenden Welt dienten, wie weit es unsre Zeit gebracht habe.

Sieben und zwanzigstes Kapitel.

Kirchweihe.

Eine feierliche Kirchweihe mit allen den geheimnißvollen Gebräuchen, die der katholische Glauben gestattet, den Räucherungen, Weihungen und Austreibungen, welche eine ganze Nacht bei verschlossenen Thüren in ihr fortgesetzt werden, beschäftigte, sehr verschieden von der vorhergehenden, die nächste Nacht; da dann der Morgen die Kirche mit Grün und Blumen herrlich geschmückt, von Weihrauch duftend, von unzähligen Lampen erhellt, der Geistliche das Allerheiligste in der Hand, der staunend niederstürzenden Menge eröffnete. Nachher hallten die Chöre des Grafen einen abwechselnden Gesang, der bei jedem Kirchweihfeste in alle Zeit, so weit des Menschen Wille reicht, wiederholt werden sollte. Die Gräfin fand diese Gebräuche sehr abgeschmackt, ob sie gleich davon ergriffen wurde; der Graf, der an der Anordnung mit wahrer Liebe gearbeitet, konnte ihr nichts antworten, als daß alle Speisen nicht mehr schmeckten, wenn man ihrer genugsam gegessen, wer sie aber genossen, solle dankbar sein dem Geber aller Dinge, denn so stehe im Vaterunser.

Acht und zwanzigstes Kapitel.

Die Ernte.

Die Ernte, die bei schönem trockenen Wetter glücklich angefangen wurde, beschäftigte den Grafen mehrere Wochen ausschließlich, er selbst war gern den ersten Tag eine Stunde lang Vormäher, seine Kraft und seine Kenntniß und seine Werthschätzung des Geschäftes öffentlich zu beweisen. „Wie überfällt mich so liebe vieljährige Erinnerung," sagte er, „denk ich der Ernte, wie ich als Kind schon die schweren Garben zusammen zu tragen suchte, und sie doch hinter mir herzog, wie ich dann, alles mit durchspielend, mich zu dem Bierfasse setzte und einen Schluck des Getränkes jauchzend leerte, und mir ein kleines Mädchen aufsuchte, daß sie mir einen Strauß mit Silberband schenkte, daß auch ich geschmückt wie jeder Mäher einherziehen könnte; wie ich dann so früh aufwachte, so gerne ich sonst schlief. Wahrlich die Kindheit aller Menschen gehört aufs Land, kein Mensch sollte seine früheren Jahre in der Stadtmauer zubringen!" So rief der Graf einmal heimkehrend seiner Dolores zu, der die Anstrengung bei diesen sogenannten Freuden so verhaßt war, daß sie nicht gern den Ernteleuten begegnete, und sie spottend Feldscherer nannte; diesmal kam hinzu, daß der Graf sehr beschmutzt heimkehrte, auch in der Ermüdung dies wenig bemerkte oder verbesserte, dazu endlich die Hitze, welche Tage und Nächte mit Feuer und schreckhaften Gewittern füllte; genug, diese hocherwünschte Zeit war ihr zum Verzweifeln verhaßt, und sie antwortete ihm statt der Beistimmung mit der Bitte, sich zu waschen und umzukleiden, es wäre sonst in seiner Nähe nicht auszuhalten. — Der Graf besah Hände und Stiefeln und fand, daß sie recht hatte; aber die Erinnerung kam so wunderbar in seine Erinnerungen eingekeilt, daß er sich eines kleinen Ausrufs: „Wie gehört das hierher?“ nicht erwehren konnte. Überhaupt sei Jedermann vorsichtig, in einem geliebten Umgange gegen irgend etwas einen Ekel auszudrücken, ist es auch etwas Vorübergehendes, was weggeschafft werden kann, es ist doch eine Störung im Vertrauen, einem geliebten Wesen auch nur für einen Moment ekelhaft gewesen zu sein. Darum ehre ich auch die Gesinnung mancher Mütter, die ihren Widerwillen gegen manche unvermeidlichen Unreinlichkeiten der Kinder mit einer freundlichen Ergebung, ja selbst mit einer Art Ehrgefühl dulden, als sei diese Duldung eine reizende Pflicht. Was aber den Grafen mehr als jene eigne Kränkung beunruhigte, war der Widerwille seiner Dolores, dem kleinen Traugott, der nach dem Tode der Mutter immer kränkelte, beizustehen; keine Viertelstunde konnte sie es in seinem Krankenzimmer aushalten, und doch hatte das schöne Kind, wie dies häufig gefunden wird, durch diese krankhafte eine ernste Beziehung auf sich, eine vorreife sehr überraschende Geistesbildung erhalten, so daß man oft glaubte, es spreche nach, wo es tief aus sich gedacht hatte. Der Kleine litt an einem unregelmäßigen kalten Fieber; trat nun der Frost ein, so suchte er die sonnigen Stellen sich auf, wo er ihn ungestört überstehen konnte. Der Graf hatte vergebens seine Frau gebeten, sie möchte doch hindern, daß der Knabe sich nicht auf die feuchte Erde lege, sondern ihm eine Matratze oder einen Stuhl nachtragen lassen; die Gräfin vergaß es, sich darum zu bekümmern, und der Kleine mochte Niemand bemühen. Er schlich ganz heimlich fort, und da ihn Niemand auf dem Kirchhofe suchte und der Rasen dort voll Blumen aller Art und sehr weich war, so hatte er dort schon mehrmals sein Fieberlager gehalten, als er auch einmal auf dem Grabe seiner Mutter einschlief. Nun träumte ihm wunderbar während der Fieberhitze, daß er nach einer Blume greife, die er für herrlich halte, weil sie in gelb glühete, daß er sie nach kindischer Art essen wolle: denn so versuchen die Kinder alles, was ihnen gefällt; daß aber die Mutter, ganz wie er sie in den letzten Stunden gesehen, die Blume ihm entreiße, und er darüber weine. Er wachte von diesem Weinen auf, und sah, daß er in seinen Händen eine gelbliche Blume trug, die er in der Fieberschwärmerei abgepflückt. Aus Verwunderung darüber brachte er sie nach Hause und zeigte sie dem Grafen, der eben von der Aufsicht über die Ernte heimkehrte. Der Graf erkannte sie bei den ersten Blicken für Belladonna, und riß sie ängstlich dem Kleinen weg mit der Frage, ob er auch noch nicht davon genossen, sie sei sehr giftig, heiße schöne Frau, nur den tollen Hundsbiß heile sie zuweilen. Der Kleine wurde verwundert und noch blässer, als er war, und der Graf meinte schon, daß seine Besorgniß leider gegründet, als er ihm sehr feierlich seinen Fehler bekannte, gegen sein Verbot auf dem feuchten Erdboden geschlafen zu haben, und dann erzählte er ihm den wunderbaren Traum auf der Mutter Grabe, und meinte ganz fest, die Mutter lebe noch. Der Graf nahm den Kleinen mit Liebe in seine Arme und trug ihn schmeichelnd auf sein Zimmer, es war ihm wie bei etwas Wunderbarem zu Muthe, wo Niemand weiß, was zu thun, wo Jeder staunt, unwissend, wohin es deute; denn wo so verschlossene Wege sich öffnen, warum soll der Mensch da die gewöhnlichen des Lebens weiter gehen! Seit diesem Tage bemerkte er an dem Kleinen ein eignes Vergnügen, den Leuten im Hause das Zukünftige zu sagen; er ließ sich die Hände zeigen und wußte ihnen so ins Herz zu reden, daß sie vor ihm erbebten. Auch die Gräfin hielt ihm die Hand einmal hin, aber der Kleine hatte mit dem Kopfe geschüttelt und nichts sprechen wollen. Kleine Begebenheiten trafen wirklich ein, und der Glaube an ihn vermehrte sich im Dorfe so gewaltig, daß selbst des Grafen Ansehen, wenn er auch den Willen dazu gehabt, den Zulauf nicht gehemmt hätte. Unsre Bücher schweigen von dem geheimen Volksglauben, weil die lesenden Stände ihn aufgegeben haben; die nichtlesenden wissen von Thomasius nichts, und es vergeht ihnen kaum eine merkwürdige Zeit ohne geglaubte außerordentliche Einwirkung der höheren Kräfte und Erscheinungen, die den Dichtern als eine unterhaltende Täuschung verziehen werden, deren sich aber die Historiker, ungetreu allen ihren Grundsätzen über die Benutzung der Quellen, immerdar noch schämen. Ich erzähle, wie ich die Geschichte empfangen, einzig besorgt, sie nicht zu entstellen. Alonso, der Bruder des kleinen Traugott, kam von Zeit zu Zeit, seinen Bruder zu besuchen, aber ihr sonstiges Spiel hatte sich in einen Austausch von Zärtlichkeit und Ehrfurcht aufgelöst; Alonso wagte es nicht mehr, mit ihm zu spielen, und Traugott führte ihn mit Thränen an seiner Mutter Grab, wo er ihm von einer Blume erzählte, die nicht giftig wäre und doch gelb, zu der die Sonne wie ein Staub täglich neu fliege und falle, sie schwimme wie eine Wasserlilie auf dem Meere.

Wenn

Wenn Alonso nun fragte, woher er das wisse, so sagte Traugott, die Mutter habe es ihm gesagt. Und wenn er ihn fragte, ob er wohl ein Verlangen nach der Blume habe? „Ei Gott nein," antwortete er, „zu der bin ich noch lange nicht reif, vor der müßte ich ganz und gar vergehen!"

Der Prediger Frank interessirte sich lebhaft für Traugott; er wollte ihn immer beobachten, aber der Kleine verschloß sich vor ihm wie das Nolimetangere vor jeder unkeuschen Berührung; ja seine Nähe machte dem Kleinen physischen Schmerz. Der Arzt des Fräuleinstifts, der berühmteste der Gegend, kam einen Tag um den andern, aß bei dem Grafen, ging einen Augenblick zu Traugott, fühlte den Puls, besah die Zunge, und versicherte, er sei sehr zufrieden, es werde bald ganz gut werden. — Eines Tages sagte der Knabe, er werde seinen Vater bald sehen, und wirklich kam Waller den Nachmittag auf's Schloß geritten und brachte der Gräfin einen prächtigen, mit einem Helmgefäße in Bronze verzierten Kürassierdegen, den der häßliche Baron in einem der ersten Gefechte erbeutet. Seine Beschreibungen von der Armee waren sehr lächerlich; er hielt sie für eine große Fuchtelmaschine und erzählte, wie der Schweizer vor den Gefechten so herumschleiche und heimlich seine heiligen Bilder mit Segenssprüchen zu hohen Preisen absetze, und wie der Prinzenhofmeister nach der Schlacht unter dem Schutze des Barons eine große Pharobank aufgeschlagen, um den Rest des Geldes an sich zu reißen. Alle Taschen hatte er mit lustigen Soldatenliedern gefüllt, und im Lager hatte er ein großes Puppenspiel gehalten, worin er sich über alle kommandirende Feldherren unter veränderten Namen aufgehalten. „Keine Art von Menschen," rief er, „hat mehr Sinn für echt lebendige Kunst, als gemeine Soldaten, keine so wenig Sinn und Urtheil, als Offiziere; ihr bischen Taktik und ihre steifstellige Ehre und ihr schiefer Hut hindern sie einem Spaß gerade in die Augen zu sehen; sie möchten gern recht vornehm fühlen, und da schämen sie sich mit den Soldaten zu lachen, wo sie es nicht kommandirt haben." — Nach seinen Kindern hatte er weiter kein Verlangen, aber wohl nach seinen Werken, die damals so schnöde aus dem Wagen geworfen. Welcher Schrecken, als ihm der Graf den hohen Thurmknopf als ihren gegenwärtigen Ehrensitz zeigte, und ihn fragte, ob er Lust hätte, sich da hinaufziehen zu lassen, um die Kugel aufzumachen und nachzusuchen. Er warf sich schwindelnd an die Erde und glaubte schon oben zu stehen, so stark trieb ihn die Versuchung dahin, er schwor, daß er hinauf müsse und koste es ihm das Leben. Vergebens stellte ihm der Graf die künftige Unsterblichkeit vor, wenn nach mehreren Jahrhunderten der Kirchenknopf eröffnet würde, vielleicht bliebe er dann allein noch übrig von allen Dichtern; er wollte den Ruhm in seiner Zeit und es mußte alles angeordnet werden, um die Kugel wieder zu eröffnen. Sehr beschäftigt mit diesem Gedanken, bat er sich zu seiner Stärkung ein neues Getränk aus, das allen im Schlosse noch gänzlich unbekannt war, er nannte es einen Brenner und bereitete es selbst. In eine große breite, nicht allzutiefe Porzellanschale goß er mehrere Flaschen Rum und drückte ein Paar Zitronen hinein, dann legte er zwei Degen quer über und auf die Degen große Stücken Zucker; nun bat er die Gräfin die Flüssigkeit mit einem seiner Gedichte anzuzünden. Als die Flamme blau aufloderte, löschte er die Lichter aus, und bald erschienen die Menschen umher wie Geister, nämlich so wie Geister gewöhnlich gedacht werden, farbelos und unbestimmt. Waller durchkreuzte die Luft mit fürchterlichen Beschwörungen und schrieb Charaktere auf den Boden; jetzt flammte das röthlich gelbe Feuer des Zuckers auf, und indem die Gräfin schauderte, sagte Waller, daß alles beendigt, und die Loge geschlossen sei; zündete die Lichter wieder an, blies das geistige Feuer aus, und schenkte rings die Gläser voll. Alle schworen, dies Getränk sei die höchste Erfindung, keiner kannte dessen mächtig berauschende Kraft; auch die Gräfin trank ihr Glas, eigentlich mehr, als ihr gut war. Es ist ungemein reizend, eine schöne Frau sich selber unbewußt von fremder irdischer Kraft höher belebt zu sehen; nur die reine Begeisterung von oben kann noch lieblichere Bewegung und Deutung in ein Gesicht bringen. Der Graf konnte sich nicht satt sehen an der Geliebten; kein Schauspiel hatte ihn je so angezogen, als diese schöne Beweglichkeit, der Glanz der Augen, das Hingeben des ganzen Wesens. Da Waller bemerkte, daß Niemand seiner achte, stimmte er ein lautes Soldatenlied an, das er kürzlich auf den Brenner gesungen hatte.

Der Mantel ist mein lustig Haus,
Drin ist gewölbt ein Keller,
Da giebt es manchen schönen Schmauß,
Da geht es stets herein, heraus,
Und kostet keinen Heller.

Ein Ofen ist in diesem Haus,
Das ist die Tabackspfeife,
Die macht mir Wölklein weiß und kraus,
Es scheint recht wie ein Blumenstrauß,
Weg ist's, wenn ich nach greife.

Der Brenner ist des Teufels Kost,
Mit Feuer ich ihn locke,
Und für den einzigen Höllentrost
Er alle Feinde niederstoßt,
Zu Dutzend und im Schocke.

Mein Pferdchen, das mit Sprüngen trabt,
Hab ich durch ihn erbeutet,
Wie es mir nun das Herze labt,
Als hätt ich es zum Thron gehabt
Wenn es die Mähne breitet.

Es ist ein großer Federkrieg
In aller Welt entstanden,
Die hohe Feder wallt zum Sieg;
So weit mein Schwert reicht, alles liegt,
Als wüchs es auf dem Sande.

Wir sitzen ab im Städtlein drin,
Die Bürgermädchen schauen,
Die erste faß ich an das Kinn,
Die zweite sieht, daß ich es bin
Und thut mich lieblich grauen.

Ich laß mir ein klein Zettelein
Von ihrem Rathsherrn schmieren,
Dafür läßt mich ein jeder ein,
Und bringt mir gleich den Krug mit Wein.
Ich und mein Pferd regieren.

Das Mädchen führt uns in den Stall,
Im Stall da ist es dunkel,
Da leuchtet dann ihr Aug zumal,
Wie Sonne über Berg und Thal,
Mit lieblichem Gefunkel.

Das schöne Kind klatscht mir mein Pferd,
Möcht ihm zu fressen geben.
„Nur glühe Kohlen frißt mein Pferd,
Die Augen Dein, die sind der Heerd;
Dir ist es ganz ergeben.“

Wer das Kommisbrot hat erdacht,
Das war ein guter Reiter,
Das steht uns frei bei Tag und Nacht,
Mein Pferdchen es auch nicht veracht,
Es macht uns fest und heiter.

Während dieses wilden Liedes, das Waller mit allerlei Geberden accompagnirte, war der Gräfin, deren Blut sehr bewegt war, so angst geworden vor ihm, daß sie sich furchtsam an den Grafen drückte und endlich fort lief, der Graf ihr nachging, und so blieb Waller ganz allein und trank ruhig bis zum letzten Tropfen alles rein aus. Dann seufzte er und ging zu dem Bette des kranken Traugott, aber statt dessen Leiden mit Liebe und Trost zu mildern, klagte er ihm sein Unglück mit den Papieren. Der Kleine faßte ihn an und sagte, daß er alles lesen könne, was im Kirchenknopfe liege; Waller schimpfte ihn aus, aber er fing an herzusagen, und sagte dem Vater ganze Stücke, die er niemals vorgelesen hatte. Waller nahm diese geheimnißvolle Verbindung ganz ohne Nachdenken auf, holte Papier und Feder, und ließ sich alles wieder diktiren, wovon er keine Abschrift genommen hatte, bildete am Morgen, als alles fertig war, der Gräfin ein, er sei in der Nacht als Nachtwandler hinaufgestiegen und habe die Papiere, die ihm werth, abgeschrieben, und so ritt er ohne Abschied oder Dank von dem Kleinen fort in die weite Welt. Die Gräfin, die nachher von Traugott den Zusammenhang erfuhr, erklärte sich alles aus einem glücklichen Gedächtnisse des Kindes, das dem Vater sonst zugehört, wenn er seine Verse laut nachskandirte, wie das immer seine Gewohnheit war.

Eine Stunde hatte Waller in dem Zimmer seiner verstorbenen Frau zugebracht, das der Graf, wie wir wissen, unverändert gelassen; wie sie an einer kleinen Staffelei in Röthel die Gegend halb aufgezeichnet hatte, so lag noch die Zeichnung, der Röthel, selbst die Semmelkrumen, mit denen sie einiges ausgerieben. Wir erinnern dies, weil es zum Verständnisse eines Liedes nothwendig, das der Graf und die Gräfin einige Tage nach dieser letzten Abreise Wallers, von ihm in eine Glasscheibe mit einem Demanten eingekratzt fanden.

Lichte Streifen von dem Himmel
Leicht zur Erde niederwallen;
Will das Licht die Saiten stimmen?
Will ein Regen niederfallen?
Eilend ist meine Streiferei,
Wo das Paradies wohl sei.

Viele dichte Dornenhecken
Sollen es der Welt verschließen,
Tausend Vögel drinnen stecken,
Tausend Bäche rauschend fließen;
Eilend ist meine Streiferei,
Wo das Paradies wohl sei.

Wie viel tausend rothe Blicke
In dem grünen Klee hier winken,
Winkt ihr mir zu meinem Glücke
Blumen, die im Grün ertrinken?
Endet hier meine Streiferei
Wo das Paradies wohl sei?

Zwei Kaninchen auf zwei Beinen
Sitzen da an einem Blatte,
Während sie's zu fressen scheinen,

Sie sich recht geküsset hatten;
Liebet ihr euch im Ehestand,
Nehmet mich auf in dem sel'gen Land.

„Mit den Kaninchen sind wir gemeint," sagte die Gräfin.

Freundlich mich die Beiden laden,
Doch sie beide mein vergessen,
Und was könnt ich ihnen schaden,
Wäre ich auch zu vermessen;
Gnädig sind wohl die Grafen hier,
Aber die Liebe ward nicht mir.

Seht der Wind kommt wie verschlafen,
Der der Erde Teppich kehrt,
Will den Staub zusammen raffen
Und sich gar an mich nicht kehrt;
Höflich ist nicht die Dienerei,
Wenns das Paradies auch sei.

„Da bekommen Deine Mägde auch ihr Theil," sagte der Graf.

Von dem höchsten Apfelbaume
Schüttelt Wind die Früchte alle,
Weckt ein Kindlein aus dem Traume
Mit der harten Früchte Falle;
Wärest du mein, die Streiferei
Wäre voll Geschrei dabei.

„Da hat Traugott wieder im Grase gelegen," sagte der Graf.

Dieses Kind, das sollt ich kennen,
Auch der Bäume Schattenrisse,
Doch die Regenstreifen rennen
Herz und Himmel sind zerrissen,
Traurig wird meine Streiferei,
Wo das Paradies wohl sei.

Kindlein bist du hier alleine?
„Ganz alleine mutterselig!"
Und was willst du damit meinen;
Ist die schöne Mutter selig?
Seit die Menschen sind verstört,
Ist das Paradies bethört.

Eine Ziege kommt gesprungen,
Aus dem Euter Milch verlieret,
Ist vom Blumenkranz umschlungen,
Und sie frißt ihn, der sie zieret:
Traurig ist meine Streiferei,
Wo das Paradies wohl sei.

„Die Ziege hast Du ihm theuer genug bezahlt," sagte die Gräfin.

Diese Wiesen, diese Gänge
Wandelt ich in Liebchens Schatten,
Durch des Morgens schöne Klänge
In dem zärtlichen Ermatten,
Und wie ist es mir bewährt,
Auch das war der Müh nicht werth.

Langeweile gähnt in Blumen,
Nichts zum trinken, nichts zum Schmause,
Von dem Zeichnen Semmelkrumen
In dem bunten Frühlingshause;
Ach und ich weiß es nun aufs Haar,
Wo das Paradies einst war.

Offen stehn die Paradiese,
Und ich stehe drin verlassen,
Ewigkeit, die sie verhießen,
Würd' ich ohne Kunst doch hassen,
Ach und ich fühl es nun bewährt,
Dieses war der Müh nicht werth.

Wie mit geflügelten Heuschrecken ziehend
Über die dürr zerfressenen Halme,
Zieh ich mit dem Heere glühend,
Daß ich die Wurzeln des Grüns zermalme,
Such ich in ewger Streiferei,
Wo das Ende der Welt wohl sei.

„Sollte man nicht glauben, er wär in der größten Verzweifelung über den Verlust seiner Frau, und hätte sich deswegen zur Armee begeben, wenn wir nicht alles ganz anders wüßten, wir müßten dran glauben," sagte der Graf. — „Aber was will er mit der unhöflichen Aufnahme sagen?" fragte die Gräfin. „Liebe Dolores", antwortete der Graf, „das kann wahr sein, wo die Frau sich um nichts bekümmert, werden Bediente leicht unhöflich; mir ist es wie jedem Manne unerträglich, mich um so etwas zu kümmern." „Ich will schon Ordnung stiften," meinte die Gräfin.

Neun und zwanzigstes Kapitel.

Erntefest. Traugotts Tod.

Das Erntefest, das auf Veranstaltung des Grafen recht feierlich und lustig begangen wurde, lenkte die allgemeine Aufmerksamkeit etwas von dem Kleinen ab, der sich den Tag besonders wohl fühlte; man ging in die Kirche, von da auf den Tanzplatz, und er wurde erst Nachmittags von den Bedienten vermißt; sie suchten ihn überall immer ängstlicher, je später es wurde, und ihr Rufen zog auch den Grafen in diese Nachforschungen. Eine geheime Ahnung trieb ihn auf den Gottesacker, und er fand den kleinen Traugott auf dem Grabe der Mutter fröhlich lächelnd eingeschlafen, — er fand ihn todt. Die fröhliche Ernte schloß mit der Todessichel, welche die schönste Blüthe niedergemähet hatte; sie schloß wie das Jahr, das schon seinen kalten Todtenwagen über die Stoppeln hinüberstürmen ließ, — das Erntefest ist das wehmüthigste des ganzen Jahres, ein Scheideruf an alles, was uns am Jahre freut, und würde es nicht vertanzt, es müßte verweint werden. Der Graf konnte bei dem feierlich großen Leichenzuge kaum ausdauern;

erst lange nachher vermochte er die Beängstigung zu überwinden, mit der ihn ein Lied verfolgte, das ihm bei dem letzten Anblicke Traugotts eingefallen; wir warnen fröhliche Herzen dagegen.

Es sonnte sich ein kranker Knabe
Auf seiner armen Mutter Gruft,
Da fasset ihn der Ahndung Gabe,
Er wittert einer Blume Duft,
Die ferne schwebet in dem Meere,
Weit an dem Ende aller Welt,
In die aus hoher luft'ger Leere
Die Sonne wie ein Same fällt.

Es glüht auf seiner blassen Wange
Nun eine Röthe wunderbar,
Es schwebt sein Ohr in tiefem Klange,
Es wird sein Auge ihm so klar,
Es glänzt auf seinem stillen Herzen
Ein Regenbogen wie ein Strauß,
Der hat verkündet seine Schmerzen
Hoch in des Himmels sel'gem Haus.

Dem Himmel hat er ihn verbunden,
Zeigt ihm das offne Himmelsthor,
Er schauet nun in Schmerzensstunden,
Was Lust ihm nie gezeigt zuvor;

Wie kann er nun die Welt verschmerzen,
Ihm ist verschwunden aller Graus,
Sein Herz, gebrochen einst in Schmerzen,
Sieht froh die Witterung voraus.

Er sieht voraus die Liebestage,
Wo Hand in Hand sich gern ergeht,
Manch Mädchen zeigt die Hand zur Frage,
Weil Er die Linien jetzt versteht;
Des Knaben Ruf ist weit erschollen,
Denn jeder frägt nach Witterung,
Die Alten, weil sie ernten wollen,
Und weil sich lieben, die noch jung.

Jetzt hat der Schlaf ihn fest umfangen,
Da nimmt die Mutter seine Hand,
Da sieht er all, was ihm vergangen,
Und keine Zukunft er drin fand:
O Liebe, wo du gegenwärtig,
Da ist das eigne Leben aus,
Die Seele ist dann reisefertig,
Du trägst sie in ein andres Haus.

„O Mutter Erde, laß Dich grüßen,
Du trugst mich treu in stiller Qual,
Laß Deine kühlen Lippen küssen,
Hast andre Kinder ohne Zahl,

Doch ich gehör dem Vaterlande,
Dem Vater über'm Erdenthal,
Es lösen sich die alten Bande
Reich mir die Hand zum Letztenmal."

Er kann sich selber nicht begreifen,
Es wird ihm wohl, so auf einmal,
Da sieht er dann die Engel schweifen
Auf seines Thränenbogens Strahl,
Wie sie die bunten Flügel schlagen,
Daß jede Farbe klingt im Glanz,
Er fühlt von ihnen sich getragen,
Den Fuß bewegt in ihrem Tanz.

Was ihm das Herz sonst abgestoßen,
Das singt er jetzt mit kaltem Blut,
Sein Blut hat sich in Lieb ergossen,
Und keine Furcht beschränkt den Muth,
Wo sich das Auge sonst geschlossen,
Da hebt es nun den Blick von hier,
Er ruft: „Der Himmel ist erschlossen,
Ich fürchte mich nicht mehr vor mir."

Da ruft er wonnig allen Lieben:
„Es kommt ein Tag wie's keinen gab,
Die Ernte dürft ihr nicht verschieben,
Die Liebe greift zum Wanderstab!"

Er ruft: „Brich an du Tag der Sage,
Der ewges Wetter mir verspricht!“
Sein Herz schläft ein — am jüngsten Tage
Erwacht es rein zum Weltgericht.

Dreißigstes Kapitel.

Überdruß der Gräfin gegen das Landleben.

Wir wollen uns nicht wehmüthiger machen mit dem Wiedererzählen der Todtenfeier des Kleinen, der die vereinte Theilnahme des Grafen und der Gemeine eine Feierlichkeit schenkte: das letzte Geschenk; mir wird bei diesem traurigen Einhalte des frohen Laufes ländlicher Freuden, als erblinde ich plötzlich; manches nahe fröhlich Sichtbare verschwindet mir, und selbst der Anblick der schönen Gräfin, der mich so oft erquickt, läßt eine leere Sehnsucht in mir zurück. Sie selbst fühlte diese Öde wohl am schwersten, und viel länger schon, denn eigentlich nahm sie keinen eigenen Antheil an den Erzählungen anderer, die uns unterhalten haben; sie kam meist dabei auf fremde Gedanken an die Stadt und ihre Bekannte dort. An den Beschäftigungen des Grafen fand sie noch weniger Geschmack; ihre Umstände widerriethen ihr das Reiten und die Jagd, an denen sie Gefallen fand, und die einzige Gesellschaft, die ihr behaglich, die des Barons und der tollen Ilse war ihr verloren. Doch läßt sich alles bei schönem Wetter und im frischen Grün ertragen;

wenn

wenn aber die Blätter gelben, absallen und am Boden rauschen, die starren Herbstblumen mit ihren geruchlosen Blättern vorscheinen, der Sämann im Nebel ernst über den schwarzen Acker schreitet. Ach! warum haben wir den ziehenden Vögeln so oft nachzurufen, und sie bleiben doch nicht; statt ihres freundlichen Morgengrußes aus heitrer Höhe, statt ihres Abendrauschens in den dichten Kastanien vor dem Schlosse, tönt Morgens und Abends ein rastloses Sausen der Luft, die vergebens ein Winterlager sucht und Fenster und Thüren dicht gegen sich verschlossen findet. Hat eine junge lebendige Frau dieses Sausen einen Tag angehört auf hochgelegenen Schlössern, den Schlag der Axt in den Wäldern vernommen, und die hochbelaubten Häupter niederstürzen sehen, — in die Nebel zwischen den Bergen dann stundenlang hingeblickt, ohne eigene Beschäftigung, einsam, körperlich leidend, und kommt dann der lange Abend bei einem rauchenden Kamine und kommt der langersehnte Briefbote, und sie liest da Briefe aus der Stadt, die von unzähligen Lustbarkeiten unterbrochen sind, aber immer das Verlangen aller Jugendfreundinnen wiederholen, daß sie zurückkehren möchte: es kann doch eine trübe Stunde ihr machen, wo sie ihres jungfräulichen Standes mit Sehnsucht denkt, ihrer goldnen Freiheit, des leichten Tanzes, der unbestimmten Hoffnung, die weit über alles bestehende Glück hinaus ihre nährenden luftsaugenden Zweige treibt.

Und so saß einst die Gräfin in Thränen beim Kamine und die Lichter waren ungeputzt heruntergebrannt, als der Graf voll Ärger über einen Wassersturz, der eine seiner schönsten Gartenanlagen zerstört hatte, ins Zimmer trat, um bei ihr Trost zu suchen. Auch er hatte noch nicht die dem Landwirthe vor allen andern Menschenklassen nothwendige Gelassenheit gewonnen, die auf jeden Verlust gefaßt, an tausend Anker ihre Wünsche legt; ein Verlust in Nebensachen konnte ihm ein ganzes Unternehmen verhaßt machen und für diesen Herbst gab er diesmal, wegen des einen Unfalls, alle Pflanzungen im Garten auf, zu denen schon alle Gruben ausgegraben waren. So im Aufgeben langgehegter Wünsche trat er zu seiner Frau; sie wollte ihm erst die Ursache ihrer Thränen nicht entdecken, aber das war nur scheinbar, sie war entschlossen, noch den Abend alle ihre Anklagen gegen das Land ausströmen zu lassen, und so entwickelte sich eine Fülle von Mißvergnügen und Übelbefinden über den Grafen, daß er mit den nächsten Tagen aus sorglicher Liebe für Frau und Kind heim zu kehren beschloß. Nie wurde ihm eine Äußerung zärtlicher belohnt.

Ein und dreißigstes Kapitel.

Abschied vom Landleben.

Die nächsten Tage gehörten dem Abschiednehmen in der Gegend. Die Gräfin heitrer gestimmt und gewiß, daß sie die Leute sobald nicht wiedersehe, war ihnen so verbindlich, daß Keiner begreifen konnte, wie er ihr je etwas übel genommen. Ich habe es immer gesagt, sprach Einer zum Andern, sie ist so übel nicht, aber noch jung, es fehlt ihr nur noch an guter Lebensart. — Sie selbst fand sich von der Behaglichkeit in dem Innern mancher dieser verachteten Familien sehr überrascht, sie bewährten hier ein Leben und eine Erfindsamkeit, es auszuschmücken, die sie ihnen nie zugetraut; jede Arbeit war ein Familienfest. Merkwürdig war ihr vor allen die Frau eines entfernten Anverwandten des Grafen, die mit allen Kenntnissen der besten Erziehung, mit bedeutendem Vermögen und ausgezeichneter Schönheit, blos aus Gewohnheit, weil sie mit ihm auferzogen worden, sich dem sehr beschränkten, aber gutmüthigen Manne hingegeben hatte und durchaus nichts in der Welt versäumt zu haben meinte; sah Jemand beide einzeln, so schien es unbegreiflich, waren sie beisammen, so konnte es nicht anders sein. Eine gutmüthige Natur ist immer sehr reich in allen Verhältnissen zu andern, je vertraulicher sie werden; während die höchsten Talente mit der Härte, die ihnen beigesellt zu sein pflegt, in dieser Vertraulichkeit, in dieser Gewöhnlichkeit ermüden, langweilen und durch das Widerspiel des Streits sich zu erhalten und zu bewähren streben. Nichts ist thörichter, als eine Heirath um eines ausgezeichneten Talentes willen: eigentlich der schändlichste Eigennutz, was der Welt gehört, möchte man sich zueignen; dabei der furchtbarste Aberwitz, den Geist im Körper sich anzueignen, und doch ist dies eine der gewöhnlichsten Verirrungen unsrer Gedanken und keine bestraft sich so schnell. Selbst das Beste, was der Mund spricht, der uns singend entzückt und an sich gerissen hat, scheint uns gegen die Gluth jener Kunstübung, die von der Natur zur Freude Vieler geschaffen, in vielen Jahren sich ausgebildet hat, etwas sehr Ungenügendes. Aber wer den Umgang einer Schauspielerin aus Bewunderung einer ihrer Darstellungen sucht, findet sich immer schmerzlich getäuscht, wenn auch die Frau viel besser als ihre Rolle sein sollte. Die Lehre ist alt, aber die Welt wird ewig wieder jung, dieselben Empfindungen, Schauspiele, über die wir hinaus sind, gefallen der Jugend immer wieder, wie sie uns einst gefielen; so wollen wir sie denn auch gegen dieselben

Fehler gewarnt haben, denen auch wir uns unterworfen fühlten. Welche Qual, in einem geliebten Wesen ewig etwas Hohes zu ahnen, was sich in jedem Augenblicke verläugnet. — Die Gräfin verließ das Haus dieses Anverwandten mit einem Vorwurfe gegen ihren Mann, den er eigentlich nicht verdiente; sie sagte ihm, daß er sie doch nicht so liebe, wie dieser Mann seine Frau, der ihr die Kinder nachtrug, und die Küche bestellte; aber der Vorwurf war nicht ernstlich gemeint. Besonderen Spaß machte beiden die Haushaltung eines wohl genährten Vetters, der sein ganzes Dorf zum Range seiner Familie erhoben und von jedem Kinde Väterchen genannt wurde; diese Art patriarchalischer Verhältnisse machte ihnen einige Stellen des alten Testamentes deutlich, die unseren Sitten sonst ganz unverständlich scheinen. „Lieber Karl," sagte die Gräfin zu ihrem Manne, „wärst Du wie dieser, auf ein Paar Gedanken und viel Essen und viele Weiber gerichtet, und von Jugend an im Stalle und bei den Knechten erzogen, könntest Du jeder Magd Unarten sagen, jeden Schmutz ertragen und belachen, da könntest Du auf dem Lande auch glücklich sein, aber Deine Ausbildung, Dein Lebensmuth werden Dich dort stets unbefriedigt lassen." — Dolores zeigte hierin, so wenig es sonst ihre Sache, daß sie da, wo ihr etwas am Herzen lag, wirklich recht tief beobachten konnte; es lag viel Wahres in ihrer Bemerkung und der Graf mußte es fühlen, daß der Übergang vom Lande zur Stadt sehr leicht, das Entgegengesetzte aber sehr schwer sei; zeigt dies doch die Geschichte aller Nationen. — Auch das Fräuleinstift besuchten sie noch aus Neugierde, das alte Hausgeräthe, die vielen Sonderbarkeiten der einzelnen ledigen Leute, gaben so viel zu lachen, daß sie beinahe die dienstfertige Gunst Aller verscherzt hätten, doch das Angedenken des schönen Hochzeitfestes hielt sie zurück, sich darüber zu äußern; alte Jungfern rechnen sehr weit in die Zukunft und es dachten jene, die dort gewesen, sie hätten sich angenehm beredt gezeigt, um wieder eingeladen zu werden im künftigen Jahre, und die Andern, von den Beschreibungen entzückt, hofften, daß auch sie im nächsten Jahre die Reihe treffen könnte.

Die Neuvermählten in dem entfernten Forst wurden ebenfalls nicht vergessen; aber wie erstaunten sie, die Hochzeitschuhe so schnell vertragen zu finden. Die Frau hatte nachlässig ihre Haare um den Kopf hängen, ihr Mann war auf der Jagd; sie schüttete mancherlei Klagen der Eifersucht aus, wegen der vielen Weiber, die sich Holz in dem Forst lasen; sie küßte der Gräfin mit Thränen den Rock, daß sie nicht mehr bei ihr sei, klagte, daß ihr Mann so oft schelte. Der Graf fand aber, daß der Förster dabei nicht ganz unrecht haben mochte; das Mädchen, ungewohnt der ländlichen Arbeiten, immer nur mit Putzmachen und

Ankleiden der Gräfin beschäftigt, hatte in dem artigen neuen Hause eine fürchterliche Unordnung einreißen lassen. Die Gräfin bedauerte sie, der Graf aber ermahnte sie ernstlich, mit demselben Augenblicke gleich Hand daran zu legen, in ihrem Hause Ordnung und Reinlichkeit zu stiften. Wirklich entschloß sie sich mit Mühe dazu und der Graf verließ sie mitten in der Reinigung ihrer Milchkammer, in der alle Milch schon verdorben war.

Den Prediger Frank fanden sie in einem sehr angenehmen kleinen Hause. Als ein wahrscheinlich noch lange Unverheiratheter hatte er sich außer seiner Landwirthschaft und Baumzucht, die er im Großen übte, auch alle Künste einer guten Hausmutter angeeignet. Er kochte sehr gut und trat seinen Gästen mit einer Küchenschürze entgegen; da sie über sein Kochen gelacht hatten, so mußten sie auch Proben davon prüfen und sie gestanden ein, daß sie nie so gute Krammetsvögel gegessen. Nachher führte er die Gräfin auf Verlangen in seinen Dohnenstrich im Garten und sie war überrascht, einen gefangenen Vogel nach dem andern aus der Haarschlinge zu ziehen und ihn triumphirend in die Jagdtasche des Predigers zu werfen. Als sie nachher ihren guten Fang dem Grafen zeigen wollte, da fand sich leider nur ein Vogel, denn der gewandte Mann hatte immer vorauslaufend und den Weg weisend denselben Vogel in alle

Schlingen gehängt. Der Graf behauptete, man könne auf diesen Vogel den Ausdruck einer Zeitung über gewisse Kriegsberichte, nach denen nur immer ein Mann gefangen, von neuem anwenden: der bewußte Mann, hier der bewußte Vogel sei wieder gefangen. Beim Abschiede schien der Prediger recht ernstlich betrübt, schwor ihnen, daß er die schönsten Stunden des ganzen Sommers bei ihnen zugebracht habe, nun sei er ganz einsam; rings um ihn wären lauter Leute, zu deren Fassung er sich herabspannen müßte, Niemand, der seine Geistesthätigkeit anspannte, als Gott, mit dem er im beständigen Glaubensstreit lebe, weil er so ganz anders denke, als er lehre und lehren müsse. Er brachte zum Abschiede eine Flasche alten Stachelbeerweins, denn seine Gegend war dem Weinstocke nicht geeignet; dabei erzählte er, daß die Accise, die alle Industrie des Landes störe, ihn zwingen wolle, ausländische Weine zu trinken, weil sie über das Einziehen ihrer Steuern dabei in Verlegenheit komme. Nachdem sein Wein Beifall erhalten, fing er an, von seiner kleinen Geliebten behaglich zu erzählen: das Kind habe ihn neulich gefragt, wer denn Amor sei, von dem sie in einem Gedichte gelesen? Er habe geantwortet, ein kleiner Mann mit Flügeln, der sehr gefährlich. Darauf habe sie ihm versichert, wenn er nur klein wäre, da wollte sie ihn wohl zwingen, wäre er aber groß, so groß wie er, da könnte

sie

sie sich nicht wehren. Er fand in dem Scherze etwas Vielbedeutendes, wer konnte ihm diesen hoffenden Sinn stören; alle schieden von einander in gegenseitiger Zufriedenheit.

Ganz verschieden davon war der Abschied von dem Geistlichen des Dorfes; der Streit mit dem Grafen, noch mehr die mancherlei eigenen vom Grafen ersonnenen Verschönerungen des heiligen Dienstes hatten seine ganze Eifersucht erregt; mancherlei Einkommen, das er durch die Gunst des Grafen bezog, hinderte ihn, diese Empfindlichkeit offen zu zeigen, es waren aber so einzelne Ausrufungen, in denen sie sich Luft machte. So sagte er wohl: der Herr Graf werden uns so viel Neues mitbringen, daß wir die alte Religion ganz darüber vergessen; zwar bin ich der Meinung, daß wenigstens alle zehn Jahre etwas von dem alten Sauerteige weggeschafft werden müsse, jedes Übereilen ist aber gefährlich. Der Graf fragte ihn erstaunt, wie er auch nur einen Tag etwas dulden könne, das er in heiliger Überzeugung für alten Sauerteig halte, ob das der Sinn der Märtyrer sei, die in der Bekennung ihres Glaubens selbst gestorben. Der Mann kam in Verlegenheit, rühmte den Herrn Grafen, wie er so hübsch spreche, und weiter hatte es keine Folge, als sie beide gegen einander zu erbittern.

Am Abende vor der Abreise, als der Graf im

Hause hin und her lief, um mancherlei Anordnungen selbst zu machen, die seiner Dolores zu lästig waren, und die doch den Bedienten nicht überlassen werden konnten, klappte er auch alle einzelne Schränke auf, um nach vergessenen Sachen zu forschen. In dieser Vorsicht kam er auch an den Schrank des kleinen Traugott, den er noch voll von seinem Spielzeuge fand; er beschaute mit einem eignen Gefühle diese Lust eines Todten. Einem Kinde sollte man alles Spielzeug in den Sarg legen, es macht die Lebenden sehr traurig. Alles trug den eigenthümlichen Geist des Knaben: seine frühere Geschicklichkeit, alles zu durchsuchen und sich zuzueignen und die spätere Sinnigkeit seines ganzen Wesens; auf dem kleinen Wagen lagen in strenger Ordnung alle Art Sonderbarkeiten, Steine, die wie Brod oder wie Pflaumen aussahen, viele wunderliche Puppen, die er zu seinen Stücken sich ausgeschnitten und bekleidet hatte, und tausend andre Dinge, die der Graf nie bei ihm bemerkt hatte. Einen kleinen Schrank von Nußbaumholz mit Schlössern und vielen Kästchen, die der Graf in seiner eignen Jugend sehr werth gehalten hatte, fand er dort mit Verwunderung; der Knabe mußte ihn auf dem Boden irgendwo entdeckt haben. Eingedenk der eignen Art, wie er jedes Kästchen zu einem besonderen festen Gebrauche eingeweihet hatte, zog er jedes heraus und sah mit Erstaunen eine Sammlung von Angedenken, jedes mit kurzer Inschrift bezeichnet, und alle diese Angedenken waren kleine Geschenke des Grafen: manches Weggeworfene, woran er sich kaum erinnern konnte, das aber Traugott in seiner Zuneigung sorgsam bewahrt hatte. Mit dem Angelhaken, den er ihm damals zum Troste nach dem Tode der Mutter geschenkt, begann die Sammlung; in kindischen Reimen stand dabei beschrieben, wie er seine Liebe damit gefangen. Dann fand er Haare, die er ihm einmal im Scherz aus seinem Kamme zum Angedenken verehrt, in ein Netz zusammengeknotet; in ähnlichen Versen stand dabei: in diesem Netze von Haaren thu ich seine Liebe bewahren; dann fand er Kirschkerne, die er ihm einmal gegeben, sie aus dem Zimmer zu werfen, dabei stand geschrieben: die Kerne küßte sein schöner Mund, davon sind sie so glatt und rund; ferner eine trockene Kornblume, dabei stand geschrieben: diese Blume der Graf heut niedertrat, mit mir er nicht gesprochen hat, ich stürzt' mich in das Wasser hinein, sollt' so ein Tag noch wieder sein; ferner ein Blatt aus dem Haushaltungskalender, auf welchem ein Tag unterstrichen war, daneben stand mit Bleistift: dieser Tag sei mir dreimal gesegnet, weil ich dem Grafen dreimal begegnet; endlich ein Kranz mit der Inschrift: den gab mir der Graf am frühen Morgen, ich sollt' ihn an die Gräfin besorgen, und gestern hat er mich fortgeschickt, als sie ihn so zärtlich angeblickt, es thät mir so weh als ich ihn gebracht, die Gräfin hat den Kranz nicht geachn sie hat ihn im Vorsaal liegen lassen, da thät ich armer Junge ihn fassen, und heb ihn auf in Ewigkeit, da bin ich von meinem Grafen nicht weit. — Hier konnte der Graf nicht weiter lesen, Thränen überliefen seine Wangen; er hatte dem Kleinen alles Gute gethan, hätte er aber diese heimliche Zuneigung, diese phantastische Leidenschaft gewußt, wie hätte er ihn oft mit Zuspruch, mit kleiner Gabe erfreuen können, und nun war es zu spät. — Er packte den kleinen Schrank, als seinen kostbarsten Schatz, selbst ein, und besuchte noch in der Nacht das Grab des Kleinen; mancher Gedanke zu einem recht bedeutenden Denkmale ging vor ihm über, aber seine Wehmuth erstickte sie alle und diese ist das schönste Denkmal der thatenlos verschwundenen Jugend.

Der Morgen der Abreise war unruhig angebrochen, mancherlei kleine Geschäfte nahmen dem Abschiede einen Theil des Schmerzlichen, doch bleibt es immer Gewohnheit in solcher Trennung von einer, wenn gleich nicht ausgezeichneten, doch unter besonderen Verhältnissen verlebten Zeit, mehr zu fürchten, als zu erwarten. „Ob ich je diese Seen, diese Wälder wieder sehe,“ fragte Dolores ganz wehmüthig den Grafen: „die Glocken läuten zur Frühmesse, jetzt beten alle Menschen und wir reisen; was bedeutet mir das? Gewiß sterbe ich im Kindbette und werde hier beigesetzt zu allen Deinen Voraltern und Du führst eine Andre in diese Zimmer ein, als Deine Frau!" — „Nimmermehr, Du Einziggeliebte!" rief der Graf, „mit Dir lebt ewig mein ganzes Leben, ob Du sichtbar bei mir bist, wie bei unsrer Ankunft der Frühling in jenem Walde, den er mit grünem Kranze bedeckt hatte, oder ob ich entlaubt stehe wie er, einsam in Regen und Wind: ruhig trauernd, werde ich an Deinem Grabe dann eines höheren Frühlings warten — da wird Dich Traugott mir entgegenführen — in Zeit und Ewigkeit bleibst Du mir unverloren! Doch wozu so traurige Gedanken?" — Der Gräfin schauderte jetzt vor dem Gedanken des Todes, den sie so leichtsinnig ausgesprochen hatte; ihr war zu Muthe, wie der leichtsinnigen Furcht, welche Mittags unter vielen Menschen Andre mit Gespenstergeschichten erschreckt, die sie einsam in der Mitternacht gern vergessen möchte.

Nachricht.

Mehrere Lieder dieses Romans sind früher von Herrn Kapellmeister Reichard sehr glücklich in Musik gesetzt worden und finden sich in dessen Troubadour und in dem Prometheus herausgegeben von Leo von Seckendorf I. B. Freunde des Gesanges können damit die Sammlung der beigefügten Melodien ergänzen. Wegen der größeren Zahl nicht musikalischer Leser mußten wir diese Sammlung beschränken, welche dem Buche schon voraus viele Freunde geschenkt hat, und ihm einen dauernden Werth verleihen wird.

Gedruckt bei Trowitzsch und Sohn.